长江治理与保护科技创新丛书

SERIES OF SCIENCE & TECHNOLOGY INNOVATION
FOR CHANGJIANG RIVER REHABILITATION AND PROTECTION

长江中下游河道
造床流量研究

许全喜　朱玲玲　袁晶　任实　刘亮　李思璇　著

中国水利水电出版社
www.waterpub.com.cn

·北京·

内 容 提 要

　　长江中下游造床流量是河道综合治理与规划的重要参数。本书以三峡水库蓄水前后长江中下游水文泥沙及河道原型观测数据为基础，采用不同的方法计算长江中下游造床流量及其变化情况，提出了适用于水库下游整体冲刷状态下的造床流量计算新方法，研究给出了造床流量的主要影响因素。基于造床流量变化及其与河道发育的关系研究，在保证三峡水库及长江中下游防洪安全、保障长江中游河道行洪能力的条件下，结合三峡水库蓄水运用以来不同类型代表性河段河道行洪能力变化情况，研究提出了三峡水库洪水控泄流量值及过程。

　　本书资料翔实，研究方法和技术手段合理，研究成果极具实用性，对于长江流域综合治理、规划及保护，防洪减灾和三峡水库优化调度等具有较高的参考价值，可供相关领域科研人员和高校师生，以及长江流域规划、治理等部门参考使用。

图书在版编目（ＣＩＰ）数据

　　长江中下游河道造床流量研究 / 许全喜等著. -- 北京 ： 中国水利水电出版社，2021.12
　　（长江治理与保护科技创新丛书）
　　ISBN 978-7-5226-0495-4

　　Ⅰ．①长… Ⅱ．①许… Ⅲ．①长江中下游—河道演变—造床流量—研究 Ⅳ．①TV147

　　中国版本图书馆CIP数据核字(2022)第026612号

书　　　名	长江治理与保护科技创新丛书 **长江中下游河道造床流量研究** CHANG JIANG ZHONG - XIAYOU HEDAO ZAOCHUANG LIULIANG YANJIU
作　　　者	许全喜　朱玲玲　袁　晶　任　实　刘　亮　李思璇　著
出 版 发 行	中国水利水电出版社 （北京市海淀区玉渊潭南路1号D座　100038） 网址：www.waterpub.com.cn E-mail：sales@mwr.gov.cn 电话：（010）68545888（营销中心）
经　　　售	北京科水图书销售有限公司 电话：（010）68545874、63202643 全国各地新华书店和相关出版物销售网点
排　　　版	中国水利水电出版社微机排版中心
印　　　刷	天津嘉恒印务有限公司
规　　　格	184mm×260mm　16开本　15.25印张　371千字
版　　　次	2021年12月第1版　2021年12月第1次印刷
定　　　价	**98.00元**

丛书序

长江是中华民族的母亲河，是世界第三、中国第一大河，是我国水资源配置的战略水源地、重要的清洁能源战略基地、横贯东西的"黄金水道"和珍稀水生生物的天然宝库。中华人民共和国成立以来，经过 70 多年的艰苦努力，长江流域防洪减灾体系基本建立，水资源综合利用体系初步形成，水资源与水生态环境保护体系逐步构建，流域综合管理体系不断完善，保障了长江岁岁安澜，造福了流域亿万人民，长江治理与保护取得了历史性成就。但是我们也要清醒地认识到，由于流域水科学问题的复杂性，以及全球气候变化和人类活动加剧等影响，长江治理与保护依然存在诸多新老水问题亟待解决。

进入新时代，党和国家高度重视长江治理与保护。习近平总书记明确提出了"节水优先、空间均衡、系统治理、两手发力"的治水思路，为强化水治理、保障水安全指明了方向。习近平总书记的目光始终关注着壮美的长江，多次视察长江并发表重要讲话，考察长江三峡和南水北调工程并作出重要指示，擘画了长江大保护与长江经济带高质量发展的宏伟蓝图，强调要把全社会的思想统一到"生态优先、绿色发展"和"共抓大保护、不搞大开发"上来，在坚持生态环境保护的前提下，推动长江经济带科学、有序、高质量发展。面向未来，长江治理与保护的新情况、新问题、新任务、新要求和新挑战，需要长江治理与保护的理论与技术创新和支撑，着力解决长江治理与保护面临的新老水问题，推进治江事业高质量发展，为推动长江经济带高质量发展提供坚实的水利支撑与保障。

科学技术是第一生产力，创新是引领发展的第一动力。科技立委是长江水利委员会的优良传统和新时期发展战略的重要组成部分。作为长江水利委员会科研单位，长江科学院始终坚持科技创新，努力为国家水利事业以及长江保护、治理、开发与管理提供科技支撑，同时面向国民经济建设相关行业提供科技服务，70 年来为治水治江事业和经济社会发展作出了重要贡献。近年来，长江科学院认真贯彻习近平总书记关于科技创新的重要论述精神，积极服务长江经济带发展等国家重大战略，围绕长江流域水旱灾害防御、水资源节约利用与优化配置、水生态环境保护、河湖治理与保护、流域综合管理、水工程建设与运行管理等领域的重大科学问题和技术难题，攻坚克难，不断进取，在治理开发和保护长江等方面取得了丰硕的科技创新成果。《长江治理与保护科技创新丛书》正是对这些成果的系统总结，其编撰出版正逢其时、意义重大。本套丛书系统总结、提炼了多年来长江治理与保护的关键技术和科研成果，具有较高学术价值和文献价值，可为我国水利水电行业的技术发展和进步提供成熟的理论与技术借鉴。

　　本人很高兴看到这套丛书的编撰出版，也非常愿意向广大读者推荐。希望丛书的出版能够为进一步攻克长江治理与保护难题，更好地指导未来我国长江大保护实践提供技术支撑和保障。

长江水利委员会党组书记、主任

2021 年 8 月

丛书前言

长江流域是我国经济重心所在、发展活力所在，是我国重要的战略中心区域。围绕长江流域，我国规划有长江经济带发展、长江三角洲区域一体化发展及成渝地区双城经济圈等国家战略。保护与治理好长江，既关系到流域人民的福祉，也关乎国家的长治久安，更事关中华民族的伟大复兴。经过长期努力，长江治理与保护取得举世瞩目的成效。但我们也清醒地看到，受人类活动和全球气候变化影响，长江的自然属性和服务功能都已发生深刻变化，流域内新老水问题相互交织，长江治理与保护面临着一系列重大问题和挑战。

长江水利委员会长江科学院（以下简称长科院）始建于1951年，是中华人民共和国成立后首个治理长江的科研机构。70年来，长科院作为长江水利委员会的主体科研单位和治水治江事业不可或缺的科技支撑力量，始终致力于为国家水利事业以及长江治理、保护、开发与管理提供科技支撑。先后承担了三峡、南水北调、葛洲坝、丹江口、乌东德、白鹤滩、溪洛渡、向家坝，以及巴基斯坦卡洛特、安哥拉卡卡等国内外数百项大中型水利水电工程建设中的科研和咨询服务工作，承担了长江流域综合规划及专项规划，防洪减灾、干支流河道治理、水资源综合利用、水环境治理、水生态修复等方面的科研工作，主持完成了数百项国家科技计划和省部级重大科研项目，攻克了一系列重大技术问题和关键技术难题，发挥了科技主力军的重要作用，铭刻了长江科研的卓越功勋，积累了一大批重要研究成果。

鉴于此，长科院以建院70周年为契机，围绕新时代长江大保护主题，精心组织策划《长江治理与保护科技创新丛书》（以下简称《丛书》），聚焦长江生态大保护，紧扣长江治理与保护工作实际，以全新角度总结了数十年来治江治水科技创新的最新研究和实践成果，主要涉及长江流域水旱灾害防御、水资源节约利用与优化配置、水生态环境保护、河湖治理与保护、流域综合管理、水工程建设与运行管理等相关领域。《丛书》是个开放性平台，随着长江治理与保护的不断深入，一些成熟的关键技术及研究成果将不断形成专著，陆续纳入《丛书》的出版范围。

《丛书》策划和组稿工作主要由编撰委员会集体完成，中国水利水电出版社给予了很大的帮助。在《丛书》编写过程中，得到了水利水电行业规划、设计、施工、管理、科研及教学等相关单位的大力支持和帮助；各分册编写人员反复讨论书稿内容，仔细核对相关数据，字斟句酌，殚精竭虑，付出了极大的心血，克服了诸多困难。在此，谨向所有关心、支持和参与编撰工作的领导、专家、科研人员和编辑出版人员表示诚挚的感谢，并诚恳欢迎广大读者给予批评指正。

《长江治理与保护科技创新丛书》编撰委员会

2021 年 8 月

前言

　　水沙过程是塑造河床的动力和物质条件，三峡水库运行后输沙量大幅减小将造成坝下游河道长距离、长时期、高强度的冲刷调整。据实测资料统计，宜昌至湖口河段 2002 年 10 月至 2016 年 11 月河道冲刷量约为 20.94 亿 m³，年均冲刷量约 1.45 亿 m³，远大于蓄水前 1966—1998 年年均冲刷量 0.11 亿 m³。其中，2014 年宜昌至湖口河段平滩河槽冲刷量就达 3.465 亿 m³，为该河段 2002—2013 年年均冲刷量的 3.2 倍；城陵矶至湖口河段由原来的淤积或微冲转变为大幅冲刷，河段冲刷量达到 2.38 亿 m³，较 2002—2013 年年均冲刷量增加了 7.7 倍。由于三峡入库水沙条件、水库运用方式与原设计方案之间存在差异，以及近年来受河道采砂和河道（航道）整治工程增多等因素的影响，十余年来坝下游的冲刷强度比原预测成果偏大，发展更快。河床断面形态和部分弯道段河床冲淤规律发生新变化，切滩撇弯现象初步显现，河道崩岸仍时有发生，部分洲滩冲刷、滩面高程降低，河势仍处于不断调整变化之中。今后，随着长江上游水库群的建成运用，进入长江中下游的泥沙将进一步减少，河床将经历更长时间的冲刷调整。

　　进入 175m 试验性蓄水阶段后，为减轻长江中下游的防洪压力，三峡水库对入库洪峰进行了以削峰为主的防洪调度，水库下泄流量基本控制在 40000m³/s 以下，坝下游河道处于平滩水位以下的流量持续时间增加，使得高滩、支汊等过流机会减小，长期可能会对河道行洪能力产生一定程度的影响。为了维护三峡坝下长江中下游河床的正常发育与河道行洪能力，当需要三峡水库拦洪时，应在控制其下泄流量的同时，保证下游河道造床流量的持续时间，并适当利用汛期洪水，泄放超过平滩水位的流量，保障河道洪水河槽的塑造作用。河道的发育评判指标并不单一，指标的量化也极为复杂，同时又要兼顾长江中游规划的多项河流功能，本书主要以造床流量的变化为切入点，选取较为复杂和典型的分汊河道开展了关于水库调度对河道发育影响方面的研究。

　　本书由水利部长江水利委员会水文局和中国长江三峡集团有限公司相关人员共同完成，各章节的主要内容及编写分工如下：第 1 章为概述，主要介绍研究的必要性、研究目标、国内外研究现状、研究范围、研究内容及技术路线，由许全喜、朱玲玲、袁晶、任实编写；第2章为长江上游水库建设及中游河道基本特征介绍，主要介绍长江上游控制性水库的建设及运用情况和长江中游河道的基本特征等内容，由袁晶、朱玲玲、刘亮、李思璇编写；第3章为长江中游水沙基本特征及变化规律研究，主要从不同的时空尺度出发，分析研究三峡水库蓄水前后长江中游水沙输移的基本特征及主要的变化规律，由许全喜、任实、袁晶编写；第4章为长江中游冲淤规律及典型河段演变特征分析，基于大量的原型观测资料，从河道整体的冲淤和局部重点河段的演变规律出发，着重了解目前长江中游河道演变的关键特征，以及河道多维的形态对于演变的响应规律，由朱玲玲、袁晶、刘亮编写；第5章为河道造床流量计算方法研究，通过对以往众多的造床流量计算方法的评述，明确其各自的适用条件，重点阐述这些方法在长江中游运用时可能存在的一些局限性，并从水流挟带泥沙塑造河床的角度出发，研究提出适用于长江中游河道的造床流量计算方法，由许全喜、朱玲玲、袁晶、任实编写；第6章为长江中下游造床流量计算和影响因素研究，依次采用已有研究提出的基础型方法和本书提出的新方法计算长江中游的造床流量，对比分析三峡水库蓄水前后造床流量发生的变化，并深入揭示引起造床流量改变的主要因素，由许全喜、朱玲玲、袁晶、任实、刘亮编写；第7章为典型河段造床流量变化及影响因素研究，以沙市、白螺矶和武汉（中下段）3个典型分汊段为代表，从造床流量变化及影响因素分析出发，基于物理模型概化试验研究，提出保证汊道稳定发育的控泄指标，由袁晶、任实、朱玲玲编写；第8章为典型河段造床作用敏感性数值模拟研究，依据建立的3个典型河段的正交曲线贴体坐标系下的平面二维水沙数学模型，考虑三峡水库不同调度方案的控泄条件，对典型河段的冲淤开展模拟计算，检验并进一步细化第7章提出的基于典型河段河槽发育的控泄指标，由许全喜、李思璇、朱玲玲编写；第9章为三峡水库洪水控泄流量过程研究，在前文对河道造床作用研究的基础上，综合以往的研究成果，初步提出满足保证三峡水库及坝下游河道行洪安全，不造成水库淤积幅度过于增加以及充分保障坝下游河道发育等条件的三峡水库洪水控泄流量过程，由许全喜、朱玲玲、袁晶、刘亮编写；第10章为主要结论和展望，综合阐述本书的主要研究成果，并对今后的研究方向及存在的主要问题进行展望，由许全喜、朱玲玲、袁晶、任实编写。

本书编写过程中，得到了国家重点研发计划项目课题"多因素影响下长江泥沙来源及分布变化研究（2016YFC0402301）"和"新水沙条件下长江与两湖关系演变趋势及水文情势响应（2017YFC0405301）"的资助与支持。

本书涉及河道水沙变化、河床演变、水库调度、数值模拟、河工模型等多个专业领域，加之作者认识水平有限，书中难免有不足和疏漏，恳请读者批评指正。

作者

2021 年 8 月

目录

第1章

概　　述

1.1　研究的必要性

随着三峡工程投入使用，水库调蓄使长江中下游河道的流量量级、洪水时程分配、水流含沙量等水文要素发生变化，致使坝下游河床冲淤和河道演变规律发生明显改变。其主要体现在：①坝下游洪峰削减，如 2010 年、2012 年三峡水库入库洪峰分别达 $70000\,\mathrm{m^3/s}$、$71200\,\mathrm{m^3/s}$，水库削峰拦洪后下泄流量基本控制在 $45000\,\mathrm{m^3/s}$ 以内；②中水历时延长，如 2008—2012 年每年 7—8 月宜昌站流量为 $25000\sim40000\,\mathrm{m^3/s}$ 的总天数，由 121d（还原后）延长至 144d（实测）；③汛前流量加大、汛后流量减小；④枯期流量加大，水库对下游补水作用明显；⑤沙量大幅减少、泥沙颗粒明显变细，如 2003—2016 年宜昌站、汉口站、大通站年均输沙量分别为 0.381 亿 t、1.03 亿 t、1.40 亿 t，较三峡水库蓄水前减小了 92%、74%、67%；⑥水沙关系明显改变，同流量下输沙率显著减小，水流挟沙沿程处于次饱和状态且逐渐恢复。

水沙过程是塑造河床的动力和物质条件，三峡水库运行后输沙量大幅减小将造成坝下游河道长距离、长时期、高强度的冲刷调整。据实测资料统计，宜昌至湖口河段 2002 年 10 月至 2016 年 11 月河道冲刷量约为 20.94 亿 $\mathrm{m^3}$，年均冲刷量约 1.45 亿 $\mathrm{m^3}$，远大于蓄水前 1966—1998 年年均冲刷量 0.11 亿 $\mathrm{m^3}$。其中，2014 年宜昌至湖口河段平滩河槽冲刷量就达 3.465 亿 $\mathrm{m^3}$，为该河段 2002—2013 年年均冲刷量的 3.2 倍；城陵矶至湖口河段由原来的淤积或微冲转变为大幅冲刷，河段冲刷量达到 2.38 亿 $\mathrm{m^3}$，较 2002—2013 年年均冲刷量增加了 7.7 倍。由于三峡入库水沙条件、水库运用方式与原设计方案之间存在差异，以及近年来受河道采砂和河道（航道）整治工程增多等因素的影响，十余年来坝下游的冲刷强度比原预测成果偏大，发展更快。河床断面形态和部分弯道段河床冲淤规律发生新变化，切滩撇弯现象初步显现，河道崩岸仍时有发生，部分洲滩冲刷、滩面高程降低，如宜昌至枝城河段内临江溪、三马溪、杨家咀、大石坝、外河坝边滩 35m 等高线的面积之和由 2002 年的 4.82$\mathrm{km^2}$ 减小至 2008 年的 2.65$\mathrm{km^2}$，减小幅度达 45%；上荆江的关洲、董市洲、柳条洲、马羊洲、三八滩、金城洲、突起洲等主要江心洲滩面积之和由 31.50$\mathrm{km^2}$ 减小至 2011 年的 26.58$\mathrm{km^2}$，减幅约 16%，河势仍处于不断调整变化之中。今后，随着长江上游水库群的建成运用，进入长江中下游的泥沙将进一步减少，河床将经历更长时间的冲刷调整。

造床流量是指造床作用与多年流量过程的综合造床作用相等的某一种流量。这种流量不等于最大洪水流量，最大洪水流量的造床作用剧烈，但是持续时间过短；它也不等于枯水流量，枯水流量作用时间长，但是流量过小。造床流量实际上是一个较大但又不是最大的洪水流量，是反映冲积河流河槽形态的重要参数，是衡量河道输沙能力大小的一个关键技术指标，同时也是河道演变分析、河流健康发育的重要判定依据，是进行河道规划和整治的重要基础。造床流量的大小与河道洪水量级、洪水过程、洪水持续时间、水流含沙量、水沙过程组合、河道边界条件等密切相关。国内外关于造床流量的计算方法很多，常见的有马卡维耶夫法、平滩水位法、输沙率法以及水沙综合频率法等。我国关于造床流量的研究前期主要集中在黄河流域，先后发展形成了许多适用性较强的计算方法。目前，长江中下游河道造床流量的计算仍主要采用马卡维耶夫法、平滩水位法、流量保证率法。

三峡水库蓄水十余年来，长江中下游河道原有的相对平衡状态已被打破，河床沿程冲刷，导致部分河段河床纵横断面形态、滩槽格局和局部河势均发生了新的调整。随着三峡水库等长江上游水库的投入运行，三峡水库下泄沙量将继续减小，坝下游河床将经历长时间、长距离的冲刷变形，局部河势仍可能继续调整变化。与此同时，在试验性蓄水期间的2010 年汛期，为减轻长江中下游的防洪压力，三峡水库对入库洪峰进行了以削峰为主的防洪调度，水库下泄流量基本控制在 40000m³/s 以下，坝下游河道处于平滩水位以下的流量持续时间增长，使得高滩、支汊等河道组成单元的过流概率减小，长期来看，可能会对河道行洪能力产生一定程度的影响。因此，为了维护三峡坝下长江中下游河床的正常发育与河道行洪能力，当需要三峡水库拦洪时，应在控制其下泄流量的同时，保证下游河道造床流量的持续时间，并适当利用汛期洪水，泄放超过平滩水位的流量，保障河道洪水河槽的塑造作用。

综上所述，通过研究三峡水库蓄水运用前后长江中游河道造床流量的变化规律，分析计算三峡水库运用后长江中游河道造床流量的变化范围、特点和发展趋势，兼顾河道防洪形势，提出水库洪水控泄流量过程，对于保障下游河道的行洪能力极为重要。同时，还需结合三峡水库汛期沙峰调度，尽量减轻或保证库区泥沙淤积在可控范围内。最终形成基于水库安全高效运行和坝下游防洪安全、河道稳定健康发育的综合调度方案，其研究意义不言而喻。

1.2　研究目标

本书研究的目标主要是在保证三峡水库及长江中下游防洪安全、保障长江中游河道行洪能力的条件下，结合三峡水库蓄水运用以来不同类型代表性河段河道行洪能力变化情况，研究提出不同的三峡水库洪水控泄流量值及过程，如水库下泄流量值及过程等，为三峡水库的科学调度服务。本书研究的主要目标如下：

（1）解析三峡水库蓄水前后宜昌至九江河段造床流量变化及其主要影响因素。

（2）研究坝下游典型河段造床流量对三峡水库调度方式的响应机制。

（3）提出长江上游水库群尤其是三峡水库运用后坝下游典型河段造床流量变化特点、范围及趋势。

（4）揭示三峡水库坝下游典型河段河道规模变化趋势及其与三峡水库蓄水后水沙条件

变化的适应性，以保证水库防洪安全、维持或保障坝下游河道行洪能力为主要目标，提出统筹库尾减淤调度、沙峰排沙调度的三峡水库下泄流量过程指标，直接为三峡水库科学调度服务。

1.3   国内外研究现状

1.3.1   造床流量计算方法

1.3.1.1   基础型方法

目前，造床流量的计算方法很多，相关研究也在不断地发展，常见的基础型计算方法有平滩水位法、输沙率法、流量保证率法以及河床变形强度法[1-2]等四类主要方法。

（1）平滩水位法。采用水位和边滩相平时的流量（平滩流量）作为造床流量。其物理含义是：水流在漫滩前，随着水深增加，流速不断加大，造床作用不断增强；漫滩之后，水流出槽上滩，水流分散且滩地阻力较大，主槽流速受到遏制，因此流量虽然明显增加，但水流的输沙、造床作用却没有增强，甚至会有所降低。当水位达到平滩水位时，水流输沙能力最强，此时对应的流量即为造床流量。因此，平滩流量代表了河槽最有利的输沙条件。平滩水位法虽然精度不一定很高，但简单直接，并在多数平原河流中得到了较广泛的应用。

（2）输沙率法。对于冲积性河流而言，河床自动调整作用和冲淤变化最终取决于来水来沙条件，因此采用水沙条件来分析造床流量是可行的。常用的输沙率法有三类：马卡维耶夫法、地貌功法和最有效流量法。苏联学者马卡维耶夫认为[3]，某个流量造床作用的大小与输沙能力大小有关，同时也与该流量所经历的时间长短有关。他提出采用河道输沙能力 G_s 与其相应的流量频率 P 的乘积最大时的流量为造床流量。1964 年，Leopold 等提出了地貌功法（输沙率和频率的乘积曲线），运用地貌功曲线来确定造床流量[4]。1976 年，日本学者采用加权平均流量作为造床流量，该方法主要取决于流量过程。Pickup 等在研究 Cumberland 流域河流的特征时，采用了 Marlette 和 Prins 等提出的最有效流量概念[5]，即在一定时期内，挟带最多床沙质和推移质的流量级。计算平均输沙量有两种方法：Meyer－Peter 和 Muller 方程式与 Shields 方程式。

（3）流量保证率法。钱宁等在《河床演变学》一书中根据美国河流的资料统计，建议采用重现期为 1.5 年的洪水流量作为造床流量，也有的学者建议采用多年日均洪峰流量的平均值来作为造床流量（即洪峰流量统计法）。

（4）河床变形强度法。勒亚尼兹认为应采用相应于某时段的平均河床变形的流量作为造床流量[2]。他提出了表征河床变形强度的指标，通过绘制每一流量相应的河床变形强度指标随时间变化的过程线，从枯水期末开始，绘制河床变形强度指标的累积曲线，连接该曲线的起点和最大值点，此直线的坡度即为相应时段的平均河床变形强度指标，由这一指标在流量过程线上求出相应的流量，即为造床流量。这一方法将造床流量与河床变形强度相联系，其物理意义是比较合理的，但是在我国多沙河流运用时同样存在水面比降不易求、河床变形强度计算不合理等问题。

　　上述基础型方法一般适用于冲淤相对平衡的河流或者是多沙型河流，因而造床流量这一概念在我国以黄河流域的研究成果偏多。对于长江中下游而言，尤其是在三峡水库以及上游梯级水库蓄水运用后，水沙相关关系显著改变，河道的冲淤相对平衡状态被打破，在高强度次饱和水流作用下，河床冲刷明显。这种条件下，上述造床流量方法的适用性目前尚缺乏研究，考虑到长江中下游河道当前以及未来面临的长历时的冲刷，如何选取合适的方法计算河道造床流量是亟待明确的问题。

1.3.1.2　发展型方法

　　对于某一特定的河流，上述基础型方法在计算造床流量的过程中存在一定的问题，如平滩水位法相对适用于滩槽较为稳定的河道，并且平滩流量直接与当年的洪水水沙条件关联，易变性大，难以反映滩槽长期发展的态势。马卡维耶夫法在计算造床流量时，一般会出现两个造床流量，对于水沙条件相对稳定，且高水出现频率相对偏大的情况，第一造床流量大于第二造床流量，但是对于相对偏枯的水文周期，或是因外在因素干扰，水沙条件发生剧烈的变化后，会出现第二造床流量大于第一造床流量的异常现象，因此，马卡维耶夫法往往无法体现水沙条件的剧烈变化[6]。鉴于基础型的计算方法在计算某一特定河流的造床流量时存在各种各样的不合理性，因此对于马卡维耶夫法和流量保证率法都有一些优化的计算方法，本书统一将其称为发展型方法，典型代表如下：

　　（1）第一造床流量和第二造床流量计算方法[7]。韩其为在研究黄河下游输沙及冲淤的若干规律中，将第一造床流量定义为在一定流量和输沙量过程及河床坡降条件下，可以输送全部来沙且使河段达到纵向平衡的某一恒定流量；第二造床流量的定义是在年最大洪水过程中冲淤达到累计冲淤量一半时对应的洪水流量。第一造床流量和第二造床流量可以根据实测水沙过程资料直接计算。

　　（2）输沙能力法。在研究以黄河为代表的多沙河流的造床流量时，张红武等认为马卡维耶夫法中夸大洪水作用而忽略泥沙作用[8]，认为除水流强度以外，含沙量、泥沙粗度、河床边界条件等因素对造床过程及其河床形态也有显著的影响，为反映这些因子的影响引入水流挟沙力 S_* 来反映输沙能力，通过对研究河段典型断面历年观测流量分级，确定每级的平均流量、流量频率及对应挟沙力，提出当 $QS_*P^{0.6}$ 值最大时对应的流量即为造床流量。

　　（3）水沙综合频率法。吉祖稳等认为同一来水过程和相同的造床历时条件下，不同的来沙过程对河床的造床作用不一样；而在同一水流条件及相同含沙量的情况下，某种含沙量的作用时间不同，则河床的变形也不一样。其在提出计算造床流量的过程中，引入含沙量频率 P_B 这一概念，从而得出多沙河流造床流量计算的水沙综合频率法[9]。这一方法多应用在黄河下游。

　　（4）水沙关系系数法。孙东坡等基于黄河下游水沙的特征关系，引入含沙量平方与流量的比值这一指标来反映黄河下游的水沙特性，并定义为水沙关系系数[6]，结合相对应的出现频率，建立水沙关系系数频率曲线，然后通过查这一曲线，建立各流量级的水沙关系系数频率曲线，再绘制各级流量下的输沙能力与流量的关系曲线，输沙能力最大值对应的即为造床流量。

　　除此之外，还有诸如对上述基础型方法中的某些参数取值进行优化的方法。例如，冯红武在研究近坝径流调节河段造床流量确定方法时，采用 Meyer - Peter 提出的最有效流量法的同时，认为平均输沙量应为全沙，因此加入了推移质输沙率的计算公式[10]。李福田也通过研究代表期的选择及指数 m 值的取值方法，对马卡维耶夫法进行了优化[11]。

综合来看，发展型方法的研究都是针对基础型方法在计算某一河道或者某一特定时期的造床流量时，存在的不合理现象而提出的，大都是对于马卡维耶夫法（输沙率法）的优化，并且几乎都是基于黄河等多沙河流的应用问题。有些人认为黄河水沙条件会发生变化，基础型方法不能反映这种变化；有些人则认为黄河下游水沙与河道变形的关系十分复杂，基础型方法没有完全体现河道演变的实际情况等。当把这些基础型或者发展型的计算方法应用到长江中下游干流河道时，同样也存在类似问题。尤其是长江中下游干流正在经历着上游以三峡水库为核心的梯级水库群调度影响，水沙条件发生显著改变，河床正处于剧烈的冲淤调整期，已有计算方法能否全面反映造床流量的变化规律值得进一步研究。

1.3.2　造床流量的影响因素

钱宁在《河床演变学》一书中指出，不同的方法计算出来的造床流量差别较大，造床流量究竟是更接近于小洪水或中洪水以下的流量，还是与较大的洪水流量相接近，要由河流的性质来决定[1]。关键是流量大小与河岸和河床物质可动性的对应关系，涉及洪峰特点和物质组成两个主要变量，后者严格来看还应包括植被生长情况的因素在内。陈绪坚等在研究黄河下游造床流量的变化时提出，造床流量是表现一定水沙过程输沙能力和造床作用的特征流量，主要决定于来水来沙过程[12]。张红武等则认为造床流量与含沙量、泥沙糙度、河床边界条件等因素有关[8]。

从造床流量的概念来理解，造床流量是指造床作用和多年流量过程的综合造床条件作用相等的流量，包含两层含义：一是反映塑造能力的水沙条件，因此，水沙条件的改变（尤其是大型水利枢纽工程修建后对于水沙条件的影响）必然会带来造床流量的变化；二是反映被塑造的河床自身特征，包括河床组成、边界可动性以及前一时期的河道形态等方面，长江中下游河道在三峡水库蓄水后河床普遍被冲刷，尤其是荆江河段河床下切明显，同时河床粗化、深泓纵剖面调平，这种形态的变化即是造床流量改变的结果，也反过来影响造床流量的大小。由此可见，影响造床流量的因素十分复杂，各因素在不同时期的作用程度也会有差异，以往对于河道冲刷发展过程中影响造床流量因素的研究较为薄弱。

1.3.3　水库下游造床流量的变化

当前对于水库下游造床流量的研究多集中于黄河，以及如松花江[13]、淮河[14] 等输沙量和流量关系较好的河流，且仍以研究适用性较强的计算方法为主。从研究成果来看，关于水库建成后对坝下游河道造床流量的影响研究主要集中在黄河下游和汉江中下游[12,15-16]，且研究结论基本一致，认为在水利工程修建及其他因素共同影响下，造床流量趋于减小，如黄河下游在三门峡水库（1960 年 9 月运用）、刘家峡水库（1968 年 10 月运用）、龙羊峡水库（1986 年 10 月运用）和小浪底水库（1999 年 10 月运用）4 个大型水利枢纽工程建设后，造床流量由 20 世纪 50 年代初的 $7000 \sim 8000 \mathrm{m}^3/\mathrm{s}$ 减小到 2000 年左右的 $2200 \sim 2800 \mathrm{m}^3/\mathrm{s}$；丹江口水库下游利河口段造床流量减小约 25.5%。

目前，关于长江干流造床流量的研究大多仅限于某一特定的河段内，如重庆主城区河段[17]、宜枝河段[18] 等，此类型河段都具有断面形态相对稳定的特征。在上游水库群建成蓄水前，一般认为长江中下游河道较为稳定，各河段的造床流量与平滩流量基本一致[19]。

韩其为等早期基于第一造床流量和第二造床流量的观点，研究认为三峡水库蓄水后，冲刷会使得荆江河流槽宽的绝对值有所加大，将来下荆江弯道处可能出现小的心洲和边滩，也可能会发生一些撇弯和切滩。但是由于水库基本未改变径流过程，因此造床流量不会有什么减小，而且正如前面指出的考虑到"三口"分流减少，下荆江造床流量还会加大，过水断面不会有明显富余，加之动力轴线半径不会有明显改变，撇弯、切滩的现象不会像汉江皇庄至泽口段那样普遍[15]。伴随三峡水库调度运行方式的优化，韩其为针对汛期水库中小洪水调度的研究指出，水库控泄流量 56700m³/s 不改变下游河道径流过程。控泄流量 45000m³/s 相对 56700m³/s 有一定影响，但似可承受；当控泄流量为 35000m³/s 时，造床流量消减太多，一般似难采用[20]。

闫金波等曾采用马卡维耶夫法、平滩水位法和流量保证率法三种方法对蓄水前后造床流量变化进行了计算分析。通过分析宜昌水文站在三峡水库蓄水前和蓄水后的水文泥沙资料，认为三峡大坝等工程的调蓄作用，使得坝下游河段水沙条件以及造床流量都处于调整变化的过程之中；通过计算造床流量变化和同流量条件下坝下游河道水流挟沙力沿程变化，认识到蓄水前后第一造床流量对应的河道挟沙能力增加，从一定程度上可以反映出河道应向着纵深方向发展，蓄水后在同流量级的中低水条件下，坝下游河道水流挟沙力增加较为明显，反映了三峡坝下游河道冲刷将以中低水河床为主[21]。

由此可见，一方面目前长江上关于造床流量的研究多集中于某一河段，而对于三峡水库蓄水前后坝下游各河段造床流量沿程变化的研究较少；另一方面三峡水库调度方式优化后，水沙条件进一步改变，对由此带来的造床流量变化的研究较少，加之三峡水库上游金沙江中下游大型梯级水库相继建成运行，对于三峡入库水沙的改变也较为显著，使得三峡水库出库的泥沙再度锐减等，都会造成长江中下游造床流量的变化。此外，把长江中下游河段的冲淤变化与造床流量变化结合起来进行的研究也不多见，造床流量变化对河床冲淤影响的研究也相对缺乏。

1.3.4　水库下游造床流量变化的影响

目前，关于三峡水库下游造床流量变化的研究较少，对这种变化带来的影响的研究相对缺乏，相关的研究多针对黄河下游。陈绪坚等在研究黄河下游造床流量的变化时指出，受工农业引水、洪峰传播调平及河床坡降变缓等因素的影响，黄河下游河道输沙能力逐渐减小，花园口站第一造床流量减小，年输沙能力减小，是引起黄河下游河槽淤积萎缩的直接原因[12]。

三峡水库蓄水后，在水库削峰调度和枯水补水调度等影响下，长江中下游也出现流量调平的现象，高水出现频率减小，中水历时延长[22]；同时伴随着冲刷的发展，深泓纵剖面水面比降趋于减小。为适应长期的高强度次饱和水流，河床必然通过冲刷粗化、水面比降减小、洲滩萎缩等各方面的调整来减小河道的输沙能力[23]，从而建立新的相对平衡状态。韩其为的研究成果显示，三峡水库蓄水后，按照中小洪水调度的条件，长江中下游造床流量趋于减小[24]。本书研究基于马卡维耶夫法和流量保证率法的初步计算结果也显示，在三峡水库调度的影响下，长江中下游造床流量有一定的降幅。造床流量的减小是否会带来河道的萎缩是值得加强研究的问题，河道萎缩无疑对于河流各项功能造成明显的影响，尤其是长江中游是流域防洪重地和"黄金水道"，伴随着长江经济带建设，河道的健康维持显得尤为重要。评估以三峡水库为核心的水库群联合调度对于造床流量的影响，并通过提出相应的控制指标进一步优化水库调度方式，控制造床流量的减小幅度等，都亟须开展深入的研究工作。

1.4　研究区范围

本书研究区范围为三峡坝下游宜昌至九江河段（图 1.4-1），该河段位于长江中游，全长约 924km。河段内沿江两岸汇入的支流主要有清江、洞庭湖水系、汉江、倒水、举水、巴河、浠水等。荆江南岸有松滋、太平、藕池、调弦四口分流入洞庭湖（调弦口于1959 年建闸封堵）。

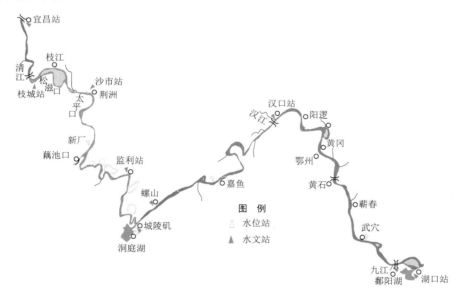

图 1.4-1　长江中游干流宜昌至九江河段河道形势图

根据研究需要，选取了沙市河段、白螺矶河段和武汉河段（中下段）作为典型代表性河段开展三峡水库蓄水前后不同时段内坝下游典型河段河道造床流量变化特性的研究。

1.5　研究内容及技术路线

1.5.1　主要研究内容

本书研究的主要内容包括以下六个方面。

（1）河道造床流量计算方法评述。通过查阅国内外已有研究成果，对河道造床流量不同计算方法的优、缺点进行较为系统的归纳、总结。

（2）三峡水库蓄水前坝下游河道造床流量变化及主要影响因素研究。

1）三峡水库蓄水前坝下游造床流量分析研究。

2）造床流量计算方法适用性及主要影响因素研究。

（3）三峡水库蓄水后坝下游河道造床流量变化及主要影响因素研究。

1）三峡水库蓄水后坝下游造床流量分析研究。

2）三峡水库蓄水后坝下游造床流量主要影响因素研究。

3）三峡水库蓄水前后坝下游造床流量计算方法和选取原则研究。

（4）坝下游典型河段造床流量变化对三峡水库调度的响应及其敏感度分析研究。

1）坝下游典型河段造床流量变化分析。

2）坝下游典型河段造床流量对三峡水库调度的响应及敏感度分析。

（5）上游水库群尤其是三峡水库调度条件下坝下游典型河段造床流量变化特点、范围及趋势研究。

1）坝下游典型河段河床冲淤调整过程变化研究。

2）坝下游典型河段造床流量变化趋势研究。

（6）坝下游典型河段河道规模变化趋势及其与三峡水库蓄水后水沙条件变化的适应性研究。

1）坝下游典型河段河道行洪能力变化及其与三峡水库蓄水后水沙条件变化的适应性研究。

2）三峡水库洪水控泄流量过程研究。

1.5.2　技术路线

本书采用现场调查、原型观测资料分析、数理统计以及水沙数学模型与水文学模型相结合的研究方法，开展三峡水库蓄水运用后长江中下游河道造床流量的研究工作，研究技术路线如图 1.5-1 所示。

（1）已有研究成果的归纳、总结和基本资料的收集整理。主要包括：①收集已有的长江、黄河等河流和国内外大型水库下游河道造床流量的相关研究成果；②收集、整理1960—2016 年长江中下游河道地形和固定断面观测资料；③收集、整理与分析坝下游沿程主要水文控制站 1950—2016 年水位、流量、泥沙实测资料；④计算分析 1950—2016 年河道水面比降（汛期、非汛期）的沿时、沿程变化；⑤收集 1950—2016 年典型场次洪水各水文站水位、流量、泥沙和流速实测资料；⑥收集 1950—2016 年荆江三口分流分沙，洞庭湖城陵矶站和鄱阳湖湖口站水文泥沙资料等。

（2）多种计算造床流量方法的对比。选取多种造床流量的计算方法（包括基础型方法、发展型方法等），研究坝下游造床流量计算方法的适用性。其中，马卡维耶夫法主要包括三个关键技术点，即水沙关系分析、河道水面比降计算以及流量级划分和流量频率过程研究；平滩水位法注重于平滩水位的确定以及水位-流量关系的研究；流量保证率法则着重于三峡水库蓄水后流量过程的还原对比、水动力学模型计算和频率分析。

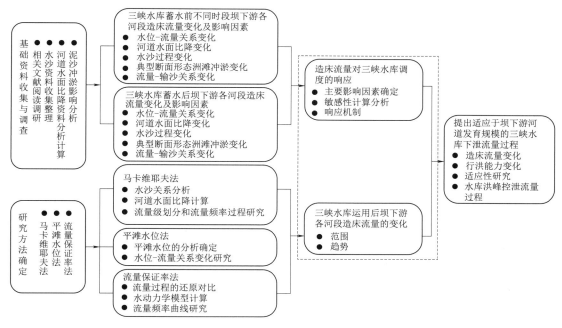

图 1.5-1 研究技术路线图

（3）造床流量变化趋势的计算和研究。采用马卡维耶夫法、平滩水位法、流量保证率法计算三峡水库蓄水前后长江中下游河道造床流量变化，基于三峡水库蓄水后长江中下游河道冲淤特点，优化已有计算方法并研究提出适用性更强的新方法，综合给出长江中下游河道造床流量变化幅度。进一步结合三峡水库科学调度关键技术第二阶段研究项目"新水沙条件下三峡出库水沙过程变化及长江中下游干流河道的冲淤变化响应研究"的相关研究成果，分析三峡水库蓄水前后不同时段内坝下游河道造床流量的变化特性及发展趋势。

（4）基于多方案数值试验的响应敏感度分析。根据影响造床流量的主要因素，结合三峡水库的调度情况，采用水文学模型与水动力学模型相结合的研究方法，系统开展敏感度分析的数值试验，进行响应敏感度分析。

（5）三峡水库调度与下游河道泄洪安全、河床发育规模的适应性研究。采用原型观测资料分析、水沙数学模型计算、概化模型试验相结合的方法，在分析三峡水库调度对下游各河段河道水位、流量、含沙量、河床冲淤过程以及河床典型断面形态变化趋势的影响的基础上，通过多方案对比，分析确定适应河道泄洪安全和河床行洪能力的河道规模。其中，概化模型部分以长江中下游不同典型河段为对象，采用水槽模型试验的研究方法，对三峡水库不同调度运行条件下，坝下游不同类型河段河床冲淤演变与河道发育规律进行研究。

（6）基于大量的实地调查、多方案模型计算相结合的三峡水库洪水控泄流量过程研究。在分析三峡水库蓄水运用以来不同类型代表性河段河道规模变化的基础上，结合多方案的模型研究成果，兼顾大量的实地调查分析以及概化水槽试验的研究成果，综合研究提出保证三峡水库及坝下游河道防洪安全、减轻库区泥沙淤积、适应坝下游河道行洪能力的水文过程，为三峡水库的调度运用提供必要的参考依据。

第 2 章

长江上游水库建设及中游河道基本特征

长江中游的水沙绝大部分来自宜昌以上的干支流。近年来，伴随着长江上游水电开发建设，以三峡水库为核心的梯级水库群相继建成运用，水库调度一方面改变了天然的水文过程，另一方面显著拦截了河道泥沙，导致其下游河道水沙条件的双重变化。因此，为了了解和掌握水库建设对于长江中游河道的影响，首先需要摸清长江上游控制性水库的运行情况。在此基础上，本章还简单介绍了长江中游河道的基本特征，以及此次研究的三个典型河段的河势特点，并就河道发育重点关注的防洪影响问题，阐述了当前长江中游河道的防洪形势。

2.1　长江上游控制性水库建设及运用情况

根据长江流域综合规划，长江上游干支流库容大、有调节能力的控制性枢纽涉及长江干流的金沙江和川江段、雅砻江、岷江（含大渡河）、嘉陵江（含白龙江）、乌江等河流上的梯级水库。目前，金沙江的溪洛渡和向家坝，雅砻江的锦屏一级和二滩，岷江的瀑布沟和紫坪铺，嘉陵江的宝珠寺和亭子口，乌江的洪家渡、乌江渡、构皮滩和彭水，长江干流的三峡等控制性水库已经蓄水运用。长江上游干支流主要控制性水库基本情况见表 2.1-1。

表 2.1-1　　　　　　长江上游干支流主要控制性水库基本情况

河流	水库	正常蓄水位（吴淞高程）/m	死水位（吴淞高程）/m	正常蓄水位以下库容/亿 m³	调节库容/亿 m³	装机容量/MW	防洪库容/亿 m³
金沙江下游	乌东德	975	945	58.63	30.20	10200	24.4
	白鹤滩	825	765	190.06	104.36	16000	75
	溪洛渡	600	540	115.70	64.60	13860	46.5
	向家坝	380	370	49.77	9.03	6000	9.03
雅砻江	锦屏一级	1880	1800	77.60	49.10	3600	16.00
	二滩	1200	1155	57.90	33.70	3300	9.00
岷江	紫坪铺	877	817	9.98	7.74	760	1.67
	瀑布沟	850	790	50.64	38.82	3300	11.0
嘉陵江	宝珠寺	588	558	21.00	13.40	700	3.10
	亭子口	458	438	34.90	17.50	1100	14.40

河流	水库	正常蓄水位 (吴淞高程)/m	死水位 (吴淞高程)/m	正常蓄水位 以下库容/亿 m³	调节库容 /亿 m³	装机容量 /MW	防洪库容 /亿 m³
乌江	洪家渡	1140	1076	49.47	33.61	600	22.25
	乌江渡	760	736	21.40	9.28	1250	0.69
	构皮滩	630	590	55.64	29.52	3000	4.00
	彭水	293	278	12.12	5.18	1750	2.32
长江	三峡	175	155	393.00	165.00	18200	221.50
合　计					568.15	82170	437.92

国家防汛抗旱总指挥部（以下简称国家防总）批复的《2016年度长江上游水库群联合调度方案》中，将金沙江的梨园、阿海、金安桥、龙开口、鲁地拉、观音岩、溪洛渡、向家坝，雅砻江的锦屏一级、二滩，岷江的紫坪铺、瀑布沟，嘉陵江的碧口、宝珠寺、亭子口、草街，乌江的构皮滩、思林、沙沱、彭水，长江干流的三峡水库等21座水库纳入水库群联合调度范围，总调节库容459.22亿 m³，总防洪库容363.11亿 m³。长江上游干支流梯级水库群的联合调度必将给流域水沙条件带来极为显著和深远的影响，尤其是水库群控制了金沙江下游和嘉陵江两大产沙区，几乎截断了长江上游的主要泥沙来源。

本书主要考虑三峡水库及上游已投入运行的溪洛渡和向家坝水库，下文对这3座水库的运行情况及水库淤积、排沙特征进行简单归纳。

2.1.1　三峡水库

2.1.1.1　水库运行情况

三峡水库坝址位于湖北省宜昌市境内，水库正常蓄水位175m，汛期限制水位145m，枯季消落最低水位155m，相应的总库容、防洪库容和兴利库容分别为393亿 m³、221.5亿 m³、165亿 m³。水库调度方式：每年汛期6月中旬至9月底水库按照一般防洪限制水位145m运行，汛末9月10日正式开始蓄水，库水位逐步上升至175m水位，库水位在5月末降至155m，汛前6月上旬末降至防洪限制水位。

三峡工程于2003年6月1日正式下闸蓄水，6月10日坝前水位蓄至135m，至此汛期按135m运行，枯季按139m运行，工程开始进入围堰蓄水发电运行期；2006年9月20日22时三峡水库开始二期蓄水，至10月27日8时蓄水至155.36m，至此汛期按144～145m运行，枯季按156m运行，工程进入初期运行期。

经国务院批准，长江三峡水利枢纽于2008年汛末进行175m试验性蓄水，2008年9月28日0时（坝前水位为145.27m）三峡水库进行试验性蓄水，至11月4日22时蓄水结束时坝前水位达到172.29m。2010年汛期上游来水量偏大，三峡水库进行了7次防洪运用，三峡汛期平均库水位为151.54m，较汛限水位抬高了6.54m，汛期最高库水位161.02m。2010年9月10日0时三峡工程开始汛末蓄水，起蓄水位承接前期防洪运用水位160.2m；9月底蓄水至162.84m；10月26日9时三峡工程首次蓄水至175m。之后直至2016年，三峡水库均在每年10—11月达到175m的蓄水目标，三峡水库坝前水位变化过程如图2.1-1所示。

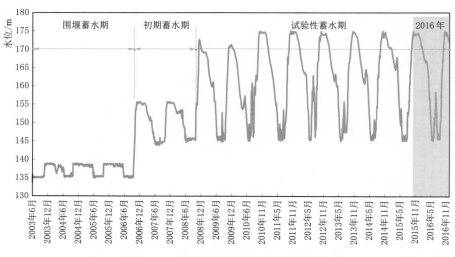

图 2.1－1　三峡水库坝前水位变化过程

2.1.1.2　水库主汛期削峰调度情况

2008 年汛后三峡水库进行 175m 试验性蓄水后，各有关方面从维护生态环境和对中下游供水安全、提高三峡综合利用效益等方面考虑，对三峡水库调度运用提出了很高的要求，并从不同角度、不同层面对水库调度提出了优化建议。原国务院三峡工程建设委员会（简称三峡建委）第 16 次会议安排由水利部组织各有关单位研究《三峡水库优化调度方案》（以下简称《方案》），研究形成的水库优化调度方案在 2009 年 8 月由水利部报国务院批准实施，该方案主要适应试验蓄水期（即 2009 年开始至 175m 正常运行时止）。《方案》提出，三峡水库汛期对中小洪水滞洪调度，是一种汛期酌情启用的机动性调度，以大洪水来临之前迅速将水库水位预泄至 145m 为条件，由防汛部门根据防洪形势、实际来水以及预测预报情况进行机动控制。

以 2012 年为例，在该年度主汛期，长江上游发生 4 次编号洪峰，最大入库洪峰流量 71200m³/s，三峡水库对 4 次洪水均进行了削峰拦洪调度，最大下泄流量 45800m³/s，4 次洪水三峡水库调洪最高库水位分别为 152.67m（7 月 8 日）、158.88m（7 月 15 日）、163.11m（7 月 27 日）、160.12m（9 月 6 日）。在 9 月上旬的 5 号洪峰过程中，水库进行拦洪调度，并结合汛末蓄水调度，9 月 9 日 8 时水库水位预蓄至 159.36m，9 月 10 日水库开始正式蓄水（图 2.1－2）。

水库汛期削峰调度主要针对入库大洪水进行滞洪，减小长江中下游的防洪压力，对于长江中下游的主要效应是大流量频次下降，宜昌站自 2008 年以来，最大流量为 47600m³/s。高水频率减小后，中下游河道中高滩、多汊河道全断面的过水概率都有所下降，直接关系河道的长远发育。

2.1.1.3　水库淤积特征

由于三峡入库泥沙量较初步设计值大幅度减小，库区泥沙淤积大为减轻。根据三峡水库主要控制站——朱沱站、北碚站、寸滩站、武隆站、清溪场站、黄陵庙站（2003 年 6 月至 2006 年 8 月三峡入库站为清溪场站，2006 年 9 月至 2008 年 9 月为寸滩站＋武隆站，

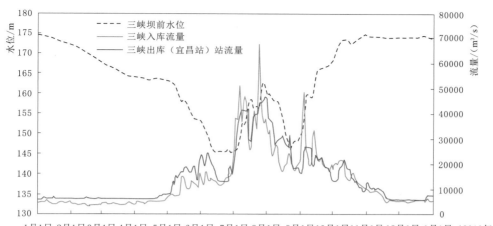

图 2.1 - 2　2012 年三峡水库年内调度过程

2008 年 10 月至 2016 年 12 月为朱沱站＋北碚站＋武隆站）的资料，2003 年 6 月至 2016 年 12 月三峡入库悬移质泥沙 21.581 亿 t，出库（黄陵庙站）悬移质泥沙 5.201 亿 t，不考虑三峡库区区间来沙（下同），水库淤积泥沙 16.380 亿 t，近似年均淤积泥沙 1.206 亿 t（图 2.1 - 3），仅为论证阶段（数学模型采用 1961—1970 系列年预测成果）的 40% 左右，水库排沙比为 24.1%，水库淤积主要集中在清溪场以下的常年回水区，其淤积量占总淤积量的 93%；朱沱—寸滩、寸滩—清溪场库段淤积量分别占总淤积量的 2%、5%。

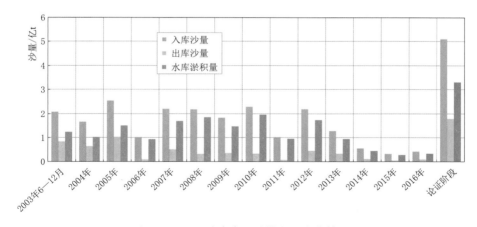

图 2.1 - 3　三峡水库泥沙淤积量变化情况

从排沙比的变化过程来看，汛期随着坝前平均水位的抬高，水库排沙效果有所减弱（图 2.1 - 4、表 2.1 - 2）。在三峡工程围堰发电期，水库排沙比为 37.0%；初期蓄水期，水库排沙比为 18.8%。三峡水库 175m 试验性蓄水后，2008 年 10 月至 2016 年 12 月三峡入库悬移质泥沙 10.142 亿 t，出库悬移质泥沙 1.779 亿 t，不考虑库区的区间来沙，水库淤积泥沙 8.363 亿 t，水库排沙比为 17.5%，要小于围堰蓄水期和初期蓄水期，重要原因之一就是其蓄水位，特别是汛期水位，较蓄水前有所抬高。

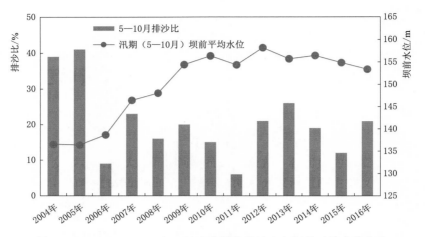

图 2.1-4　2003—2016 年三峡水库汛期排沙比与坝前平均水位变化

表 2.1-2　　　　　　　　　　　　　三峡水库进出库泥沙与水库淤积量

时　　段	入　库		出　库		水库淤积泥沙量/亿 t	排沙比/%
	水量/亿 m³	沙量/亿 t	水量/亿 m³	沙量/亿 t		
2003 年 6 月至 2006 年 8 月	13277	7.004	14097	2.590	4.414	37.0
2006 年 9 月至 2008 年 9 月	7619	4.435	8178	0.832	3.603	18.8
2008 年 10 月至 2016 年 12 月	29479	10.142	32915	1.779	8.363	17.5
2003 年 6 月至 2016 年 12 月	50375	21.581	55190	5.201	16.380	24.1

2.1.2　向家坝水库

2.1.2.1　水库运行情况

　　向家坝水电站位于四川省宜宾县和云南省水富市境内，是金沙江下游干流的出口控制梯级，上距溪洛渡水电站 156.6km，下距金沙江出口宜宾市 33km，距下游干流朱沱站长约 280km。水库正常蓄水位 380m，相应库容 49.77 亿 m³，死水位 370m，相应库容 40.74 亿 m³，水库调节库容 9.03 亿 m³。水库调度方式：在汛期 7 月 1 日至 9 月 10 日按防洪限制水位 370m 控制运行，一般情况下，水库自 9 月 11 日开始蓄水，9 月底前可蓄至正常蓄水位 380m，12 月下旬至 6 月上旬为供水期，5 月底库水位消落至汛期限制水位 370m。

　　向家坝水电站于 2012 年 10 月 10 日正式下闸蓄水，10 月 16 日顺利蓄水至高程 354m，成功实现电站初期蓄水目标，电站正式开始运用并发挥效益。2013 年 6 月 26 日水库开始 370m 蓄水，7 月 5 日成功蓄至 370m；9 月 7 日开始首次汛末蓄水，9 月 12 日 380m 蓄水目标顺利实现。此次蓄水目标的成功实现，标志着工程建设全面达到设计要求，其防洪、发电、航运、灌溉等综合效益将得以充分发挥。向家坝水库蓄水运用以来坝前水位变化过程如图 2.1-5 所示。

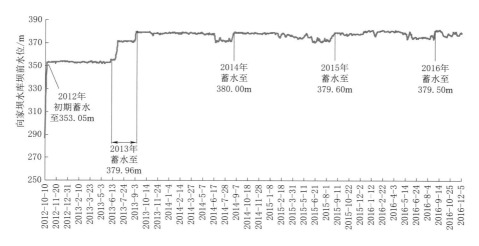

图 2.1-5 向家坝水库蓄水运用以来坝前水位变化过程

2.1.2.2 水库淤积特征

（1）输沙法计算。向家坝水库 2012 年 10 月蓄水运用后，2012 年 10 月至 2016 年 12 月入库泥沙总量为 2733.6 万 t，出库总沙量为 1416.8 万 t，水库淤积泥沙总量为 1316.8 万 t，水库排沙比为 51.8%。

（2）地形法计算。2013 年 4 月至 2016 年 5 月，向家坝库区共淤积泥沙量为 5537 万 m³，其中，淤积在 370m 以下的死库容内的泥沙量达 2840 万 m³，占水库死库容的 3%。变动回水区冲刷量为 56 万 m³，常年回水区淤积量为 2808 万 m³。

2.1.3 溪洛渡水库

2.1.3.1 水库运行情况

溪洛渡水利枢纽坝址位于云南省永善县和四川省雷波县交界的金沙江下游干流上。水库正常蓄水位 600m，总库容 115.7 亿 m³；死水位 540m，死库容 51.1 亿 m³；水库调节库容 64.6 亿 m³，防洪库容 46.5 亿 m³，汛期限制水位 560m。水库调度方式：水位正常运行范围为 540～600m，汛期（7 月至 9 月 10 日）水库水位按防洪调度方式运行，一般按汛期限制水位 560m 运行。9 月中旬开始蓄水，一般情况下 9 月底前蓄至正常蓄水位 600m，12 月下旬至次年 5 月底为供水期，5 月底水库水位降至死水位 540m。

溪洛渡水库蓄水一共分为三个阶段：第一阶段蓄水至 540m 高程；第二阶段蓄水至 560m 高程；第三阶段次年 8 月下旬开始，水位将抬升至 600m 正常水位。溪洛渡工程从 2013 年 5 月 4 日开始下闸蓄水，水位从 440m 起涨，至 6 月 23 日水位涨至 540m 高程，第一阶段蓄水目标胜利完成，水位满足首批机组发电的要求，金沙江上第一大水库正式形成；第二阶段 560m 蓄水从 11 月 1 日开始，12 月 8 日成功蓄水至 560m，圆满完成第二阶段蓄水任务，为第三阶段蓄水至 600m 水位打下了坚实的基础。2013—2015 年溪洛渡水库坝前水位变化过程如图 2.1-6 所示，2016 年坝前水位及日蓄水量变化过程如图 2.1-7 所示。

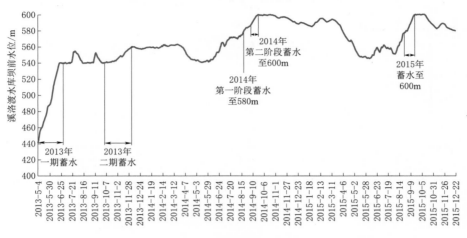

图 2.1-6　2013—2015 年溪洛渡水库坝前水位变化过程

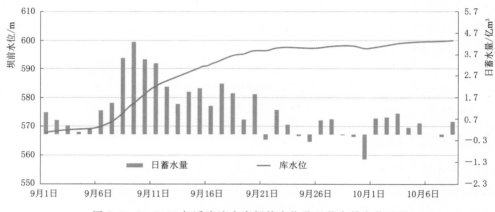

图 2.1-7　2016 年溪洛渡水库坝前水位及日蓄水量变化过程

2.1.3.2　水库淤积特征

（1）输沙法计算。溪洛渡水库于 2013 年 5 月 4 日蓄水运用后，2013 年 5 月至 2016 年 12 月入库泥沙总量为 31988 万 t，出库泥沙总量为 1147 万 t，水库总淤积量为 30841 万 t，水库排沙比为 3.59%。

（2）地形法计算。溪洛渡水库在 2013 年 6 月至 2016 年 11 月运行期间，库区共淤积泥沙 34144 万 m³，其中有 28832 万 m³ 淤积在 540m 以下的水库死库容内，占总淤积量的 84.4%，占水库死库容的 5.6%；其余泥沙则淤积在高程 540～600m 内的防洪库容范围内，占总淤积量的 15.6%，占水库调节库容的 0.8%。其中，淤积在变动回水区的泥沙量为 959 万 m³，占总淤积量的 2.8%；淤积在常年回水区的泥沙量为 33185 万 m³，占总淤积量的 97.2%。

2.2 长江中游河道基本特征

宜昌至九江河段流经广阔的冲积平原，沿程各河段水文泥沙条件和河床边界条件不同，形成的河型也不同。从总体上看，该河段的河型可分为顺直型、弯曲型、蜿蜒型和分汊型四大类。其中，前三类主要分布在城陵矶以上，且蜿蜒型河道主要集中在下荆江，城陵矶以下分汊河道分布较多。依据地理环境及河道特性大体可分为三大段，即宜昌至枝城河段、枝城至城陵矶河段、城陵矶至九江河段。

（1）宜昌至枝城河段。宜昌至枝城河段（又称宜枝河段）长60.8km，是山区性河流向平原性河流的过渡段，为顺直微弯河型，其中宜昌河段上起宜昌（水尺）至古老背，长约23.1km；宜都河段从古老背至枝城水文站，长约37.7km。区间有较大的支流清江在宜都入汇长江。河道两岸为低山丘陵地貌，抗冲能力强，河床组成较粗，局部有基岩出露，河床稳定性较高。1966—2002年该河段河床以冲刷为主，三峡工程蓄水运用以来，该河段河道平面形态、主流和河势均保持基本稳定，但河床呈持续冲刷态势，2002年10月至2015年10月，宜昌至枝城河段冲刷泥沙1.593亿 m^3，深泓纵剖面平均冲刷下切3.56m。宜枝河段河势如图2.2-1所示。

（2）枝城至城陵矶河段。枝城至城陵矶河段（又称荆江河段）长347.2km。按边界条件及河型的不同，以藕池口为界，分为上、下荆江。枝城至藕池口为上荆江，长171.7km，河道内弯道较多，由洋溪、江口、涴市、沙市、陡湖堤、郝穴6个弯曲段组成，弯道内有江心洲，属微弯河型；藕池口至城陵矶称为下荆江，长175.5km，为典型的蜿蜒型河道，河床演变剧烈。荆江河段河床冲刷引起一些河段水流顶冲位置的改变，下荆江许多弯道段的凸岸边滩在三峡工程蓄水后发生了明显冲刷，如石首北门口以下北碾子湾对岸边滩、调关弯道的边滩、监利河弯右岸边滩、荆江门对岸的反咀边滩、七弓岭对岸边滩、观音洲对岸的七姓洲边滩等，有的甚至有切割成心滩之势；特别是下荆江弯曲半径较小的急弯段如调关、莱家铺、尺八口弯道段，出现了"凸冲凹淤"现象，对河岸及已建护岸工程的稳定造成了一定的威胁，河道崩岸仍时有发生。三峡水库蓄水运用以来，荆江河段总体河势基本稳定，但河道冲刷强度有所加剧，2002年10月至2016年11月，荆江河段平滩河槽冲刷量为9.38亿 m^3，深泓纵向平均冲深2.54m。荆江河段河势如图2.2-2所示。

（3）城陵矶至九江河段。城陵矶至九江河段长约516km，为宽窄相间的藕节状分汊型河道。该河段上承荆江和洞庭湖来水，下受鄱阳湖顶托，河道两岸有疏密不等的节点控制着河段的总体河势。据统计，该河段中有分汊型、弯曲型、顺直微弯型三种河型，分别占总河长的63%、25%、12%。在该河段中，岳阳河段因两岸一系列节点控制，呈藕节状顺直分汊河型。三峡工程蓄水后，城陵矶至九江河段总体河势基本稳定，但河道冲刷幅度有所加剧，2001年10月至2016年11月城陵矶至汉口河段平滩河槽冲刷量为4.68亿 m^3，深泓纵向平均冲深2.29m；汉口至九江河段平滩河槽冲刷泥沙3.03亿 m^3，深泓纵向平均冲深2.77m。城陵矶至九江河段河势如图2.2-3所示。

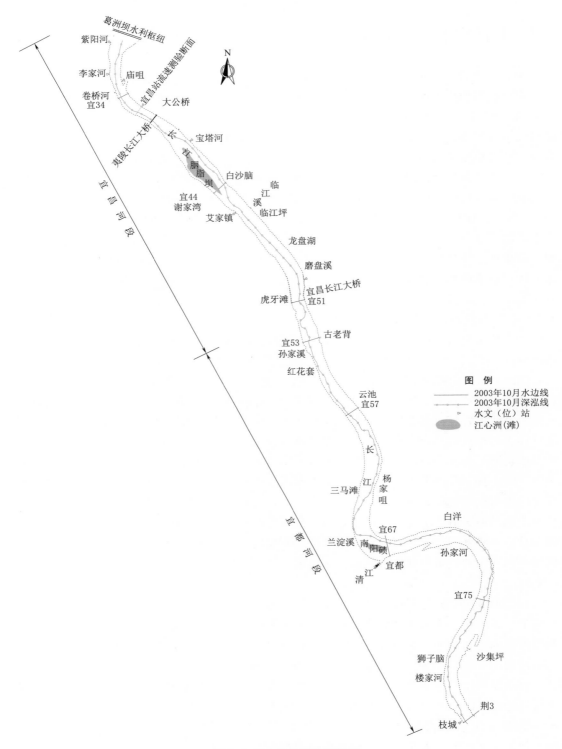

图 2.2-1　宜枝河段河势图

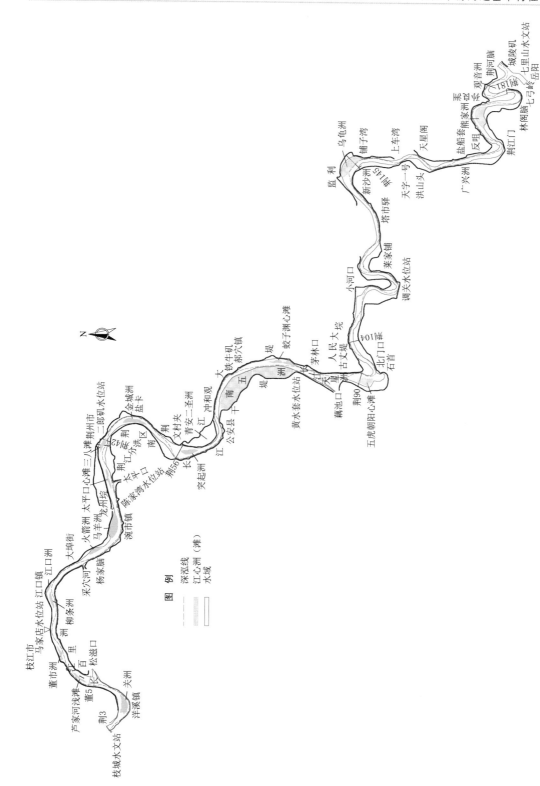

图 2.2-2　荆江河段河势图

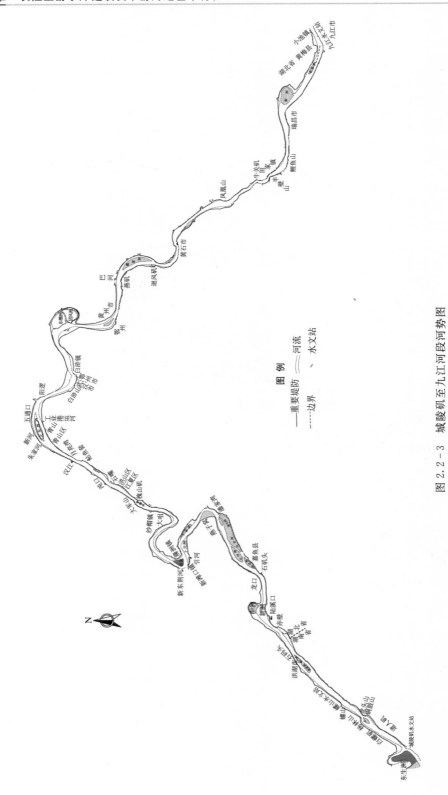

图 2.2 - 3　城陵矶至九江河段河势图

2.3 典型河段的选择依据

本书根据研究需要,选取了沙市河段、白螺矶河段和武汉河段(中下段)作为典型代表性河段开展三峡水库蓄水前后不同时段内坝下游典型河段河道造床流量变化特性的研究。典型河段的选择主要是考虑其在以下几个方面的代表性。

2.3.1 河道防洪形势

(1)沙市河段位于荆江河段的核心地带,荆江南北两岸地面分别比沙市站汛期水位低8~13m。"万里长江,险在荆江",举世闻名的荆江大堤地处荆江北岸,是江汉平原的重要防洪屏障。西起湖北省荆州市荆州区枣林岗,东迄监利县严家门,全长182.4km。保护范围内有武汉、荆州等大中城市和江汉油田、京广铁路等重要企业和基础设施。江汉平原是我国重要的商品粮、棉和水产品基地,无论是工业还是农业在我国国民经济中均占有重要的地位。因此,荆江大堤成为长江流域最为重要的堤防,为国家确保堤段。

(2)螺山站控制着长江干流宜昌以上、支流清江、洞庭湖"四水三口"(即湘、资、沅、澧四水,淞滋、太平、藕池三口),以及洞庭湖区间等来水量。因此该站水位流量及其变化是长江中下游防洪规划、河道泄洪能力分析以及洪水预报和防洪调度的重要依据。此外,螺山水文站所在的白螺矶河段1998年防洪形势最为严峻,两岸为长江中游十分重要的洪湖、岳阳长江干堤。

(3)作为长江防汛重镇的武汉,其防汛压力受到多方面影响。长江上游、中游来水施压,下游顶托,使武汉承受着"上下夹击"的压力。长江武汉段上游,有川水、渝水和湘水直接注入。长江中游湖南境内,4条主要河流湘江、资水、沅江、澧水汇入洞庭湖,在湖区东北角经城陵矶出湖入长江,然后顺流至武汉段,长江水量在此增加1/4左右。然而,30多年来,洞庭湖湖区由于调蓄面积、容积日益减少,水位升高,出水增加,与此同时,武汉市区的一般地面高程为21~27m,比有记录以来的长江武汉关最高水位(1954年为29.73m)低2~8m,直接导致了武汉地区防洪的严峻形势。

2.3.2 河道水流造床作用

三峡水库蓄水运用以来,沙市河段、白螺矶河段以及武汉河段(中下段)水流造床作用均十分强烈、河床冲淤变化频繁,具有很好的代表性。2002年10月至2018年10月,沙市河段冲刷泥沙2.80亿 m^3,年均冲刷强度达34.0万 m^3/km,远大于三峡水库蓄水前1975—2002年年均冲刷量0.067亿 m^3,冲淤分布特点也由蓄水前的"冲槽淤滩"转变为"滩槽均冲",为荆江河段冲刷强度最大的河段;白螺矶河段的冲淤特性也由蓄水前的以淤积为主转变为蓄水后的以冲刷为主,2001—2018年该河段共冲刷泥沙0.119亿 m^3;武汉河段(中下段)则冲刷泥沙0.543亿 m^3,河段内多处水域冲刷幅度达3~4m,严重影响局部河势稳定及防洪安全。

2.3.3 河段内滩槽格局变化

(1)沙市河段内洲滩分布较多,主要江心滩有太平口心滩和三八滩。多年来,河段内主泓摆动较大；受来水来沙变化影响，河段内洲滩演变较为显著，太平口心滩具有"冲刷切割成小滩、小滩淤积相连成大滩"的周期性演变特点。三八滩位于沙市河段中部放宽段，由于滩体高程较低，且河床组成抗冲性较弱，历年来冲淤变形幅度均较大，尤其是滩体的中上段，滩体规模总体呈冲刷萎缩的趋势，三峡水库蓄水更是加速了这一发展过程。

（2）白螺矶河段受城陵矶、白螺矶至道人矶、杨林山至龙头山节点控制以及上游来水来沙的影响，在白螺矶至道人矶节点以上，河段内总体表现为洲滩的冲淤消长，淤积部位主要在河道左侧，主流线基本稳定，随着泥沙在仙峰洲左汊的落淤，1998 年后仙峰洲已与左岸边滩连成一体，形成左岸大边滩；位于白螺矶至道人矶、杨林山至龙头山两对卡口节点之间的南阳洲，受两对节点控制，虽南阳洲洲头和洲尾时有冲淤，但南阳洲的平面位置相对稳定，汊道的主支汊关系稳定，左汊缓慢淤积，逐渐向左岸发育，右汊近岸河床发生冲刷，主流线在洲尾右岸河槽逐渐趋于稳定。

（3）武汉河段（中下段）近几十年来河势基本稳定，主流、岸线平面摆动较小，但洲、滩仍将随不同水文年的来水来沙条件变化而有所冲淤变化，汉口边滩总体有所淤长，各时段表现为冲淤交替，其变化与来水来沙条件有关。多年变化的规律是：小水年过后边滩淤长发展，大水年过后边滩缩小。白沙洲、天兴洲汊道段的分流分沙变化，在一定程度上也会影响到洲滩冲淤，潜洲、汉阳边滩等洲滩随之发生冲淤变化，对河段内的行洪能力、航道稳定以及取水设施的安全运行等产生一定的不利影响。

2.4　长江中游河道防洪形势

根据《长江流域防洪规划》，三峡工程建成前后长江中游河道防洪形势发生显著改变。

2.4.1　三峡工程建成前的防洪形势

经过多年建设，长江干支流主要河段现有防洪能力大致达到：荆江河段依靠堤防可防御约 10 年一遇洪水，考虑南岸堤防薄弱环节加高加固，加上使用分蓄洪区，可防御约 40 年一遇洪水；城陵矶河段依靠堤防可防御约 10～15 年一遇洪水，考虑比较理想地使用分蓄洪区，可基本满足 1954 年型洪水的防洪需要；武汉河段（中下段）依靠堤防可防御 20～30 年一遇洪水，考虑上游及本河段分蓄洪区比较理想地使用，可基本满足防御 1954 年实际洪水（其最大 30d 洪量约 200 年一遇）的防洪需要；湖口河段依靠堤防可防御 20 年一遇洪水，考虑上游及本河段分蓄洪区比较理想地使用，可满足 1954 年型 100 年一遇洪水的防洪需要。汉江中下游依靠堤防、丹江口水库及杜家台分洪工程可防御 20 年一遇洪水，配合新城以上民垸分洪，可防御 1935 年型大洪水，约相当于 100 年一遇；资水柘溪水库建成后下游防洪标准提高到 20 年一遇；赣江考虑泉港分洪、赣抚大堤加高加固后约可防御 30～50 年一遇洪水；其他支流除澧水下游只能防御 5 年一遇左右洪水外，大部分均可防御 10～20 年一遇洪水；长江上游四川腹地各主要支流依靠堤防和水库一般可防御 10 年一遇左右洪水。

1949 年以来，长江中下游防洪建设取得了很大成绩，一般常遇洪水，依靠堤防，经过严密防守，基本可以安全度汛，但一遇大洪水，就会充分暴露出存在的严重问题。1998年洪水就暴露出工程未按规划完成，堤防险情众多，计划分蓄洪运用难度大，以及在管理、人与洪水如何协调共处等方面的问题。随着国民经济的发展，长江流域特别是中下游沿岸地区在国民经济中的地位将日益重要，对防洪的要求越来越高，与现有防洪能力的矛盾也越来越突出，防洪形势依然比较严峻。目前存在的主要问题如下：

（1）长江中下游的洪水来量远远超过各河段的安全泄量。据历史记录和调查资料，自1153年以来，宜昌流量超过80000m³/s的有8次，而目前长江中下游各河段安全泄量，虽经过多年来的堤防加高加固及河道整治，较以往有了扩大，但上荆江仍只能安全下泄60000～68000m³/s（含松滋、太平两口分流入洞庭湖流量），城陵矶附近约60000m³/s，汉口约为70000m³/s，湖口（八里江）约为80000m³/s；而城陵矶以上干流和洞庭湖"四水"及区间来水1931年、1935年、1954年等几个大水年的汇合洪峰流量（考虑洪水传播时间后的峰值）均在100000m³/s以上，1998年也接近100000m³/s。洪水来量大与河道泄洪能力不足的矛盾非常突出，只能采取分蓄洪措施，以保证重点区和重要城市的安全，尽量减少淹没损失。

（2）荆江河段遇特大洪水时没有可靠对策，可能发生毁灭性灾害。如遇1860年或1870年洪水，荆江河段运用现有荆江分洪工程后，尚有30000～35000m³/s的超额洪峰流量无法安全下泄，不论南溃或北溃，均将淹没大片农田和村镇，造成大量人口伤亡，特别是北溃还将严重威胁武汉市的安全。特大洪水对这一河段的严重威胁，仍是心腹之患。

（3）遇较大洪水，计划分洪十分困难，一旦分洪，要付出很大代价。目前大多数分蓄洪区基本没有安全设施，一旦分洪，区内有大量人口需要转移安置，组织工作复杂，公私财物损失大，分洪后缺乏相应的补偿政策，实施难度极大。同时多数分蓄洪区靠临时扒口分洪、泄洪，很难做到适时适量，运用失控的危险性很大，实际淹没损失可能超过理想运用情况。

（4）堤防工程虽经大力加固，但仍存在薄弱环节和隐患。1998年大洪水后，虽然国家加大了长江中下游主要干流堤防加固工程的投入，防洪状况得到较大改善，但是洞庭湖区、鄱阳湖区及主要支流堤防仍需加强建设。长江堤防是千百年来沿江人民与洪水作斗争逐步培修形成的，存在许多先天弱点，2016年和2017年的大洪水暴露了堤防堤身堤基质量差、隐患多的问题，一遇高洪水位，经常出现渗漏、管涌、流土、滑坡等险情。

（5）由于泥沙淤积和围垦（20世纪80年代后大规模围垦已基本停止），河道、湖泊行蓄洪水的能力日减，排洪出路不畅，江湖行蓄洪矛盾日益尖锐。洲滩民垸阻水碍洪，减少调蓄，同时本身防洪能力低，一遇高洪水位，会危及人民生命安全，防汛期间民垸的防守也会影响整体防汛部署。

（6）虽然长江流域各支流现已建成大型水库100余座，总库容达700余亿m³，对所在支流的防洪起了较大作用，但调蓄长江干流超额洪水的有效防洪库容很少。这是因为长江支流众多，支流水库分散，各支流洪水遭遇组合复杂。因此，真正能够调蓄干流洪水的水库库容极为有限。

（7）由于长江中下游堤防缺乏必要的安全监测和抢险设备、技术手段，堤防查险还是采取人工拉网式不间断查险方式，抢险主要依靠经验制订方案，并以人工为主实施。因此每临汛期都要投入大量人力、物力，防汛负担很重，技术落后。

以上分析表明长江流域目前的防洪形势仍很严峻，为了进一步改善长江防洪状况，在遇到类似 1981 年、1870 年和 1954 年那样严重的特大洪水时，上中下游均能有妥善的对策，尽可能减少人员伤亡、减少财产损失，就迫切要求三峡等干支流控制性枢纽工程的逐步建成、堤防、分蓄洪区安全建设、河道整治等工程的建设，平垸行洪、退田还湖等措施的有效贯彻、执行，洪水预报、警报系统更加现代化，以及加强管理等防洪非工程措施的进一步完善。

2.4.2　三峡工程建成后的防洪形势

三峡工程位于长江干流宜昌市境内，控制流域面积 100 万 km^2，水库正常蓄水位（防洪高水位）175m，防洪限制水位 145m，防洪库容 221.5 亿 m^3。《长江流域防洪规划》指出，三峡工程建成投入使用后，中游各地区防洪能力将有较大提高，特别是荆江地区防洪形势将发生根本性变化。

（1）对荆江地区，遇小于 100 年一遇洪水（如 1931 年、1935 年、1954 年洪水，1954年洪水在荆江地区不到 100 年一遇），可使沙市水位不超过 45m，不启用荆江分洪区；遇1000 年一遇或 1870 年洪水，可使枝城流量不超过 80000m^3/s，配合荆江地区的分洪区运用，可使沙市水位不超过 45.0m，从而保证荆江两岸的防洪安全。此外，根据研究，三峡工程建成后为松滋等"四口"建闸控制创造了条件，减少了分流入洞庭湖的水沙，延缓了洞庭湖的淤积，松滋建闸可对澧水洪水进行错峰补偿，减轻西洞庭湖地区垸垸的洪水威胁。

（2）对城陵矶附近地区，一般年份可以基本上不分洪（各支流尾闾除外）；如遇 1931年、1935 年、1998 年、1954 年特大洪水，可减少本地区的分蓄洪量和土地淹没。

（3）对武汉地区，由于长江上游洪水得到有效控制，从而可以避免荆江大堤溃决后洪水取捷径直趋武汉的威胁；三峡水库调蓄提高了对城陵矶附近区域洪水控制的能力，配合丹江口水库和武汉市附近分蓄洪区的运用，可避免武汉水位失控。三峡工程建成后，武汉以上控制洪水的能力除了原有的分蓄洪区容量外，增加了三峡水库的防洪库容 221.5 亿m^3，无疑将大幅提高武汉防洪调度的灵活性，对武汉市防洪起到保障作用。

由于长江河道的安全泄量与长江洪水峰高量大的矛盾十分突出，而三峡工程的防洪库容相对仍是不足的，同时中下游仍有 80 万 km^2 的集水面积，其中有大别山区、湘西至鄂西山地以及江西九岭至安徽黄山一带等主要暴雨区，有洞庭湖水系、清江、汉江等主要支流入汇，洪水量大，组成复杂，长江流域局部地区的防洪形势仍然十分严峻。如遇 1954年型大洪水，中下游干流仍将维持较高水位，还需动用分蓄洪区蓄纳超额洪水。

2.5　本章小结

（1）自 2003 年 6 月三峡水库蓄水运用以来，长江上游干流及主要支流陆续建成了以三峡水库为核心的大型梯级水库群，尤其是金沙江下游溪洛渡和向家坝水库蓄水后，显著改变了三峡水库入库泥沙情势，三峡水库出库泥沙量进一步下降，这将是长江中游河道面临的水沙新情势。

（2）长江中游宜昌至湖口河段发育有顺直型、弯曲型、蜿蜒型和分汊型四大类河型。其中，弯曲型又分为微弯型和蜿蜒型两种，分汊型包含顺直分汊、微弯分汊和鹅头形分汊等类型。本书依据河道防洪形势、河道水流造床作用、河段内滩槽格局变化等特征，分别选取沙市河段、白螺矶河段和武汉河段（中下段）作为典型河段。

（3）三峡水库蓄水前，长江中下游防洪存在洪水来量远超各河段的安全泄洪量的突出问题，如荆江河段一旦遭遇特大洪水时，由于没有可靠的对策，可能会发生毁灭性灾害。伴随着长江上游以三峡水库为核心的梯级水库群的投入运行，长江中游各地区的防洪能力将得到较大提高，特别是荆江地区防洪形势将发生根本性变化。但是，长江流域局部地区的防洪形势仍然十分严峻，如遇 1954 年型大洪水，中下游干流仍将维持较高水位，还需动用分蓄洪区来蓄纳超额洪水。

第 3 章

长江中游水沙基本特征及变化规律

　　长江中游江河湖分汇流关系复杂，水沙来源点多，沿程存在较为明显的分汇流效应。20 世纪 90 年代以来，受气候变化及多重人类活动的影响，水沙变化较为显著，尤其是输沙量，受水土保持工程、水利枢纽工程等的影响，来源于长江上游、"两湖"（洞庭湖和鄱阳湖简称）水系及汉江水系的沙量都有较大幅度的减小。水沙条件是塑造河床的动力和物质条件，在计算造床流量过程中有决定性的作用。因此，本章从不同的时间尺度出发，研究长江中游水沙变化规律。同时，考虑到长江中下游河道已经经历了三峡水库蓄水后十余年的水沙作用，河道形态发生了一定的调整，从而带来水力特性的变化，为了反映这种变化，且为后文计算造床流量做准备，本章还计算对比了不同河段三峡水库蓄水前后的水面比降变化。

3.1　长江中游径流变化特征

　　近年来，受长江上游来流条件变化的影响，加之以三峡水库为核心的梯级水库群调度运行作用，长江中游水沙条件的变化是多重的，包括总量、过程、频率及组成等多个方面。同时，长江中游河道又与我国最大的两个淡水湖泊洞庭湖和鄱阳湖连通，且最大的支流汉江在武汉汇入，水沙的分汇流关系十分复杂。此次研究充分收集研究区域内干流及河湖分汇流控制站的水沙资料，对于长江中游的水沙变化特征进行系统的梳理。长江中下游江、河、湖分汇流关系概化如图 3.1-1 所示。

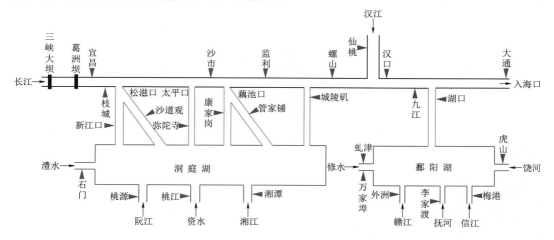

图 3.1-1　长江中下游江、河、湖分汇流关系概化图

3.1.1　径流量时空变化特征

以出口九江站来看，长江中游的径流主要来自长江上游、洞庭湖湖区和汉江3个区域。如三峡水库蓄水后的2003—2016年，九江站多年平均径流量为6960亿m³，宜昌站、城陵矶七里山站和汉江仙桃站相应的径流量分别为4020亿m³、2400亿m³和356亿m³，分别占九江站的57.8%、34.5%和5.1%，其他区间入汇的径流仅占2.6%。对比三峡水库蓄水前来看，三峡水库蓄水后长江上游和汉江来水占比都有所增加，而洞庭湖来水占比则有所减少。由此可见，受气候变化、水库调度及复杂的分汇流效应的影响，长江干流水沙条件在不同时间尺度上的变化是显著的。

3.1.1.1　年际变化及沿程分汇流效应

从径流量的年际变化来看，三峡水库蓄水后的2003—2016年由于长江上游遭遇水量偏枯的水文周期，降水量偏小，加之上游梯级水库拦蓄等作用，相比较三峡水库蓄水前的多年平均情况，长江中下游干流各控制站除监利以外，径流量都是偏小的。监利站略偏大的原因主要在于自荆江三口分流入洞庭湖的水量都有所偏小（荆江三口平均年分流总量偏小433亿m³）。与此同时，洞庭湖、汉江、鄱阳湖入汇的径流量也均呈现偏小的状态，因而从宜昌站至大通站，多年平均年径流量绝对偏小量总体呈增加的特征，宜昌站年均径流量偏小345亿m³（相当于汉江的年径流总量），至大通站，偏小量达到470亿m³，如图3.1-2所示。

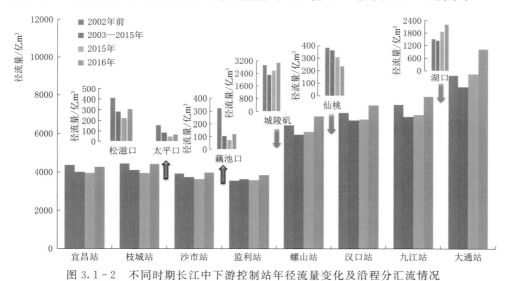

图3.1-2　不同时期长江中下游控制站年径流量变化及沿程分汇流情况

3.1.1.2　年内分配特征及其变化

长江中下游干流水量的年内分布也具有明显的特征。年内7月的径流量最大，1月、2月径流量最小，主汛期7—9月的径流量占总量的比例基本在38%~50%。三峡水库蓄水后，尤其是进入175m试验性蓄水阶段以来，对于坝下游的径流过程调节作用增强，水库汛期采用削峰调度的方式减小了下游河道的防洪压力，同时汛后蓄水时间由初期运行期的10月提前至9月；汛后至汛前的枯水期，为了缓解中下游河道及"两湖"的枯水情势，水库加大泄量对下游河道进行了补水。在这一系列的调度方式影响下，长江中下游干流控制站10月径流量减小明显，而 12 月至次年 4 月的径流以增加为主，同时各月径流量占年径流总量的比例发生变化，7—11 月径流量占比下降，1—4 月径流量占比增加，如图 3.1-3 所示。

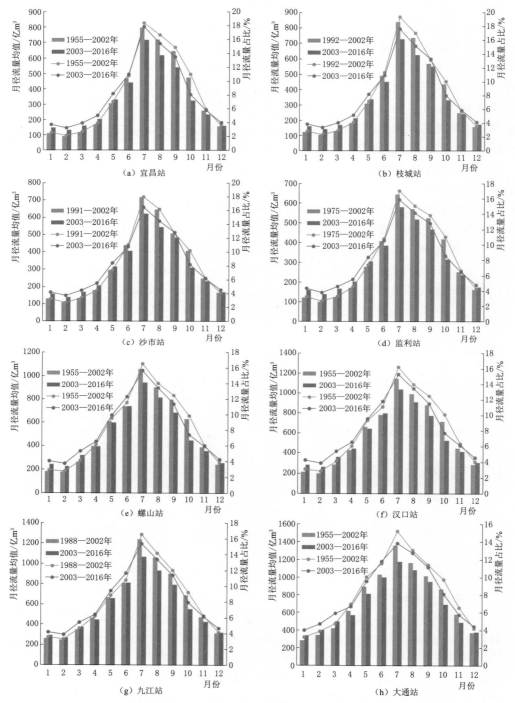

图 3.1-3　三峡水库蓄水前后长江中下游控制站径流量年内分配特征

（注：图中柱状图为月径流量均值，折线图为月径流量占比。）

3.1.2 流量过程及频率变化特征

受三峡水库调度及上游来流条件变化的双重影响，相对于三峡水库蓄水前，三峡水库蓄水后长江中下游的流量过程及频率都有一定的变化。根据长江中下游宜昌、枝城、沙市、监利、螺山、汉口、九江、大通8个水文站的实测水文资料，对三峡水库蓄水前后的日均流量过程及频率变化进行分析。考虑样本序列的长度和测站资料的完整性，统一选取1990—2002年的日均流量作为蓄水前的资料，选取2003—2016年的日均流量作为蓄水后的资料。此外，为了重点评估三峡水库蓄水对长江中游流量过程的影响，基于水量平衡的原理，对宜昌站的流量过程进行还原计算。

3.1.2.1 流量过程变化特征

三峡水库进入175m试验性蓄水期后，先后针对坝下游的防洪、枯水期水资源利用和航运等问题，采取了汛期削峰、汛后提前蓄水及枯水期补水等调度运行方式，改变了长江中游天然的径流过程。

对比还原前后长江干流宜昌站的径流过程（图3.1-4）来看，2010年和2012年上游来水偏大，三峡水库均进行了削峰调度，控制最大下泄流量不超过45000m³/s，宜昌站实测的最大流量相较于无水库调度均有所减小，但平滩流量30000m³/s以上持续时间变化并不大（表3.1-1）。同时枯水期流量相对于无水库情况有所增加，宜昌站因水库补水作用自2009年开始年内不再出现小于5000m³/s的流量（表3.1-2）。

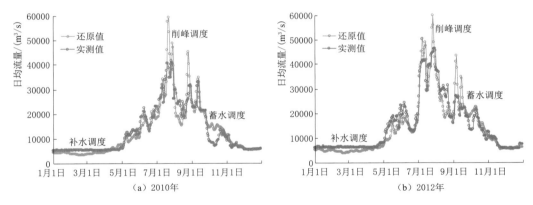

（a）2010年 （b）2012年

图3.1-4 宜昌站2010年、2012年还原前后流量过程对比图

表3.1-1 宜昌站还原前后平滩流量大于30000m³/s持续时间

年 份		2003	2004	2005	2006	2007	2008	2009
持续时间 /d	实测值	37	9	37	0	39	24	12
	还原值	37	9	38	0	36	24	14
年 份		2010	2011	2012	2013	2014	2015	2016
持续时间 /d	实测值	28	0	37	18	19	3	16
	还原值	29	7	42	16	26	5	20

表 3.1 - 2　　　　　　　　宜昌站还原前后流量小于 5000m³/s 持续时间

年　　份		2003	2004	2005	2006	2007	2008	2009
持续时间 /d	实测值	118	74	57	57	124	78	0
	还原值	108	76	60	61	102	62	67
年份		2010	2011	2012	2013	2014	2015	2016
持续时间 /d	实测值	0	0	0	0	0	0	0
	还原值	94	31	59	59	52	14	

　　这种调度效应对于长江中游干流沿程的流量过程都有一定的影响。从流量极值变化来看，2003—2016 年，长江中下游各控制站年实测最大流量均值均较蓄水前 1990—2002 年的均值偏小，偏小的幅度在 4830～11900m³/s（表 3.1 - 3）。三峡水库蓄水以来，由于长江上游径流总体偏枯，这也是中下游年最大流量总体减小的重要因素，减小的总体趋势初步显现（图 3.1 - 5）。相反地，年最小流量增大的趋势已经较为明显，三峡水库蓄水后2003—2016 年相较于蓄水前 1990—2002 年，各控制站年最小流量均值增幅在 1000～1630m³/s 之间。

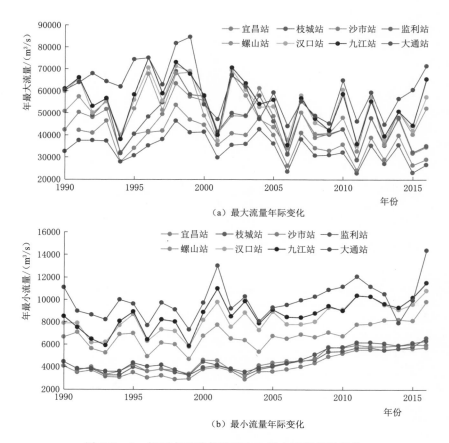

（a）最大流量年际变化

（b）最小流量年际变化

图 3.1 - 5　长江中下游各站最大、最小流量年际变化

表 3.1-3　　　　　三峡水库蓄水前后长江中下游实测年最大、最小流量变化　　　单位：m³/s

统计项	时　段	宜昌站	枝城站	沙市站	监利站	螺山站	汉口站	九江站	大通站
实测年最大流量	1990—2002年	47900	50600	41300	36300	54800	58000	59700	66500
	2003—2016年	42000	41700	34600	31400	45000	49300	50300	54600
	变化值	−5900	−8870	−6680	−4840	−9780	−8720	−9350	−11900
实测年最小流量	1990—2002年	3400	3660	3840	3930	6250	7420	7860	9400
	2003—2016年	4700	5000	5160	5280	7300	9050	9450	10400
	变化值	1300	1340	1320	1340	1060	1630	1590	1000

3.1.2.2　流量频率变化特征

按照 5000m³/s 分级，计算长江中下游控制站各级流量出现的频率，绘出各站的流量频率曲线（图 3.1-6），对比分析三峡水库蓄水前后不同流量级出现频率的变化情况。总体上，三峡水库蓄水后长江中下游大流量出现的频率显著减小，中水流量出现的频率增加。虽然在宜昌、枝城、沙市、监利 4 个控制站中水流量频率增加不明显，但越往下游，中水流量频率增加的现象越明显（从螺山、汉口、九江、大通 4 个控制站的频率曲线可以看出），表明三峡水库蓄水调度，促使坝下游出现洪峰削减、中水历时延长的现象。

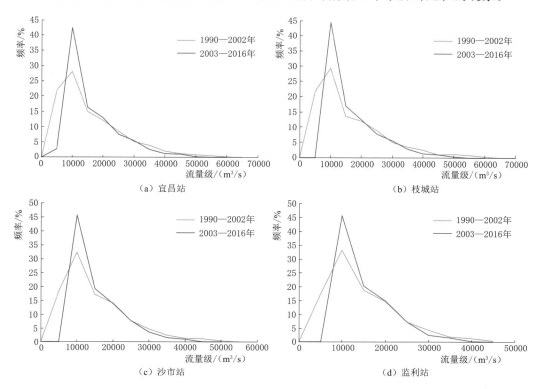

图 3.1-6（一）　三峡水库蓄水前后长江中下游控制站日均流量分级频率曲线

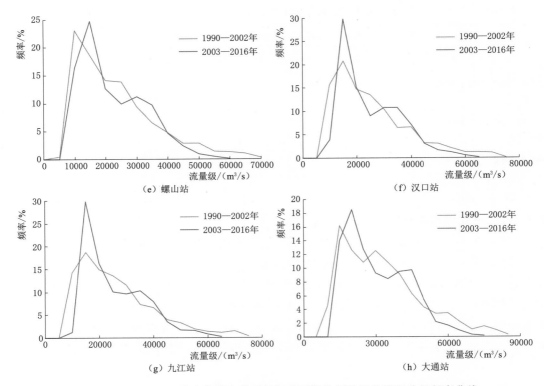

图 3.1-6（二）　三峡水库蓄水前后长江中下游控制站日均流量分级频率曲线

3.2　长江中游输沙变化特征

3.2.1　输沙量时空变化特征

相对于径流变化而言，水利枢纽工程、水土保持工程、河道（航道）整治工程等人类建设活动对于长江中下游输沙的影响更为显著。从泥沙通量的角度来看，三峡水库蓄水前，长江干流宜昌站多年输沙量为 49200 万 t，经支流及湖泊的分汇流效应，以及干流河道、湖泊沉积效应后，输沙量沿程逐渐减小，至大通站，多年入海输沙量减小至 42700 万 t；三峡水库蓄水后，宜昌站多年平均年输沙量下降至 3810 万 t，在输入沙量大幅减小的条件下，长江干流河道河床对水流中的泥沙进行补给，同时在支流和湖泊汇流作用下，至大通站多年输沙量增加至 14000 万 t。类似的变化在"两湖"水系也较为明显，荆江"三口"和湖南"四水"输入洞庭湖、江西"五河"输入鄱阳湖的泥沙量都处于不断减小的状态下。因此，纵观长江中下游近 60 年的输沙变化，输沙量持续减小是最主要的特征，而人类活动是造成输沙量减小最主要的原因。

3.2.1.1　年际变化及沿程沉积与补给效应

长江中下游输沙年际变化集中表现为沙量减小，但由于沿程分汇流作用，减小的幅度存在一定的差异。三峡水库蓄水前，自宜昌站至大通站，沿程输沙量均值呈递减的趋势，泥沙在湖泊和河床上以沉积作用为主；三峡水库蓄水后，这种输移规律显著改变，宜昌站至大通站输沙量沿程增加，增加的泥沙主要来自河床的冲刷补给，因此输沙量减小的幅度沿程递减。相对于三峡水库蓄水前，2003—2016年宜昌站年输沙量均值下降至3810万t，减幅为92.3%；至大通站，在沿程河湖汇流及河床冲刷的补给作用下，年输沙量增至14000万t，相对于蓄水前的减幅约67.2%。不同时期长江中下游控制站年输沙量变化及沿程分汇流情况如图3.2－1所示。

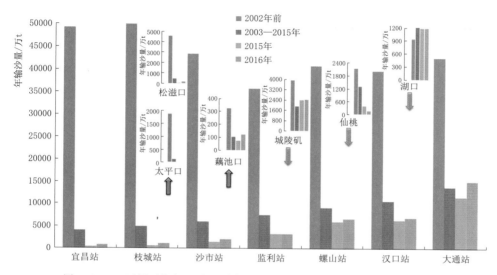

图3.2－1 不同时期长江中下游控制站年输沙量变化及沿程分汇流情况

3.2.1.2 年内分配特征及其变化

相对于径流量，长江中下游干流河道输沙量的年内分布更为集中。三峡水库蓄水前，宜昌、螺山、汉口及大通4个控制站年内主汛期7—9月的输沙量占总量的比例为59%～74%，较径流量占比明显偏高。三峡水库蓄水后，水库拦沙效应明显，宜昌站年内92.8%的泥沙集中在主汛期输送，但由于主汛期径流量偏小，下游的螺山、汉口及大通3个控制站主汛期输沙量的占比都有所下降，而枯水期补水作用使得其1—5月输沙量占比均有所提高，分别相对于蓄水前增加7.9个百分点、6.9个百分点和8.4个百分点。三峡水库蓄水前后长江中下游控制站输沙量年内分配特征如图3.2－2所示。

3.2.2 推移质输沙量变化

3.2.2.1 砾卵石推移质

葛洲坝水利枢纽建成前，1974—1979年宜昌站断面年输沙量为30.8万～226.9万t，年平均为81万t；枢纽建成后1981—2002年宜昌站卵石推移质输沙量减小至17.46万t，减幅为78.4%。2003年6月三峡水利枢纽蓄水运用后，坝下游推移质泥沙继续大幅度减小。2003—2009年宜昌站卵石推移质输沙量减小至4.4万t，较1974—2002年均值减小60.4%。2010—2016年长江干流宜昌站除2012年、2014年的砾卵石推移质输沙量分别为4.2万t、0.21万t外，其他年份均未测到砾卵石推移质输沙量；枝城站仅2012年测到砾卵石推移质

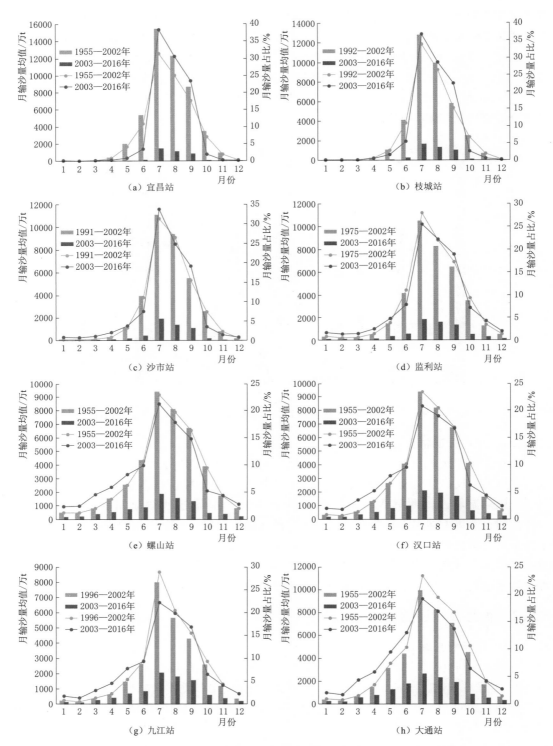

图 3.2-2　三峡水库蓄水前后长江中下游控制站输沙量年内分配特征

（注：图中柱状图为月输沙量均值，折线图为月输沙量占比。）

输沙量为 2.2 万 t，2011 年、2013—2016 年均未测到砾卵石推移质输沙量。

3.2.2.2 沙质推移质

长江中游各控制站沙质推移量总体也呈水大沙大、水小沙小的变化，但 1981—2002 年推移量有逐渐减小的现象。葛洲坝水利枢纽建成前，1973—1979 年宜昌站断面沙质推移质输移量年平均为 1057 万 t，枢纽建成后 1981—2002 年宜昌站沙质推移质年均输沙量减小至 137 万 t，减幅达 87%。2003 年 6 月三峡水库蓄水后，长江中游推移质泥沙量继续大幅度减小。2003—2016 年宜昌站沙质推移质年均输沙量减小至 11.8 万 t，较 1981—2002 年均值减小了 89%。2003—2016 年枝城、沙市、监利、螺山、汉口和九江 6 站沙质推移质年均推移量分别为 242 万 t、249 万 t、313 万 t（2008—2016 年）、142 万 t（2009—2016 年）、160 万 t（2009—2016 年）和 30.9 万 t（2009—2016 年）。长江中游控制站沙质推移质年输沙量逐年变化如图 3.2 - 3 所示。

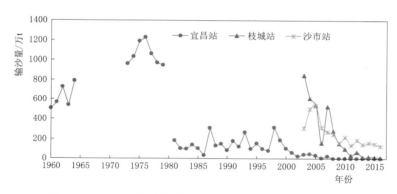

图 3.2 - 3　长江中游控制站沙质推移质年输沙量逐年变化

3.2.3 泥沙颗粒组成变化特征

三峡水库蓄水前后，坝下游宜昌、枝城、沙市、监利、螺山、汉口、大通各站悬沙级配和悬沙中值粒径变化见表 3.2 - 1，各站三峡水库蓄水前后悬沙级配曲线对比如图 3.2 - 4 所示。由图表可见，三峡水库蓄水前，宜昌站悬沙多年平均中值粒径为 0.009mm，至螺山站悬沙多年平均中值粒径变大为 0.012mm，粒径大于 0.125mm 的泥沙含量由宜昌站的 9.0% 增大至 13.5%；大通站悬沙中值粒径变小为 0.009mm，粒径大于 0.125mm 的泥沙含量也减小至 7.8%。

表 3.2 - 1　　　三峡水库坝下游主要控制站不同粒径级沙重百分数对比表

粒径 d/mm	时　段	沙　重　百　分　数/%							
		黄陵庙站	宜昌站	枝城站	沙市站	监利站	螺山站	汉口站	大通站
$d \leqslant 0.031$	多年平均	—	73.9	74.5	68.8	71.2	67.5	73.9	73.0
	2003—2016 年	88.4	86.3	73.5	60.2	46.9	63.3	62.4	74.0
$0.031 < d \leqslant 0.125$	多年平均	—	17.1	18.6	21.4	19.2	19.0	18.3	19.3
	2003—2016 年	8.6	8.1	11.2	13.1	17.3	14.3	17.2	17.9

续表

粒径 d/mm	时 段	沙 重 百 分 数/%							
		黄陵庙站	宜昌站	枝城站	沙市站	监利站	螺山站	汉口站	大通站
$d>0.125$	多年平均	—	9.0	6.9	9.8	9.6	13.5	7.8	7.8
	2003—2016 年	3.0	5.6	15.3	26.7	35.8	22.3	20.5	8.0
中值	多年平均	—	0.009	0.009	0.012	0.009	0.012	0.010	0.009
	2003—2016 年	0.006	0.006	0.009	0.016	0.042	0.014	0.015	0.010

注 1. 宜昌、监利 2 站多年平均统计年份为 1986—2002 年；枝城站多年平均统计年份为 1992—2002 年；沙市站多年平均统计年份为 1991—2002 年；螺山、汉口、大通 3 站多年平均统计年份为 1987—2002 年。

2. 2010—2016 年长江干流各主要测站的悬移质泥沙颗粒分析均采用激光粒度仪。

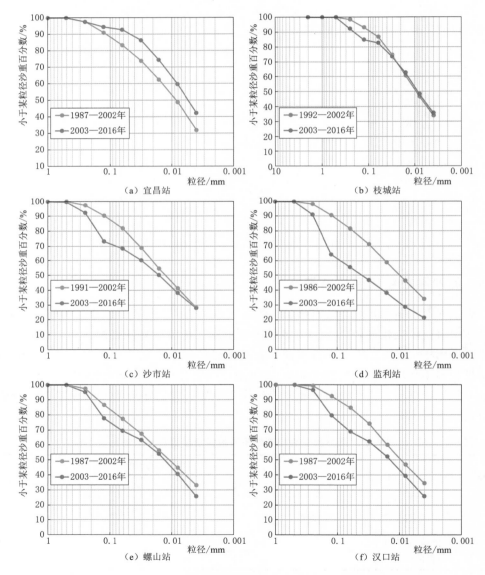

图 3.2-4（一） 三峡水库蓄水前后坝下游主要控制站悬沙级配曲线对比

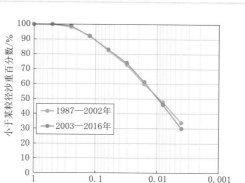

（g）大通站

图 3.2-4（二）　三峡水库蓄水前后坝下游主要控制站悬沙级配曲线对比

三峡水库蓄水后，首先，大部分粗颗粒泥沙被拦截在库内，2003—2016 年宜昌站悬沙中值粒径为 0.006mm，与蓄水前的 0.009mm 相比，出库泥沙粒径明显偏小；其次，坝下游水流含沙量大幅度减小，河床沿程冲刷，干流各站悬沙明显变粗，粗颗粒泥沙含量明显增多（除大通站有所变细外），其中尤以监利站最为明显，2003—2016 年其中值粒径由蓄水前的 0.009mm 变大为 0.042mm，粒径大于 0.125mm 的沙重比例也由 9.6％增加至 35.8％；最后，由于长江上游来沙量的大幅度减小，加之三峡水库的拦沙作用，宜昌以下各站输沙量大幅度减小，但河床沿程冲刷，除大通站外，各站粒径大于 0.125mm 的沙量减小幅度明显小于全沙。

3.3　长江中游水面比降变化规律

3.3.1　水面比降计算数据及方法

综合上文对于造床流量计算的各种方法可以看出，水面比降是十分重要的参数之一。三峡水库蓄水后，沿程各站同流量下水位降幅不一致，势必造成水面比降的变化。此次计算的目的一方面是为了掌握三峡水库蓄水前后长江中游水面比降的变化规律，另一方面通过建立控制站流量与水面比降的相关关系，为下文造床流量计算中水面比降的取值奠定基础。

计算采用长江中游 1981 年以来（部分水位站的数据自 1986 年、1988 年起，以统计表中的时段为准）共计 8 个水文站、12 个水位站的观测数据，划分 1981—2002 年和 2003—2016 年两个时段，按照相邻的两个控制站，统计水面比降的汛期、非汛期和全年的多年平均值，以及各月的月平均水面比降值。长江中游水面比降分段计算及水文、水位站分布示意如图 3.3-1 所示。

3.3.2　宜昌至城陵矶河段水面比降变化

3.3.2.1　年平均水面比降

宜昌至城陵矶河段分汇流口门较多，河网结构较为复杂，且河道、航道整治工程分布较多，尤其是下荆江段先后发生了多次人工和自然裁弯，对于河道水面比降的影响明显。为了

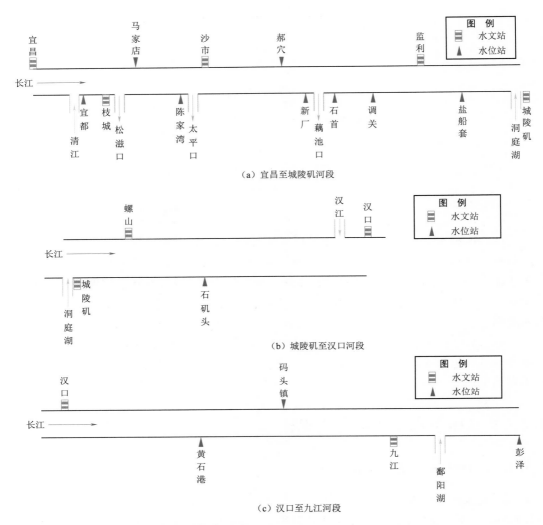

图 3.3-1　长江中游水面比降分段计算及水文、水位站分布示意图

能够凸显三峡水库蓄水后该河段水面比降的变化，蓄水前的统计时段选为 1981—2002 年。

　　三峡水库蓄水前，宜昌至城陵矶河段年平均水面比降为 0.458×10^{-4}，年内汛期与非汛期相差较小。分段来看，砂卵石河段宜昌至枝城河段年平均和汛期、非汛期平均水面比降分别为 0.419×10^{-4}、0.505×10^{-4}、0.329×10^{-4}，汛期显著大于非汛期，其主要原因在非汛期水位变化受到河床形态的影响，而该河段存在一些高程较高的控制节点，对水位有一定的卡口效应（图 3.3-2）。尤其是枝城至马家店河段含长江中游著名的坡陡流急区（芦家河河段），该河段年平均水面比降为 0.744×10^{-4}，是长江中游水面比降最大的河段（表 3.3-1）。上荆江枝城至新厂河段年平均和汛期、非汛期平均水面比降分别为 0.532×10^{-4}、0.524×10^{-4}、0.541×10^{-4}，年内变化较小；下荆江新厂至城陵矶河段年平均和汛期、非汛期平均水面比降分别为 0.403×10^{-4}、0.380×10^{-4}、0.426×10^{-4}，该河段受洞庭湖出流的顶托作用，水面比降较上荆江偏小。

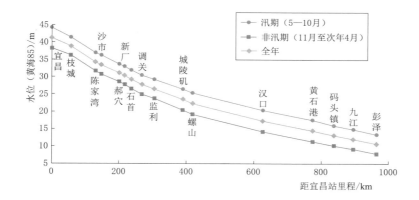

图 3.3-2　三峡水库蓄水前 1981—2002 年长江中游年内不同时期水面线

表 3.3-1　　　　　　　1981—2002 年宜昌至城陵矶各河段水面比降特征值

河 段	间距 /km	统计年份	汛期水面比降/10⁻⁴		枯期水面比降/10⁻⁴		年平均水面比降/10⁻⁴
			范围	变幅	范围	变幅	
宜昌—宜都	38.7	1988—2002	0.433～0.529	0.096	0.297～0.419	0.121	0.419
宜都—枝城	19.2	1988—2002	0.429～0.571	0.142	0.245～0.390	0.145	0.410
枝城—马家店	34.5	1982—2002	0.637～0.685	0.048	0.733～0.900	0.167	0.744
马家店—陈家湾	38.0	1982—2002	0.501～0.597	0.096	0.452～0.490	0.038	0.512
陈家湾—沙市	16.8	1981—2002	0.359～0.471	0.112	0.510～0.598	0.087	0.492
沙市—郝穴	54.3	1981—2002	0.426～0.476	0.051	0.382～0.407	0.025	0.425
郝穴—新厂	15.1	1981—2002	0.440～0.531	0.092	0.537～0.614	0.078	0.533
新厂—石首	19.9	1981—2002	0.420～0.570	0.150	0.563～0.665	0.103	0.560
石首—调关	32.3	1981—2002	0.446～0.465	0.018	0.430～0.485	0.055	0.460
调关—监利	36.2	1981—2002	0.329～0.400	0.071	0.380～0.492	0.112	0.408
监利—盐船套	34.4	1985—2002	0.327～0.413	0.086	0.303～0.468	0.165	0.379
盐船套—城陵矶	49.8	1985—2002	0.286～0.328	0.042	0.264～0.393	0.129	0.325

注　1. 汛期统计时段为 5—10 月。

　　2. 非汛期统计时段为 11 月、12 月及次年 1—4 月。

　　三峡水库蓄水后，长江中游沿程中枯水位均有不同幅度的下降，因为降幅存在差异，同时受水文过程偏枯及年内流量坦化等多种因素的影响，宜昌至城陵矶河段水面比降总体有所减小（图 3.3-3），年均水面比降变化以沙市为界，宜昌至沙市河段除宜都至枝城有所减小外，水面比降均有所增大，沙市至城陵矶河段水面比降则有所减小（表 3.3-1、表 3.3-2）。其年平均和汛期、非汛期的平均水面比降分别为 0.445×10⁻⁴、0.440×10⁻⁴ 和 0.450×10⁻⁴。分段来看，宜昌至枝城河段年平均和汛期、非汛期的平均水面比降分别为 0.389×10⁻⁴、0.287×10⁻⁴ 和 0.489×10⁻⁴。非汛期，宜昌站水位降幅大于枝城站是该河段枯水水面比降下降的主要原因，如 2015 年相较于 2002 年，7000m³/s 流量下，宜昌站和枝城站枯水位分别下降 0.85m 和 0.59m。上荆江枝城至新厂河段年平均和汛期、非汛期的平均水面比降分别为 0.537×10^{-4}、0.499×10^{-4} 和 0.577×10^{-4}，该河段非汛期水面比降变化与上游宜枝河段刚好相反，下游水位下降幅度超过上游，使得其水面比降相较于蓄水前增大。下荆江新厂至城陵矶河段年平均和汛期、非汛期的平均水面比降分别为 0.379×10^{-4}、0.368×10^{-4} 和 0.389×10^{-4}，也是非汛期的水面比降变化幅度最大，且较蓄水前有所减小，主要原因在于上游河道的水位降幅大于下游，水面比降也出现调平的现象。另外，三峡水库蓄水后，坡陡流急段芦家河河段水面比降进一步加大，枝城至马家店河段水面比降年均值增大至 0.808×10^{-4}。

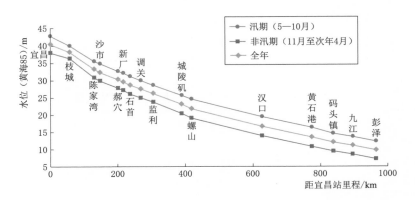

图 3.3-3　三峡水库蓄水后 2003—2016 年长江中游年内不同时期水面线

表 3.3-2　　　　　　2003—2016 年宜昌至城陵矶各河段水面比降特征值

河　段	间距/km	汛期水面比降/10^{-4}		枯期水面比降/10^{-4}		年平均水面比降/10^{-4}
		范围	变幅	范围	变幅	
宜昌—宜都	38.7	0.436~0.657	0.221	0.37~0.544	0.174	0.454
宜都—枝城	19.2	0.221~0.560	0.339	0.169~0.423	0.254	0.257
枝城—马家店	34.5	0.621~0.759	0.138	0.78~0.881	0.101	0.808
马家店—陈家湾	38.0	0.517~0.566	0.049	0.533~0.588	0.055	0.570
陈家湾—沙市	16.8	0.380~0.488	0.108	0.432~0.525	0.093	0.495
沙市—郝穴	54.3	0.340~0.431	0.091	0.341~0.402	0.061	0.386
郝穴—新厂	15.1	0.338~0.431	0.093	0.369~0.484	0.115	0.429
新厂—石首	19.9	0.353~0.487	0.134	0.387~0.539	0.152	0.462
石首—调关	32.3	0.342~0.430	0.088	0.328~0.398	0.07	0.365
调关—监利（二）	36.2	0.299~0.408	0.109	0.283~0.405	0.122	0.350
监利（二）—盐船套	34.4	0.316~0.420	0.104	0.313~0.425	0.112	0.355
盐船套—城陵矶	49.8	0.295~0.433	0.138	0.326~0.449	0.123	0.392

注　1. 汛期统计时段为 5—10 月。
　　2. 非汛期统计时段为 11 月、12 月及次年 1—4 月。

3.3.2.2　月平均水面比降

从宜昌至城陵矶河段水面比降年内变化来看，宜枝河段存在多处控制节点，卡口效应下汛期水面比降大于枯水期，枝城至城陵矶河段则相反，总体表现为非汛期大、汛期小，但年内变幅变化不大，尤其是主汛期 7 月和 8 月水面比降十分接近。从 1981—2002 年月均水面比降来看，分河段水面比降仍以枝城至马家店河段最大，其年内非汛期月平均水面比降在 $0.733 \times 10^{-4} \sim 0.900 \times 10^{-4}$，汛期月平均水面比降为 $0.637 \times 10^{-4} \sim 0.685 \times 10^{-4}$。上荆江沙质河床段以郝穴至新厂河段水面比降最大，其年内非汛期月平均水面比降在 $0.537 \times 10^{-4} \sim 0.614 \times 10^{-4}$，汛期月平均水面比降为 $0.440 \times 10^{-4} \sim 0.531 \times 10^{-4}$。下荆江以新厂至石首河段水面比降最大，其年内非汛期月平均水面比降为 $0.563 \times 10^{-4} \sim 0.665 \times 10^{-4}$，汛期月平均水面比降为 $0.420 \times 10^{-4} \sim 0.570 \times 10^{-4}$（表 3.3-3）。

表 3.3-3　　　　1981—2002 年宜昌至城陵矶各河段月平均水面比降

河　段	比　　降/10^{-4}											
	1 月	2 月	3 月	4 月	5 月	6 月	7 月	8 月	9 月	10 月	11 月	12 月
宜昌—宜都	0.313	0.297	0.322	0.360	0.433	0.493	0.529	0.522	0.503	0.484	0.419	0.355
宜都—枝城	0.259	0.245	0.270	0.347	0.429	0.518	0.571	0.549	0.532	0.488	0.390	0.307
枝城—马家店	0.879	0.900	0.859	0.772	0.673	0.637	0.648	0.652	0.674	0.685	0.733	0.822
马家店—陈家湾	0.462	0.479	0.488	0.490	0.501	0.539	0.597	0.570	0.561	0.531	0.473	0.452
陈家湾—沙市	0.594	0.598	0.566	0.521	0.468	0.428	0.359	0.400	0.434	0.471	0.510	0.569
沙市—郝穴	0.382	0.385	0.389	0.404	0.426	0.454	0.476	0.469	0.464	0.454	0.407	0.383
郝穴—新厂	0.608	0.614	0.586	0.537	0.498	0.487	0.440	0.465	0.484	0.531	0.566	0.581
新厂—石首	0.665	0.662	0.620	0.563	0.527	0.490	0.420	0.476	0.519	0.570	0.593	0.630
石首—调关	0.485	0.477	0.450	0.430	0.446	0.455	0.448	0.459	0.461	0.465	0.466	0.475
调关—监利	0.491	0.454	0.414	0.380	0.380	0.350	0.329	0.364	0.377	0.400	0.452	0.492
监利—盐船套	0.436	0.387	0.334	0.303	0.327	0.348	0.354	0.374	0.394	0.413	0.438	0.468
盐船套—城陵矶	0.388	0.364	0.306	0.264	0.286	0.297	0.303	0.313	0.325	0.328	0.342	0.393

注　表中各区间的统计时段同表 3.3-1。

与三峡水库蓄水前相比，三峡水库蓄水后，除宜昌至宜都河段、马家店至陈家湾河段和陈家湾至沙市河段，以及江湖汇流段盐船套至城陵矶河段月平均水面比降略有增大外，其他河段都以减小为主（表 3.3-3、表 3.3-4），与上文年平均水面比降变化的规律基本一致，影响因素也大致相同。

表 3.3-4　　　　2003—2016 年宜昌至城陵矶各河段月平均水面比降

河　段	比　　降/10^{-4}											
	1 月	2 月	3 月	4 月	5 月	6 月	7 月	8 月	9 月	10 月	11 月	12 月
宜昌—宜都	0.326	0.321	0.338	0.387	0.483	0.540	0.632	0.600	0.580	0.478	0.418	0.342
宜都—枝城	0.131	0.128	0.144	0.187	0.278	0.349	0.462	0.426	0.388	0.265	0.194	0.128
枝城—马家店	0.969	0.987	0.956	0.875	0.731	0.667	0.637	0.647	0.676	0.765	0.839	0.954
马家店—陈家湾	0.604	0.616	0.607	0.583	0.545	0.534	0.552	0.544	0.552	0.547	0.561	0.602

河　段	比　　降/10^{-4}											
	1月	2月	3月	4月	5月	6月	7月	8月	9月	10月	11月	12月
陈家湾—沙市	0.601	0.601	0.564	0.513	0.442	0.407	0.391	0.408	0.429	0.485	0.524	0.584
沙市—郝穴	0.309	0.310	0.309	0.313	0.308	0.314	0.360	0.348	0.346	0.308	0.302	0.304
郝穴—新厂	0.497	0.501	0.466	0.434	0.389	0.375	0.398	0.397	0.405	0.424	0.435	0.473
新厂—石首	0.517	0.504	0.461	0.446	0.406	0.373	0.413	0.436	0.468	0.489	0.488	0.513
石首—调关	0.337	0.330	0.319	0.332	0.354	0.365	0.406	0.409	0.422	0.394	0.370	0.337
调关—监利（二）	0.368	0.352	0.316	0.318	0.329	0.323	0.332	0.344	0.365	0.395	0.387	0.368
监利（二）—盐船套	0.389	0.377	0.336	0.321	0.310	0.300	0.333	0.345	0.373	0.392	0.392	0.397
盐船套—城陵矶	0.467	0.451	0.368	0.337	0.314	0.299	0.342	0.365	0.403	0.441	0.442	0.471

3.3.2.3　流量-水面比降关系变化

宜昌至城陵矶河段内共分布有4个水文控制站，在利用这些水文站进行造床流量的计算时，需要分流量级取水面比降的值，因此需要建立流量与水面比降的相关关系。按照各站的分布特征，以及上文关于各河段水面比降的变化规律的分析，宜昌站流量建立其与宜昌至宜都河段水面比降、枝城站流量建立其与宜都至马家店河段水面比降、沙市站流量建立其与陈家湾至郝穴水面比降、监利站流量建立其与调关至盐船套河段水面比降的相关关系，如图3.3-4所示。

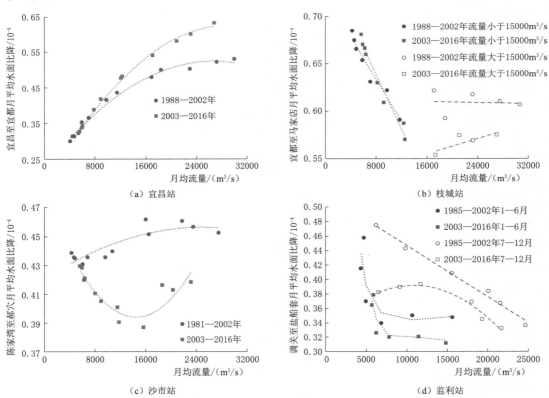

图 3.3-4　三峡水库蓄水前后宜昌至城陵矶河段控制站流量与水面比降相关关系

综合来看，宜昌至宜都河段分汇流结构相对简单，流量与水面比降的相关关系较好，随着流量的增加，水面比降增大，且相较于蓄水前，三峡蓄水后中高流量的水面比降有所加大。枝城站流量与水面比降的关系存在明显的分级现象，当流量小于 $15000\text{m}^3/\text{s}$ 时，随着来流的增大，水面比降减小，且三峡水库蓄水前后这一关系变化不大；当来流量超过 $15000\text{m}^3/\text{s}$ 时，河段水面比降趋于稳定，且蓄水后显著大于蓄水前。三峡水库蓄水前后沙市站流量与水面比降的关系也发生了明显变化，蓄水后水面比降随来流量的增大先减后增，蓄水前来水量越大，水面比降也越大，且其同流量下的取值显著大于蓄水后的值。监利站流量与水面比降的关系受洞庭湖顶托作用明显，年内 1—6 月为主要顶托期，河段水面比降偏小，且监利同流量下水面比降蓄水后较蓄水前偏小，可见，监利站流量小于 $15000\text{m}^3/\text{s}$ 时，洞庭湖对干流的顶托作用蓄水后有所增强，这与相关研究结论相符；7—12 月，洞庭湖顶托作用较弱，随着干流来水量的增加，该河段水面比降逐渐减小，且同流量下仍是蓄水后的水面比降值小于蓄水前。

3.3.3　城陵矶至汉口河段水面比降变化

3.3.3.1　年平均水面比降

相较于上游宜昌至城陵矶河段，城陵矶至汉口河段水面比降整体偏小，三峡水库蓄水前，该河段年平均和汛期、非汛期平均水面比降分别为 0.258×10^{-4}、0.255×10^{-4} 和 0.261×10^{-4}，受节点分布较多的影响，汛期水面比降略小于非汛期。分段来看，城陵矶至螺山河段水面比降最大，越往下游水面比降及年内的变幅均越小（表 3.3-5）。

表 3.3-5　　　　1981—2002 年城陵矶至汉口各河段水面比降特征值

河　段	间距/km	统计年份	汛期水面比降/10^{-4}		枯期水面比降/10^{-4}		年平均水面比降/10^{-4}
			范围	变幅	范围	变幅	
城陵矶—螺山	29	1981—2002	0.333~0.434	0.101	0.352~0.467	0.115	0.406
螺山—石矶头	69	1986—2002	0.234~0.271	0.037	0.234~0.287	0.053	0.251
石矶头—汉口	140	1986—2002	0.227~0.249	0.022	0.222~0.244	0.022	0.235

三峡水库蓄水后，该河段上段冲刷量偏小，下段冲刷量偏大，同流量下，汉口站水位降幅大于螺山站，因而该河段水面比降相较于蓄水前有所增加，年平均和汛期、非汛期平均水面比降分别增至 0.268×10^{-4}、0.264×10^{-4} 和 0.273×10^{-4}，且各河段的水面比降基本呈增大的特征（表 3.3-6）。

表 3.3-6　　　　2003—2016 年城陵矶至汉口各河段水面比降特征值

河　段	间距/km	汛期水面比降/10^{-4}		枯期水面比降/10^{-4}		年平均水面比降/10^{-4}
		范围	变幅	范围	变幅	
城陵矶—螺山	29	0.350~0.437	0.087	0.369~0.464	0.095	0.421
螺山—石矶头	69	0.247~0.281	0.034	0.253~0.290	0.037	0.278
石矶头—汉口	140	0.223~0.245	0.022	0.222~0.242	0.020	0.232

3.3.3.2　月平均水面比降

城陵矶至汉口河段年内水面比降变幅相对较小，三峡水库蓄水前的 1981—2002 年，石矶头以上汛期水面比降小于非汛期，石矶头至汉口河段受汉江顶托作用的影响，汛期水面比降略大于非汛期，见表 3.3－7。三峡水库蓄水后的 2003—2016 年，年内各河段水面比降的变化规律与蓄水前基本一致，城陵矶至螺山河段、螺山至石矶头河段，各月月平均水面比降均有所增大，且非汛期增幅大于汛期，石矶头至汉口河段水面比降则有所减小，见表 3.3－8。

表 3.3－7　　　　　　1981—2002 年城陵矶至汉口各河段月平均水面比降

河　段	比　降/10^{-4}											
	1 月	2 月	3 月	4 月	5 月	6 月	7 月	8 月	9 月	10 月	11 月	12 月
城陵矶—螺山	0.459	0.465	0.444	0.426	0.403	0.387	0.362	0.357	0.365	0.378	0.398	0.429
螺山—石矶头	0.262	0.265	0.260	0.252	0.249	0.249	0.242	0.243	0.243	0.246	0.245	0.253
石矶头—汉口	0.229	0.229	0.230	0.230	0.233	0.236	0.249	0.247	0.243	0.236	0.230	0.230

注　表中各区间的统计时段同表 3.3－5。

表 3.3－8　　　　　　2003—2016 年城陵矶至汉口各河段月平均水面比降

河　段	比　降/10^{-4}											
	1 月	2 月	3 月	4 月	5 月	6 月	7 月	8 月	9 月	10 月	11 月	12 月
城陵矶—螺山	0.466	0.465	0.447	0.437	0.426	0.404	0.384	0.376	0.386	0.399	0.426	0.438
螺山—石矶头	0.298	0.302	0.288	0.283	0.277	0.267	0.264	0.262	0.265	0.263	0.276	0.286
石矶头—汉口	0.228	0.229	0.229	0.232	0.236	0.234	0.241	0.238	0.237	0.227	0.231	0.224

3.3.3.3　流量-水面比降关系变化

监利螺山站流量与城陵矶至汉口河段水面比降的相关关系如图 3.3－5 所示，随着来流量的增加，该河段水面比降逐渐减小，且对比三峡水库蓄水前后来看，同流量下蓄水后该河段水面比降大于蓄水前，主要与该河段下游冲刷多、水位降幅大，而上游冲刷少、水位降幅小有一定的关系。

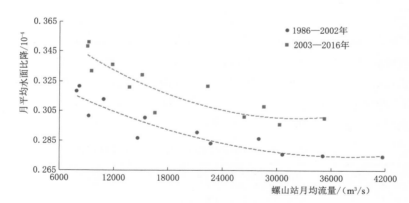

图 3.3－5　三峡水库蓄水前后城陵矶至汉口河段流量与水面比降相关关系

3.3.4　汉口至九江河段水面比降变化

3.3.4.1　年平均水面比降

长江中下游水面比降越往下游越小，因而汉口至九江河段水面比降较上游城陵矶至汉口河段继续偏小。三峡水库蓄水前，该河段年平均和汛期、非汛期的多年平均水面比降分别为 $0.194×10^{-4}$、$0.204×10^{-4}$ 和 $0.184×10^{-4}$，受鄱阳湖出湖水流顶托作用，非汛期水面比降较汛期偏小。分河段来看，江湖顶托段码头镇至九江河段水面比降最小，其他各河段相差不大（表 3.3 - 9）。三峡水库蓄水后，受下游张家洲河段冲刷强度较大的影响，该河段水面比降相较于蓄水前增大，年平均和汛期、非汛期的多年平均水面比降分别为 $0.208×10^{-4}$、$0.216×10^{-4}$ 和 $0.200×10^{-4}$，非汛期的增幅最为明显。分河段来看，码头镇以上水面比降增大明显，码头镇以下则以减小为主（表 3.3 - 10）。

表 3.3 - 9　　　　1981—2002 年汉口至九江各河段水面比降特征值

河　段	间距/km	汛期水面比降/10^{-4}		枯期水面比降/10^{-4}		年平均水面比降/10^{-4}
		范围	变幅	范围	变幅	
汉口—黄石港	147	0.170～0.212	0.042	0.174～0.217	0.043	0.193
黄石港—码头镇	64.6	0.233～0.295	0.062	0.195～0.236	0.041	0.222
码头镇—九江	58.4	0.151～0.197	0.046	0.151～0.191	0.040	0.169
九江—彭泽	68	0.193～0.227	0.034	0.187～0.215	0.028	0.204

表 3.3 - 10　　　　2003—2016 年汉口至九江各河段水面比降特征值

河　段	间距/km	汛期水面比降/10^{-4}		枯期水面比降/10^{-4}		年平均水面比降/10^{-4}
		范围	变幅	范围	变幅	
汉口—黄石港	147	0.195～0.222	0.027	0.192～0.228	0.036	0.210
黄石港—码头镇	64.6	0.253～0.302	0.049	0.221～0.275	0.054	0.255
码头镇—九江	58.4	0.129～0.193	0.064	0.124～0.186	0.062	0.166
九江—彭泽	68	0.168～0.218	0.050	0.161～0.220	0.059	0.186

3.3.4.2　月平均水面比降

从水面比降的年内变化来看，除汉口至黄石港河段汛期水面比降较非汛期偏小以外，下游各河段汛期水面比降均大于非汛期，这主要与江湖汇流的顶托效应有关。三峡水库蓄水前后这一规律没有发生变化，近年内水面比降的变幅有所减小，汛期和非汛期的水面比降更加接近（表 3.3 - 11、表 3.3 - 12）。

表 3.3 - 11　　　　1981—2002 年汉口至九江各河段月平均水面比降

河　段	比　降/10^{-4}											
	1 月	2 月	3 月	4 月	5 月	6 月	7 月	8 月	9 月	10 月	11 月	12 月
汉口—黄石港	0.199	0.198	0.193	0.187	0.189	0.188	0.183	0.190	0.193	0.194	0.198	0.200
黄石港—码头镇	0.164	0.161	0.165	0.177	0.208	0.242	0.313	0.294	0.283	0.254	0.212	0.180
码头镇—九江	0.172	0.164	0.151	0.142	0.158	0.170	0.176	0.177	0.179	0.180	0.180	0.176
九江—彭泽	0.204	0.197	0.188	0.186	0.198	0.208	0.210	0.212	0.214	0.212	0.207	0.206

表 3.3 - 12　　　　　　　　2003—2016 年汉口至九江各河段月平均水面比降

河　段	比　降/10⁻⁴											
	1 月	2 月	3 月	4 月	5 月	6 月	7 月	8 月	9 月	10 月	11 月	12 月
汉口—黄石港	0.214	0.210	0.202	0.206	0.207	0.204	0.212	0.215	0.217	0.210	0.216	0.208
黄石港—码头镇	0.207	0.199	0.200	0.213	0.237	0.255	0.297	0.284	0.278	0.246	0.240	0.215
码头镇—九江	0.164	0.159	0.150	0.153	0.163	0.159	0.174	0.174	0.183	0.172	0.178	0.162
九江—彭泽	0.181	0.176	0.174	0.179	0.191	0.195	0.198	0.194	0.194	0.185	0.187	0.178

3.3.4.3　流量-水面比降关系变化

　　长江中下游，越往下游分汇流关系越复杂，单一站的流量和长河段水面比降的相关关系就会越差。从汉口至九江河段两者的关系来看，三峡水库蓄水前，汉口站流量越大，汉口至黄石港河段水面比降越小，其间多个节点的壅水作用明显，三峡水库蓄水后，水面比降基本上不再随流量的变化而变化，且同流量下月均水面比降均大于蓄水前；三峡水库蓄水前后，九江站与码头镇至九江河段的水面比降都存在正相关关系，但这一河段非汛期水面比降存在绳套现象，主要与鄱阳湖出流顶托作用有关，且三峡水库蓄水前后，相同流量下该河段水面比降变化较小。三峡水库蓄水前后汉口至九江河段流量与水面比降相关关系如图 3.3 - 6 所示。

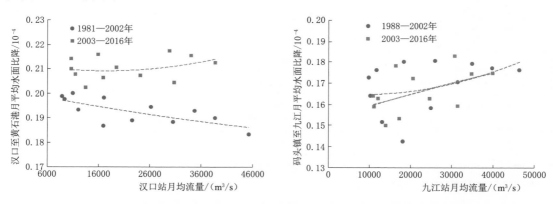

图 3.3 - 6　三峡水库蓄水前后汉口至九江河段流量与水面比降相关关系

3.4　本章小结

　　受上游径流偏枯及水库运行调度的影响，同时，由于洞庭湖、汉江、鄱阳湖入汇的径流也均呈现偏少的状态，长江中下游干流各控制站年径流除监利站以外，都是偏少的。监利站略偏多的原因主要在于自荆江"三口"分流入洞庭湖的水量都有所偏少（荆江"三口"平均年分流总量偏少 433 亿 m³）。三峡水库蓄水后，长江中下游大流量出现的频率显著减小，中小流量出现的频率增加。实测最大流量均值均较蓄水前偏小，相反地，年最小流量增大的趋势已经较为明显。

　　三峡水库蓄水前，自宜昌至大通，沿程输沙量均值呈递减的趋势，泥沙在湖泊和河床上以沉积作用为主；三峡水库蓄水后，这种输移规律显著改变，输沙量沿程增加，增加的泥沙主要来自河床的冲刷补给，输沙量减小的幅度沿程递减。相对于三峡水库蓄水前，蓄水后年内长江中游城陵矶以上河段汛期输沙量占比有所增大，而洞庭湖入汇之后其下游各站非汛期输沙量占比增加。推移质泥沙输移量也呈显著的减少状态。悬移质泥沙级配除宜昌站以外，其他各站由于河床补给作用都有所粗化。

冲积型平原河流一般具有越往下游水面比降越小的规律，长江中下游也遵循这一基本规律。三峡水库蓄水后，冲刷发展最为迅速和剧烈的宜昌至城陵矶河段水面比降相较于蓄水前有所减小，符合冲刷发展过程的水面比降调平规律，但局部河段因上下游河道冲淤差异较大，如宜昌至宜都河段，因冲刷主要集中在下游的宜都河段而水面比降增大；城陵矶以下河段冲刷发展相对偏缓，水面比降相较于蓄水前略有增大，分河段也是有增有减。

第4章

长江中游冲淤规律及典型河段演变特征

长江中游河型众多，天然状态下的河岸抗冲性较差，各河型的演变基本能呈现出冲积河流的一般性规律，如弯道的凸淤凹冲、撤弯切滩，分汊河道的主支汊交替发展，顺直河道的边滩周期性摆动等。随着人类对河流改造强度的增大，堤岸等控制性工程相继建成，改变了河岸的抗冲性，限制了河道横向的摆动，长江中游河道近几十年的演变几乎都可以冠以总体河势相对稳定的宏观认识，河道总体处于冲淤相对平衡的状态。然而，这种状态近期出现了趋势性的改变，起因主要是长江上游以三峡水库为核心的梯级水库群的建设运行，长江中游输沙由相对平衡状态转化为高度的不饱和状态，河道进入相对单一的冲刷演变进程。认识这一演变状态的转变，对于计算造床流量方法的选择及其结果的合理性分析是十分重要的。因此，本章基于大量的原型观测资料，从河道整体的冲淤和局部重点河段的演变规律出发，着重了解目前长江中游河道演变的关键特征，以及河道多维的形态对于演变的响应规律，从而为分析造床流量变化对河道发育的影响奠定基础。

4.1 长江中游河床冲淤规律

4.1.1 长江中游冲淤量及其时空分布

在三峡工程修建前的数十年中，长江中游河床冲淤变化较为频繁，1975—1996 年宜昌至湖口河段总体表现为淤积，平滩河槽总淤积量为 1.793 亿 m^3，年均淤积量为 0.0854 亿 m^3；1998 年大水期间，长江中下游高水位持续时间长，宜昌至湖口河段总体表现为淤积，1996—1998 年其淤积量为 1.987 亿 m^3，其中除上荆江和城陵矶至汉口河段有所冲刷外，其他各河段泥沙淤积较为明显；1998 年大水后，宜昌以下河段河床冲刷较为剧烈，1998—2002 年（城陵矶至湖口河段为 1998—2001 年），宜昌至湖口河段冲刷量为 5.47 亿 m^3，年均冲刷量达 1.562 亿 m^3（表 4.1-1、图 4.1-1）。

2003 年三峡水库蓄水运用以来，坝下游河势总体稳定，受长江上游输沙量持续减小、河道采砂、局部河道（航道）整治等因素影响，长江中下游河道冲刷总体呈现从上游向下游发展的态势，目前河道冲刷已发展到湖口以下（图 4.1-2）。2002 年 10 月至 2016 年 11 月，宜昌至湖口河段平滩河槽冲刷泥沙 20.94 亿 m^3，年均冲刷量 1.45 亿 m^3，明显大于水库蓄水前 1966—2002 年的 0.011 亿 m^3。其中，宜昌至城陵矶河段河道冲刷强度最大，其冲刷量占总冲刷量的 53%，城陵矶至汉口河段、汉口至湖口河段冲刷量分别占总冲刷量的 22%、25%。此外，湖口至江阴河段（长约 659km）河床也以冲刷为主，2001—2011 年

表 4.1-1　　　　　长江中游不同河段、不同时段平滩河槽冲淤量统计

项目	时　段	河　段							
		宜昌—枝城	上荆江	下荆江	荆江	城陵矶—汉口	汉口—湖口	城陵矶—湖口	宜昌—湖口
	河段长度/km	60.8	171.7	175.5	347.2	251	295.4	546.4	954.4
总冲淤量/万 m³	1975—1996 年	−13498	−23770	3410	−20360	27380	24408	51788	17930
	1996—1998 年	3448	−2558	3303	745	−9960	25632	15672	19865
	1998—2002 年	−4350	−8352	−1837	−10189	−6694	−33433	−40127	−54666
	2002 年 10 月至 2006 年 10 月	−8138	−11683	−21147	−32830	−5990	−14679	−20669	−61637
	2006 年 10 月至 2008 年 10 月	−2230	−4247	678	−3569	197	4693	4890	−909
	2008 年 10 月至 2016 年 11 月	−6035	−40088	−17297	−57385	−41049	−42423	−83472	−146892
	2002 年 10 月至 2016 年 11 月	−16403	−56018	−37766	−93784	−46842	−52409	−99251	−209438
年均冲淤量/(万 m³/a)	1975—1996 年	−643	−1132	162	−970	1304	1162	2466	853
	1996—1998 年	1724	−1279	1652	373	−4980	12816	7836	9933
	1998—2002 年	−1088	−2088	−459	−2547	−2231	−11144	−13375	−17010
	2002 年 10 月至 2006 年 10 月	−2035	−2921	−5287	−8208	−1198	−2936	−4134	−14377
	2006 年 10 月至 2008 年 10 月	−1115	−2124	339	−1785	99	2347	2446	−454
	2008 年 10 月至 2016 年 11 月	−754	−5011	−2162	−7173	−5131	−5303	−10434	−18361
	2002 年 10 月至 2016 年 11 月	−1172	−4001	−2698	−6699	−3123	−3494	−6617	−14488
年均冲淤强度/[万 m³/(km·a)]	1975—1996 年	−10.6	−6.6	0.9	−2.8	5.2	3.9	4.5	0.9
	1996—1998 年	28.4	−7.4	9.4	1.1	−19.8	43.4	14.3	10.4
	1998—2002 年	−17.9	−12.2	−2.6	−7.3	−8.9	−37.7	−24.5	−17.8
	2002 年 10 月至 2006 年 10 月	−33.5	−17	−30.1	−23.6	−4.8	−9.9	−7.6	−15.1
	2006 年 10 月至 2008 年 10 月	−18.3	−12.4	1.9	−5.1	0.4	7.9	4.5	−0.5
	2008 年 10 月至 2016 年 11 月	−12.4	−29.2	−12.3	−20.7	−20.4	−18	−19.1	−19.2
	2002 年 10 月至 2016 年 11 月	−19.3	−23.3	−15.4	−19.3	−12.4	−11.8	−12.1	−15.2

注　正值为淤积量；负值为冲刷量。

平滩河槽冲刷泥沙 6.88 亿 m³，其中，湖口至大通河段（长约 228km）、大通至江阴河段（长约 431km）冲刷量分别为 1.56 亿 m³、5.32 亿 m³。

从冲淤量沿时分布来看，三峡水库蓄水后的前 3 年（2002 年 10 月至 2005 年 10 月）平滩河槽冲刷量为 6.01 亿 m³，占蓄水以来平滩河槽总冲刷量的 29%，年均冲刷 1.82 亿 m³；之后冲刷强度有所减弱，2005 年 10 月至 2006 年 10 月平滩河槽冲刷泥沙 0.154 亿 m³（主要集中在城陵矶以上，其冲刷量为 0.267 亿 m³）。2006 年 10 月至 2008 年 10 月（三峡工程初期蓄水期），宜昌至湖口河段平滩河槽冲刷泥沙 0.091 亿 m³，年均冲刷泥沙 0.046 亿 m³。三峡工程 175m 试验性蓄水后，宜昌至湖口河段冲刷强度又有所增大，2008 年 10 月至 2016 年 11 月，平滩河槽冲刷泥沙 14.69 亿 m³，占蓄水以来平滩河槽总冲刷量的 70%，年均冲刷泥沙 1.84 亿 m³。

尤其是近年来，坝下游冲刷逐渐向下游发展，城陵矶以下河段河床冲刷强度有所增

大，城陵矶至汉口河段和汉口至湖口河段 2012 年 10 月至 2016 年 11 月的年均冲刷强度相
较于 2002—2011 年均值分别偏大 6.7 倍和 6.6 倍。

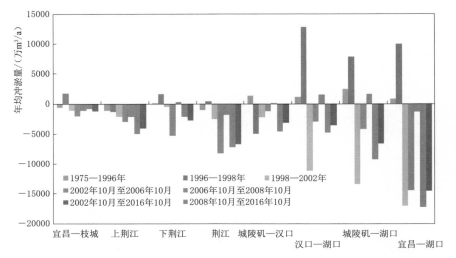

图 4.1-1　三峡蓄水前后宜昌至湖口河段年均泥沙冲淤量对比（平滩河槽）

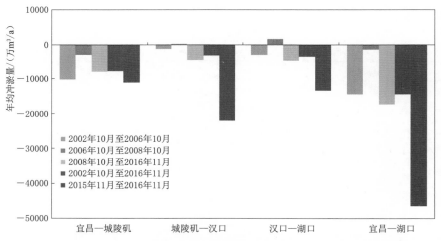

图 4.1-2　三峡蓄水后宜昌至湖口河段年均泥沙冲淤量对比（平滩河槽）

4.1.2　长江中游河势变化特征

从近十余年的实测冲刷结果来看，三峡水库蓄水运用以来，长江中游河道河势总体基
本稳定，河道冲刷总体呈现从上游向下游推进的发展态势，由于受入、出库沙量减小和河
道采砂等的影响，坝下游河道冲刷的速度较快，范围较大，河道冲刷主要发生在宜昌至城
陵矶河段，该河段的冲刷量在初步设计预测值范围之内，目前全程冲刷已发展至湖口以
下。在河床冲淤演变的同时，局部河段河势也发生了一些新的变化，如沙市河段太平口心
滩、三八滩和金城洲段等汊道冲淤调整明显，下荆江调关弯道段、熊家洲弯道段主流摆动
导致出现了切滩撇弯现象。

（1）局部崩岸现象仍然时有发生。随着局部河势的调整，崩岸塌岸现象时有发生，据不完全统计，2003—2018年长江中下游干流河道共发生崩岸946处，累计总崩岸长度约704.4km（图4.1-3）。已有成果表明：三峡水库蓄水运用初期，长江中下游崩岸较多；初期运行期和试验性蓄水期，随着护岸工程的逐渐实施，崩岸强度、频次逐渐减轻。2016年荆江南五洲、北门口、北碾子湾、姜介子、天字一号、熊家洲等河段发生局部崩岸，但强度不大；7月22日，黄冈长江干堤茅山堤团林岸（148＋850～148＋950）堤外距堤脚约20m处发生了水下崩岸险情，长约100m，宽约20m，距堤脚最近距离约20m，经抢护后未对堤防防洪安全造成影响。

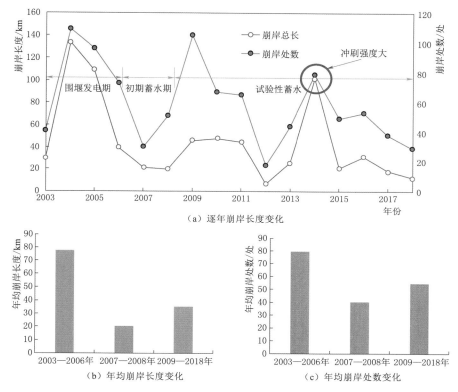

图4.1-3　三峡工程蓄水运用以来长江中下游崩岸长度及处数变化

崩岸的长度和频次主要与河床冲刷强度有关，三峡水库试验性蓄水后，2009年相较于2007—2008年年均值，宜昌至湖口河段冲刷强度显著偏大20多倍，因此该年度长江中下游的崩岸频率偏大；类似地，2014年出现了较此前各年均值偏大的冲刷强度，该年度长江中下游崩岸频率和长度也有明显的增加。

三峡水库蓄水后，坝下游出现崩岸的岸段大部分仍在水库蓄水运用前的崩岸段和险工段范围内，经过修护和加固，未发生重大险情，近年来崩岸强度已逐渐减弱。但是，随着水库运行方式的正常化和坝下游河道泥沙冲淤的不断累积，今后坝下游河道的河势、崩岸塌岸等仍将会发生较大的变化。特别是三峡水库实行中小洪水调度后，汛期水库最大下泄流量基本控制在45000m³/s以内，长江中游堤防未经历大洪水考验，一些潜在问题尚未暴露，发生更大洪水时的堤防安全仍存在风险。

（2）荆江河道冲刷发展最为迅速和剧烈，局部河势调整，如上荆江分汊河段短支汊冲刷发展快、下荆江急弯段"切滩撇弯"等。三峡水库蓄水后，上荆江的分汊河段，大多出现了明显的中枯水短支汊冲刷发展的现象。上荆江 6 个分汊河段中枯水期分流比均有不同幅度的增大（表 4.1-2）。由表 4.1-2 可见，上荆江支汊分流比增幅均在 9 个百分点以上，尤以顺直分汊河段支汊最为明显，如芦家河汊道、太平口汊道支汊分流比分别增大20.5 个百分点、18 个百分点，太平口心滩河段右汊则自 2005 年年末开始成为中枯水主汊，支汊河床冲刷下切幅度大于主汊，高程已低于主汊。2006 年南星洲汊道实施支汊护底限制工程后，其发展受到限制，河床有所回淤（图 4.1-4）。

表 4.1-2　　　　　三峡水库蓄水后上荆江典型汊道中枯水期分流比变化

汊道名称	汊道类型	施测时间	流量 /(m³/s)	分　流　比/%	
				主汊	支汊
关洲	弯曲分汊型	2003 年 3 月	4320	80.9	19.1
		2012 年 11 月	6070	66.0	34.0
芦家河	顺直分汊型	2003 年 3 月	4070	71.9	28.1
		2012 年 11 月	6070	51.4	48.6
太平口	顺直分汊型	2003 年 3 月	3730	55.0	45.0
		2012 年 2 月	6230	37.0	63.0
三八滩	微弯分汊型	2003 年 12 月	5470	66.0	34.0
		2009 年 2 月	6950	57.0	43.0
金城洲	微弯分汊型	2001 年 2 月	4150	96.9	3.1
		2014 年 2 月	6220	87.2	12.8
南星洲	弯曲分汊型	2003 年 10 月	14900	67.0	33.0
		2005 年 11 月	10300	58.0	42.0

注　部分重点分汊段实施了支汊护底限制工程，分流比统计的末时段为工程实施前；关洲左汊近年来受人工采砂影响较为明显。

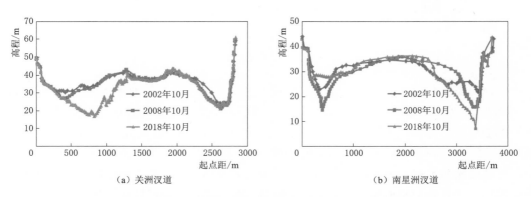

（a）关洲汊道　　　　　　　　　　　　　　（b）南星洲汊道

图 4.1-4　三峡水库蓄水后上荆江典型汊道断面形态变化

受护岸工程影响，汊道展宽受到限制，位于河心的江心洲对两侧河槽的控制作用较弱，且在三峡水库蓄水后多数洲滩冲刷萎缩，支汊的入流条件改善，支汊水流流程短、水面比降大，加之支汊河床组成偏细，导致短支汊冲刷发展相对较快。

下荆江急弯河段凸岸边滩较为发育，深槽贴靠凹岸。三峡水库蓄水前，受弯道环流作用的影响，大多数弯道河段表现为凸岸滩体淤积、凹岸冲刷的演变特征。在特殊的水文条件下，特大洪水驱直切割凸岸侧滩体，但长期中小水年作用后凸岸侧边滩淤积恢复。

三峡水库蓄水后，来水来沙条件发生明显改变，下荆江急弯河段"切滩撇弯"现象初步显现。如三峡水库蓄水前的 1987—2002 年，调关至莱家铺、反咀至观音洲两个弯道河段滩体分别累计淤积泥沙 815 万 m³、1500 万 m³；蓄水后，2003—2006 年滩体则分别冲刷 438 万 m³、720 万 m³，凸岸侧滩体由淤积转变为冲刷。从弯道河段冲淤平面分布图（图 4.1-5）来看，2006—2016 年调关弯道季家咀凸岸边滩冲刷，冲刷幅度在 6m 左右，局部最大冲深在 12m 以上，而凹岸侧明显淤积，淤积幅度在 10m 以上；七弓岭弯道河段凸岸侧冲刷幅度在 8m 左右，凹岸淤积近 6m。

（3）城陵矶以下分汊河段"主长支消"现象初步显现。城陵矶以下河段以分汊河型为主，主流摆动频繁，河势变化剧烈。三峡水库蓄水运用前，分汊型河道主要表现为主支汊周期性交替发展，受水沙条件、河床边界条件等影响，不同汊道演变周期存在较大差异。

三峡水库蓄水后，来水来沙条件发生明显改变，特别是三峡水库实施中小洪水调度以来，城陵矶以下部分主、支汊地位悬殊的分汊河段，主汊冲刷更为明显、地位更为突出，支汊略有冲刷甚至淤积；主、支汊分流比及滩槽格局均出现一定调整，表现为"主长支消"的演变特征。但除戴家洲水道主、支汊发生易位以外，其他河段主、支汊地位目前仍保持相对稳定。

三峡水库蓄水运用后不同时段城陵矶以下主要汊道段泥沙冲淤量统计见表 4.1-3。以龙坪河段为例，新洲右汊为主汊，左汊为支汊。2001 年 10 月至 2008 年 10 月，新洲主汊冲刷 765 万 m³ 而支汊淤积 1629 万 m³；2008 年 10 月至 2015 年 10 月，支汊仍呈淤积

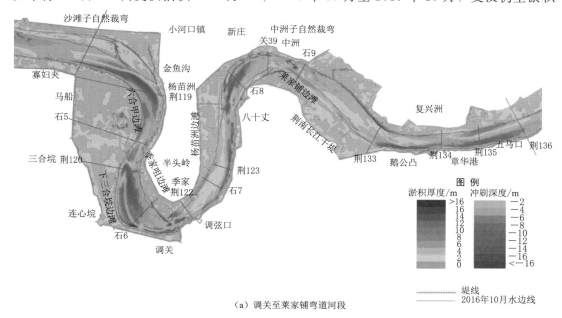

（a）调关至莱家铺弯道河段

图 4.1-5（一）　三峡水库蓄水后 2006—2016 年长江中下游典型弯道段泥沙冲淤分布

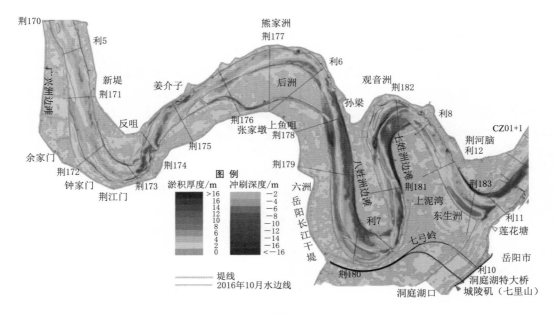

（b）反咀至观音洲弯道河段

图 4.1-5（二）　三峡水库蓄水后 2006—2016 年长江中下游典型弯道段泥沙冲淤分布

态势，而主汊冲刷强度为前一时段（2001 年 10 月至 2008 年 10 月）的近 2 倍，5 年累计冲刷量达 1320 万 m³；2015 年 10 月至 2018 年 10 月，新洲汊道仍以主汊冲刷为主。从典型分汊河段河床冲淤分布（图 4.1-6）来看，2006—2016 年，新洲汊道主汊呈冲刷态势，冲刷幅度在 6m 左右，局部最大冲深在 16m 以上，支汊以淤积为主，最大淤积厚度达10m，主汊冲刷发展明显大于支汊。

表 4.1-3　三峡水库蓄水运用后不同时段城陵矶以下主要汊道段泥沙冲淤量统计

汊道名称	河段	冲 淤 量/万 m³					
		2001 年 10 月至 2008 年 10 月		2008 年 10 月至 2015 年 10 月		2015 年 10 月至 2018 年 10 月	
		左汊	右汊	左汊	右汊	左汊	右汊
中洲	陆溪口	282	701（主汊）	1430	−3720	15	−567
护县洲	嘉鱼	−524（主汊）	20	−2260	230	−903	−10
团洲	簰洲	−993（主汊）	249	−2800	100		−96
天兴洲	武汉	−663	−898（主汊）	2330	−2590	612	427
戴家洲	戴家洲	−267	−712（主汊）	230	−3110	556	−1259
牯牛洲	蕲州	609（主汊）	−142	−730	90	−298	−14
新洲	龙坪	1629	−765（主汊）	900	−1320	−303	−1482

注　正值为淤积量；负值为冲刷量。

　　分流比一定程度上可反映汊道水流动力对不同汊河的造床作用，进入河槽的相对水量决定汊道发展或衰退。如武汉河段（中下段）天兴洲水道为典型的弯曲分汊河型，左汊为支汊，且分流比随流量的增大而增加。三峡水库蓄水前，低水流量（10000～20000 m³/s）

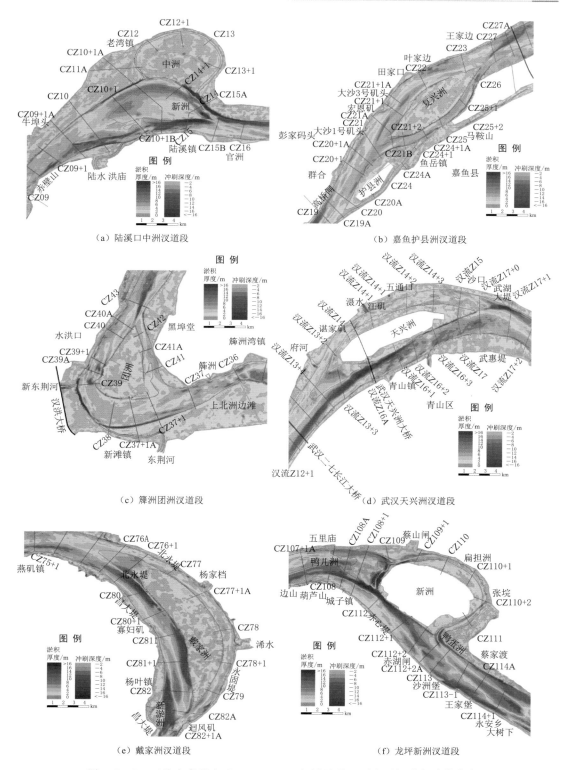

（a）陆溪口中洲汊道段

（b）嘉鱼护县洲汊道段

（c）簰洲团洲汊道段

（d）武汉天兴洲汊道段

（e）戴家洲汊道段

（f）龙坪新洲汊道段

图 4.1-6 三峡水库蓄水后 2006—2016 年城陵矶以下主要汊道段冲淤分布

下天兴洲左汊分流比为 12% 左右；2003—2007 年，天兴洲左汊分流水面比降低至 10%，2008 年三峡水库 175m 试验性蓄水以来，左汊分流比进一步减小至 4%，2014 年 3 月流量为 9840m³/s 时左汊甚至断流。再如戴家洲左汊，在三峡水库 175m 试验性蓄水后呈淤积态势，枯水（10000m³/s）分流比由 2006—2008 年的 50% 左右降低至 45%。由此可见，城陵矶以下典型分汊河段支汊分流比在 2008 年三峡水库 175m 试验性蓄水后呈减小态势。

　　三峡水库蓄水后，荆江河段与城陵矶以下的分汊河道冲淤分布上存在一定的差异，前者是支汊冲刷发展较主汊更快，而后者则出现主汊冲刷、支汊略有冲刷甚至淤积的现象。出现这种差异的原因主要有两个方面：第一个方面的原因是荆江与城陵矶以下的分汊河道在平面形态上存在较大的差异，上荆江的分汊河道一般具有微弯的平面外形，且支汊一般分布在凸岸侧，流程较主汊偏短，如关洲汊道、三八滩汊道、金城洲汊道和突起洲汊道等都属于此类；城陵矶以下的分汊河道多为弯曲型，且支汊一般分布在凹岸侧，流程较主汊长，如中洲、天兴洲、罗湖洲、戴家洲、新洲汊道等。平面形态的不同决定了年内影响汊道发育的水力条件有所不同，上荆江长主汊一般在中低水持续时间长的情况下易于发展，短支汊在中高水持续时间长的情况下易于发展；城陵矶以下汊道则相反，年内长支汊只有在高水条件下能够获得一定的流量。因此，第二个方面的原因就和两河段分汊河道这种特殊的水力特性有关，三峡水库蓄水后，受水库蓄水、削峰、补水等调度的影响，长江中下游河道高水和低水持续时间都缩短，中水持续时间大大延长，更有利于上荆江的短支汊和城陵矶以下河段的短主汊的发展。

4.2　长江中游河道形态对冲淤的响应

4.2.1　纵剖面形态的响应

　　宜枝河段两岸抗冲性较强，因而其河道冲刷主要表现为河床的下切。2002 年 10 月至 2016 年 11 月，深泓纵剖面平均冲刷下切 4.0m［图 4.2-1（a）］，其中，宜昌河段深泓平均下降 1.8m，深泓累计下降最大的为胭脂坝河段中部的宜 43 断面，下降幅度累计达 5.4m；宜都河段深泓平均下降 5.9m，深泓累计下降最大的为外河坝段的枝 2 断面，下降幅度累计值均为 22.3m。

　　三峡水库蓄水以后，荆江沙质河床段发生了剧烈冲刷，河床纵剖面形态也进行了相应的调整，平均冲刷深度为 2.54m，最大冲刷深度为 15.0m，位于调关河段的荆 120 断面；其次为枝江河段马家店附近（江 1 断面），冲刷深度为 11.3m。枝江河段深泓平均冲深 3.60m，最大冲深 11.30m，位于马家店下游附近（江 1 断面）；沙市河段深泓平均冲刷深度为 3.96m，最大冲深位于陈家湾附近（荆 29 断面），冲刷深度为 10.80m；公安河段平均冲刷深度为 1.23m，最大冲深位于新厂水位站附近（公 2 断面），冲刷深度为 7.20m；石首河段深泓平均冲刷深度为 3.53m，最大冲深位于调关河段（荆 120 断面），冲刷深度为 15.00m；监利河段深泓平均冲深 0.93m，最大冲刷深度为 10.90m，位于熊家洲段（荆 176 断面）。与 2003 年相比，2016 年河床纵剖面水面比降有所变缓，由 2003 年的 0.67×10^{-4} 降为 2016 年的 0.56×10^{-4}［图 4.2-1（b）］。

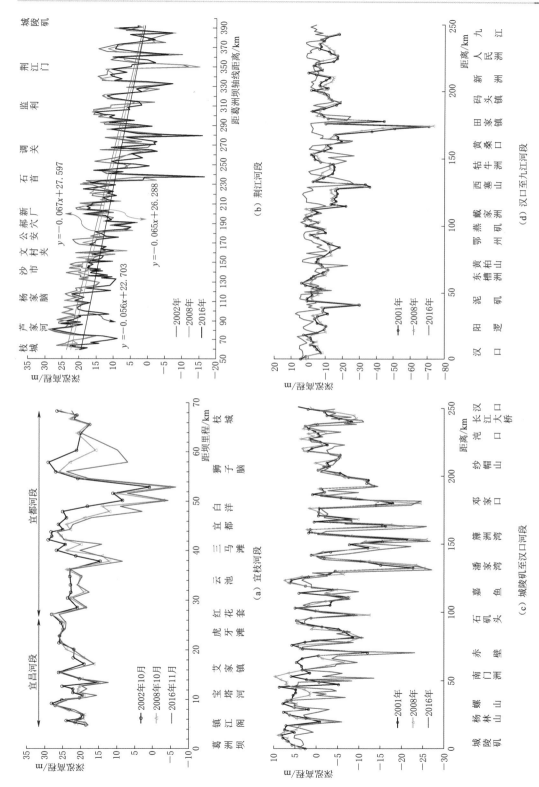

图 4.2-1 长江中游宜昌至九江河段河床段纵剖面调整

三峡水库蓄水后，城陵矶以下河段河床纵剖面形态则无明显趋势性变化。2001 年 10 月至 2016 年 11 月城汉河段河床深泓纵剖面总体略有冲刷，深泓平均冲深 2.29m。其中，城陵矶至石矶头（含白螺矶河段、界牌河段和陆溪口河段）深泓平均冲深约 3.30m；石矶头至汉口（含嘉鱼河段、簰洲河段和武汉河段上段）段深泓平均冲深约 1.87m［图 4.2-1（c）］。

三峡水库蓄水后，汉口至九江河段深泓纵剖面有冲有淤，除田家镇河段深泓平均淤积抬高外，其他各河段均以冲刷下切为主，全河段深泓平均冲深 2.77m。河段内河床高程较低的白浒镇、西塞山和田家镇马口深槽历年有冲有淤，除了田家镇马口深槽淤积 1.2m 外，白浒镇深槽和西塞山深槽分别冲深 2.9m 和 11.3m［图 4.2-1（d）］。九江至湖口河段深泓纵剖面有冲有淤，干流段除三洲圩附近局部、左汊除段窑至梅家坝附近（ZJL03～ZJL05 断面）和汇口附近局部深泓最深点略有淤积抬高外，其他河段以冲刷下切为主，张家洲河段深泓平均冲深 2.4m。其中张家洲头分流区（ZJA03 断面）和上下 3 号进口龙潭山附近（SXA01 断面）深泓冲深较大，最大冲深分别为 7.6m 和 8.9m。

4.2.2　横断面形态的响应

宜枝河段为山区河流向平原过渡段，河岸抗冲性较强，河宽偏小，断面以单一形态为主，因而其冲刷变形方式也相对简单，主要体现为河槽的下切。且与冲刷强度相对应，宜昌河段的断面冲淤变化幅度相对较小，宜都河段内断面主河槽冲刷下切的幅度则较大，如白洋弯道（宜 69 断面）和外河坝附近（枝 2 断面），2002—2016 年断面最大下切幅度分别达到 16.1m 和 22.6m（图 4.2-2）。

荆江河段断面形态主要有 V 形、U 形和 W 形以及其亚型偏 V 形、不对称 W 形等类型。其中 U 形主要分布在分汊河段、弯道河段之间的顺直过渡段内，V 形一般分布在弯道河段，W 形分布在汊道河段，不同类型断面变化规律也不尽相同（图 4.2-3）。

U 形断面：基本分布在顺直过渡段内，荆江河段的顺直过渡段并非天然形成的，其形态多是受到两岸的护岸工程限制作用。因此，三峡水库蓄水前及蓄水后，U 形断面基本形态相对稳定，冲淤主要集中在河槽河床高程略偏高的区域内。

V 形断面：基本分布在弯道河段内。三峡水库蓄水前，受人工裁弯、自然裁弯等的影响，下荆江弯道河段的河势调整剧烈，深槽侧岸线的大幅度崩退使得深泓整体摆动幅度较大；直至 1998 年前后，V 形断面基本形态进入相对稳定期，并持续至三峡水库蓄水后，断面的变化主要是凸岸侧边滩滩唇的交替冲淤，主河槽略有展宽，深槽部分的冲淤变化幅度相对较小，深泓点的平面位置较为稳定。局部急弯河段出现凸冲凹淤的现象，断面形态发生变化。

W 形断面：基本分布在分汊河段内，其冲淤变幅相对单一型断面要复杂，不仅有两汊的冲淤调整，还有中部滩体的冲淤变化，但总体来看，三峡水库蓄水后，荆江河段 W 形断面"塞支强干"的现象并不明显，相反地，大部分汊道支汊冲刷下切的幅度大于主汊。

进一步统计荆江河段平均高程下切超过 1m、0.5m 和 0m 的断面所占百分比（参与统计的固定断面 173 个），以及河宽增幅超过 0m、20m 和 50m 的断面所占百分比（表 4.2-1），三峡水库蓄水后 2003—2015 年荆江河段 173 个断面中，接近 90% 的断面洪水河槽河床

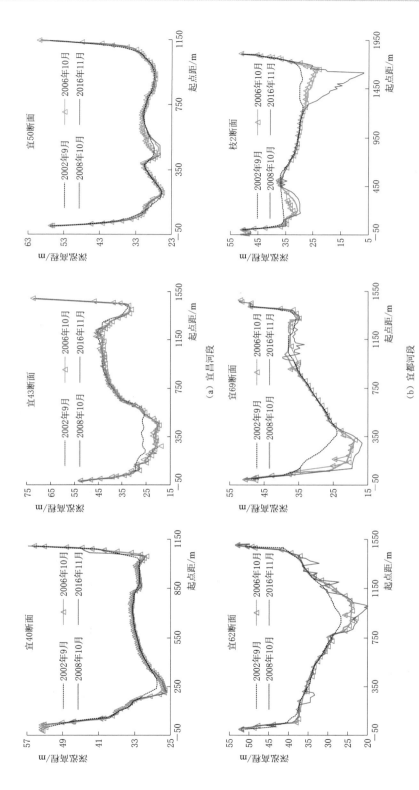

图 4.2-2　三峡水库蓄水后宜枝河段典型断面冲淤变化

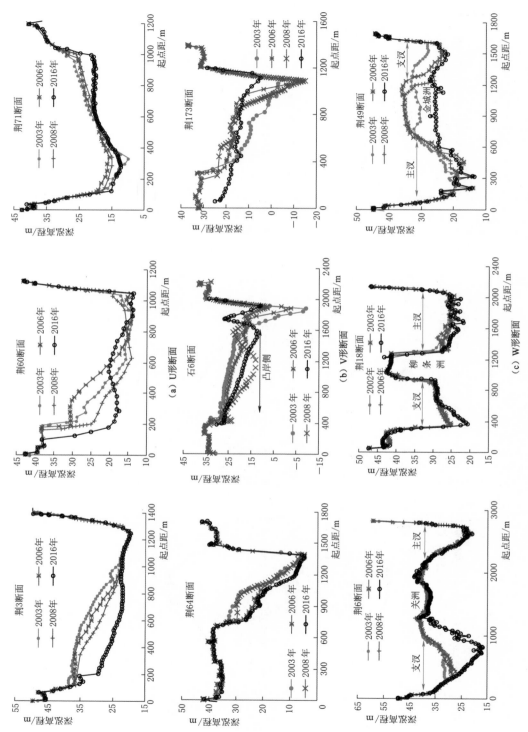

图 4.2－3　三峡水库蓄水后荆江河段 U 形、V 形、W 形断面冲淤变化图

平均高程冲刷下切，平滩河槽下切比例86.1%，枯水河槽为80.9%；同时，断面展宽的现象也存在，与河床下切的特征相反，洪水河槽展宽断面占比55.5%，至枯水河槽展宽占比增大到71.7%。可见，滩体的冲刷较崩岸更为频繁，荆江河道冲刷以下切为主。从下切和展宽的幅度来看，大部分断面的河床高程平均下切超过1m，超过0.5m的占比洪水河槽超过80%，枯水河槽河宽增幅超过20m的占57.8%。不同水位下的河槽下切与展宽的变化规律恰好相反，一定下切幅度断面占比洪水河槽＞平滩河槽＞枯水河槽，一定展宽幅度断面占比枯水河槽＞平滩河槽＞洪水河槽，间接地反映出断面形态调整形式的多样性。

表4.2-1　　　　　　　　　　　三峡水库蓄水后荆江河段断面形态变化

统计时段	过水断面	超过一定变化幅度的断面所占百分比/%					
		$\Delta Z>0m$	$\Delta Z>1.0m$	$\Delta Z>0.5m$	$\Delta B>0m$	$\Delta B>20m$	$\Delta B>50m$
2003—2008年	洪水河槽	64.2	20.2	44.5	74.6	22.0	6.36
	平滩河槽	61.8	27.7	46.2	71.7	27.2	16.2
	枯水河槽	67.1	30.6	47.4	68.8	41.6	28.9
2008—2015年	洪水河槽	87.3	41.0	65.3	38.7	14.5	6.94
	平滩河槽	80.3	51.4	68.2	57.8	25.4	17.3
	枯水河槽	76.3	48.6	61.8	70.5	46.8	31.8
2003—2015年	洪水河槽	89.6	60.7	80.3	55.5	16.8	6.94
	平滩河槽	86.1	65.3	79.2	60.1	34.1	23.1
	枯水河槽	80.9	61.8	74.0	71.7	57.8	43.9

注　ΔZ为断面河床平均高程下切幅度；ΔB为断面宽度增加幅度。

城陵矶至汉口河段内，除界牌河段和簰洲河段部分断面形态有较为剧烈的调整以外，其他河段典型断面形态相对稳定，冲淤变化集中在主河槽内。汉口至湖口河段内，河床断面形态均未发生明显变化，河床冲淤以主河槽为主，部分河段因实施了航道整治工程，断面冲淤调整幅度略大。

城陵矶至汉口河段内，除界牌河段的Z3-1断面（南门洲汊道）和簰洲河段（潘家湾弯道）的CZ30断面形态有较为剧烈的调整以外，其他河段的典型断面形态相对稳定。典型断面的冲淤变化主要集中在主河槽内，兼有下切（如CZ09断面、HL13断面）和展宽（如CZ01断面、CZ49断面）两种变形形式（图4.2-4）。

汉口至湖口河段内，典型断面的基本形态均未发生明显变化，河床冲淤主要集中在主河槽内，部分河段因实施了航道整治工程，断面冲淤调整幅度略大。如戴家洲洲头河段（CZ76断面）实施了护滩工程，位于河心的滩体处于淤高的状态，2001—2016年累计淤积幅度最大达到6m以上，滩体淤积的同时，两汊大幅冲刷下切，左汊最大下切幅度约6.5m（图4.2-5）。

4.2.3　洲滩形态的响应

4.2.3.1　宜昌至城陵矶河段

河心分布有一定规模的江心洲（滩）是分汊河道区别于其他河型最为显著的特征。一定来流条件下，江心洲（滩）可能被淹没，也可能出露。洲滩出露时，河道水流流路不再

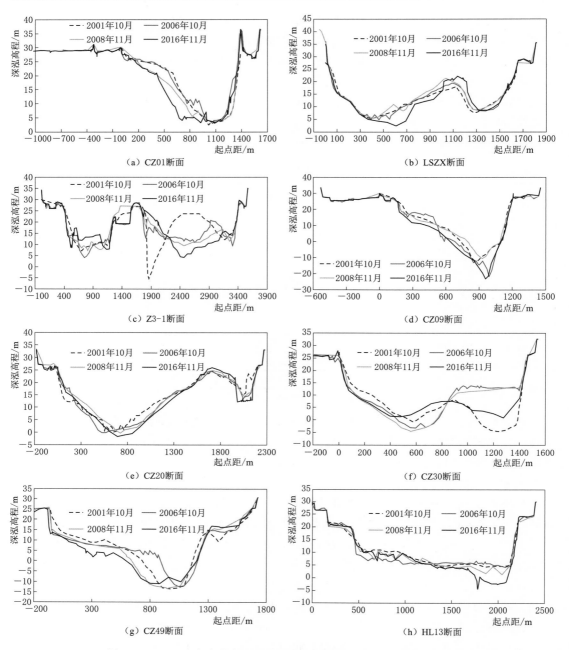

(a) CZ01断面 　　　　(b) LSZX断面

(c) Z3-1断面 　　　　(d) CZ09断面

(e) CZ20断面 　　　　(f) CZ30断面

(g) CZ49断面 　　　　(h) HL13断面

图 4.2-4　三峡水库蓄水运用城陵矶至汉口河段典型断面冲淤变化

单一，洲滩左右缘充当汊道边界的角色，并随着水沙条件的变化而发生冲淤变形，这种变形以平面形态变化为主；洲滩过流时，作为水下河床，也仍然会随着水沙条件的变化而发生冲淤调整，且这种调整包含平面形态变化和纵向变化两类。因此，江心洲（滩）冲淤形式与其自身规模和水沙条件有关，年内过流时间长的中低滩冲淤变形幅度更大一些，年内过流时间短的高滩冲淤变形一般表现为滩缘的淘刷。三峡水库蓄水后，长江中游分汊河道

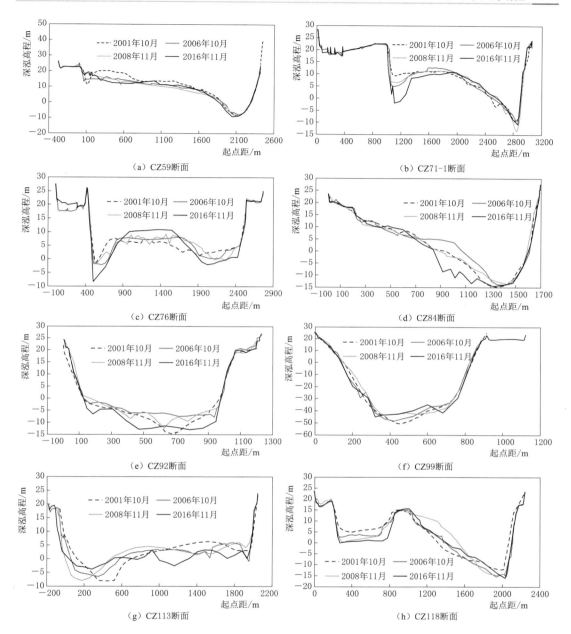

图 4.2-5 三峡水库蓄水后汉口至湖口河段典型断面冲淤变化

内的江心洲（滩）的冲淤变形都以冲刷为主，且中低滩的萎缩尤为明显。表 4.2-2 所示为三峡水库蓄水后荆江河段 9 个典型洲滩滩体面积变化情况。马家咀汊道河段的突起洲（于 2006 年汛后开始实施了两期滩体上段及左缘的守护工程）呈淤积状态，太平口心滩经历了先淤涨后冲刷的变化过程，其他滩体均有一定幅度的冲刷萎缩。其中，中低滩以沙市河段三八滩的相对萎缩幅度最大，2013 年滩体 30m 等高线的面积较 2002 年减小约 2.05km²，相对萎缩幅度达 94.0%；沙市河段的金城洲绝对萎缩幅度最大，2013 年滩体

30m 等高线面积较 2003 年减小约 4.04km²；高滩的萎缩程度较中低滩偏小，相对萎缩幅度在 6.6%～33.3%之间。

表 4.2-2　　三峡水库蓄水后荆江河段江心洲（滩）体特征等高线面积变化统计

滩体名称	统计年份	面积/km²	滩体名称	统计年份	面积/km²	滩体名称	统计年份	面积/km²	备注
关洲[1]	2002	4.86	芦家河碛坝[1]	2002	0.80	柳条洲[2]	2002	2.65	"1"为35m等高线；"2"为30m等高线
	2006	4.75		2006	0.70		2006	2.75	
	2008	4.49		2008	0.77		2008	3.29	
	2011	4.09		2011	0.48		2011	2.18	
	2013	3.24		2013	0.46		2013	2.47	
	2016	3.04		2016	0.13		2016	2.30	
太平口心滩	2002	0.84	三八滩	2002	2.18	金城洲	2003	5.00	30m等高线；*为29m等高线
	2006	1.65		2006	0.80		2006	3.31	
	2008	2.13		2008	0.45		2008	2.35	
	2011	1.84		2011	0.16		2011	1.46	
	2013	1.33		2013	0.13		2013	0.96	
	2016	0.64		2016*	0.30		2016	0.64	
突起洲[1]	2003	8.05	倒口窑心滩[1]	2002	3.14	乌龟洲[2]	2002	8.43	"1"为30m等高线；"2"为25m等高线
	2006	6.9		2006	3.94		2006	7.62	
	2008	7.2		2008	3.33		2008	7.90	
	2011	7.8		2011	3.61		2011	8.12	
	2013	9.08		2013	1.58		2013	7.87	
	2016	7.97		2016	1.65		2016	7.82	

　　高滩与中低滩的冲刷形式也存在一定的区别，中低滩往往是以滩轴线为中心的整体萎缩（极少数滩体先淤后冲），而高滩则以中枯水支汊一侧的滩缘冲刷后退为主。中低滩冲淤变形比较典型的有位于上荆江沙市河段的太平口心滩、三八滩和金城洲。

　　其中，太平口心滩 2008 年之前以淤积为主，之后滩体整体持续冲刷萎缩，2016 年相对于 2008 年，滩体 30m 等高线减少约 70%；三八滩和金城洲 30m 等高线呈明显的整体萎缩现象，尽管两处滩体都实施了局部守护工程，但在高强度的次饱和水流作用下，滩体仍被大幅度冲刷，三八滩至 2011 年仅剩一狭窄小滩体，金城洲的萎缩程度也较大［图4.2-6（a）］。三峡水库蓄水后，上游来水偏枯，高滩年内过流时间较短，但受中枯水以下支汊河槽冲刷发展的影响，水流不断淘刷高滩滩缘，致使滩缘均冲刷崩退，如关洲左汊和马家咀左汊均为中枯水支汊，且分流比都有一定幅度的增加，对应汊道内的关洲以及南星洲左缘冲刷后退，相反，中枯水主汊侧滩缘则基本保持稳定［图 4.2-6（b）］。究其主要原因在于这两个汊道均属于弯曲型，中枯水支汊位于凸岸侧，高滩滩缘为该汊的凹岸边界，在汊道内部呈现弯道"凹冲凸淤"的特性，滩缘的冲刷在所难免。可见，高滩的萎缩程度不仅与汊道的发展情况密切相关，还取决于汊道的河势格局。

　　与心滩类似地，下荆江弯道凸岸侧分布的边滩也出现了持续冲刷的现象。三峡水库蓄水后，下荆江河道急弯河段的凸岸侧边滩不断冲刷，滩唇冲刷（切割）后退，滩体面积萎缩明显（图 4.2 - 7）。2002—2013 年，调关弯道和莱家铺弯道凸岸侧边滩的 20m 等高线面积萎缩率分别为 28.1％和 4.6％，25m 等高线面积萎缩率分别为 31.7％和 11.6％；反咀弯道、七弓岭弯道和观音洲弯道 20m 等高线面积萎缩率分别为 4.0％、41.1％和 90.7％。七弓岭弯道凸岸滩体切割后，在凹岸侧淤积形成低矮的江心潜洲，断面形态发生变化。

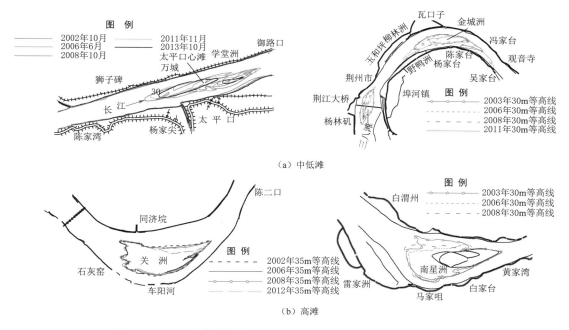

（a）中低滩

（b）高滩

图 4.2 - 6　三峡水库蓄水后上荆江典型江心洲（滩）平面变化图

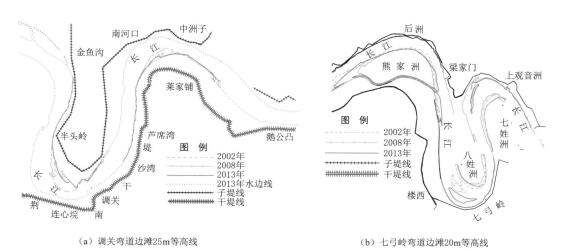

（a）调关弯道边滩25m等高线

（b）七弓岭弯道边滩20m等高线

图 4.2 - 7　三峡水库蓄水后下荆江典型边滩平面变化图

4.2.3.2　城陵矶至湖口河段

城陵矶至湖口河段内的洲滩总体规模相较于宜昌至城陵矶河段偏大，中滩数量众多。从统计的典型洲滩特征值变化来看（表 4.2 - 3），滩体总体以冲刷萎缩为主，如南门洲、

表 4.2-3　　2001—2013 年城陵矶至湖口河段典型洲滩特征值统计

河段	滩名	年份	最大滩长/m	最大滩宽/m	滩体面积/km²	特征等高线/m
城陵矶至汉口	南阳洲	2001	4029	1392	3.84	20
		2006	4055	1663	4.36	
		2008	4725	1822	5.23	
		2013	4855	1447	4.74	
		2016	4821	1598	5.28	
	南门洲	2001	9310	1493	10.33	
		2006	9513	1496	9.98	
		2008	9181	1514	9.47	
		2013	9291	1448	9.33	
		2016	9263	1920	10.2	
	复兴洲	2001	7830	2150	10.89	18
		2006	7910	2140	10.88	
		2008	7810	2110	10.75	
		2013	7900	2052	10.32	
		2016	7880	2148	10.27	
	白沙洲	2001	4550	450	1.41	
		2006	3569	443	1.05	
		2008	3270	429	1.02	
		2013	2876	402	0.735	
		2016	2421	350	0.623	
汉口至湖口	天兴洲	2001	11700	2360	18.0	15
		2006	11680	2490	18.4	
		2008	11630	2430	18.3	
		2013	11982	2401	19.8	
		2016	14380	2409	20.4	
	东槽洲	2001	7043	4347	22.52	
		2006	7377	4595	22.74	
		2008	7100	4880	22.86	
		2013	7120	4788	22.68	
		2016	7296	4644	23.56	
	戴家洲	2001	12600	2000	18.9	
		2006	11500	1910	16.8	
		2008	11700	1940	17.0	
		2013	12500	1930	16.9	
		2016	12946	1925	17.9	
	龙坪新洲	2001	6500	4580	22.3	10
		2006	5730	4570	21.8	
		2008	6250	4550	21.8	
		2013	7050	4560	21.7	
		2016	7046	4640	21.8	
	人民洲	2001	6930	1040	4.71	
		2006	6100	1040	4.33	
		2008	6270	1040	4.19	
		2013	6560	1000	3.87	
		2016	6008	985	3.66	

复兴洲、白沙洲、戴家洲、龙坪新洲和人民洲洲体特征等高线的面积都有所减小，滩体规模越小，冲刷的幅度越大，如白沙洲15m等高线面积一直在减小，减幅约55.8%；南阳洲先淤后冲，东槽洲基本稳定，天兴洲则有所淤积，主要是滩尾淤积下延。

从滩体特征等高线平面形态变化（图4.2-8）来看，低矮滩体基本上是整体冲淤，如南阳洲，而高滩的冲淤基本上集中在头部或尾部等低滩区域，尤其是实施了航道整治工程的滩体，如天兴洲、东槽洲、戴家洲、龙坪新洲等头部低滩均实施了守护工程，因而低

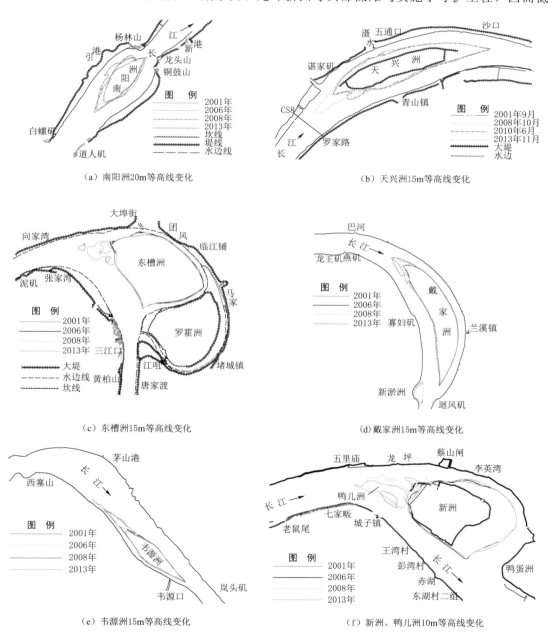

（a）南阳洲20m等高线变化

（b）天兴洲15m等高线变化

（c）东槽洲15m等高线变化

（d）戴家洲15m等高线变化

（e）韦源洲15m等高线变化

（f）新洲、鸭儿洲10m等高线变化

图4.2-8 三峡水库蓄水后城陵矶至湖口河段典型江心洲（滩）平面变化图

滩相较于蓄水前或者蓄水初期是有所淤积的，有些低滩淤积长大，如东槽洲头部低滩和鸭儿洲，有些淤积上延，如天兴洲头。可见，三峡水库蓄水后，城陵矶至湖口河段内分布的洲滩多数冲刷萎缩，高滩相对于低滩更为稳定，部分头部低滩实施了守护工程后有所淤长。

4.2.4　床面形态的响应

对比三峡水库蓄水前，蓄水后的长江中游河道沿程冲刷必然会带来河床床面形态的调整，河床粗化是其重要的特征。河床粗化在沙质河床平衡趋向中的作用与卵石夹沙河段中的床沙粗化作用类似，主要表现在两个方面：一是增大河床阻力，减小流速，增大水深；二是降低输沙强度，减缓冲刷速度。从边界条件改变的角度，影响水流的造床作用。

根据三峡水库蓄水后的原型观测资料，三峡水库蓄水以来，下游砂卵石河床、沙质河床的床沙粗化现象均已经显现。砂卵石河床粗化的主要特征有两个方面：一方面是当地床沙粗化，逐渐由砂卵石河床粗化为卵石夹沙河床；另一方面是砂卵石河床范围下延，杨家脑以下的河段内床沙也陆续取到卵石，下延的范围在 5km 左右。2003 年该河段河床组成成果显示，17 个典型断面床沙组成中粒径小于 0.25mm 的颗粒沙重百分数均在 40% 以上，平均达到 69%；随着冲刷发展，河床粗化明显，至 2010 年（2012 年该河段床沙未取样分析，2014 年多个断面未能取到床沙或是河床组成复杂，无法给出断面平均值），17 个典型断面床沙组成中粒径小于 0.25mm 的颗粒沙重百分数均不超过 48%，12 个断面的床沙组成中粒径小于 0.25mm 的颗粒沙重百分数均不超过 30%，河段平均值下降至 24.4%，床沙中值粒径普遍增大，部分断面床沙中值粒径粗化至卵石水平。

沙质河床起始段粗化明显，城陵矶以下略有粗化（表 4.2-4）。荆江河段自 2003 年以后床沙呈现逐年粗化的变化趋势，河床上的细颗粒泥沙被大量冲起对低含沙水流进行补给。枝江河段、沙市河段、公安河段、石首河段和监利河段的床沙中值粒径均有所增大，且沿程有上游粗化较下游快的特征。城陵矶至汉口河段冲刷发展相对荆江河段缓慢，粗化程度也略偏低，除界牌河段、嘉鱼河段床沙中值粒径变化不大外，其他河段均略有粗化；汉口以下至湖口河段在三峡水库蓄水运用以后床沙也略有粗化，仅叶家洲河段、黄州河段和九江河段不明显。

表 4.2-4　　　　　　　　三峡水库运用前后长江中下游床沙中值粒径变化

河　段		中　值　粒　径/mm							
		1998 年	2003 年	2006 年	2008 年	2010 年	2012 年	2014 年	2015 年
荆江河段	枝江河段	0.238	0.211	0.262	0.272	0.261	0.262	0.280	—
	沙市河段	0.228	0.209	0.233	0.246	0.251	0.252	0.239	0.263
	公安河段	0.197	0.220	0.225	0.214	0.245	0.228	0.234	0.260
	石首河段	0.175	0.182	0.196	0.207	0.212	0.204	0.210	0.238
	监利河段	0.178	0.165	0.181	0.209	0.201	0.221	0.198	0.224
城陵矶至汉口河段	白螺矶河段	0.124	0.165	0.202	0.197	0.187	0.208	0.193	0.192
	界牌河段	0.180	0.161	0.189	0.194	0.181	0.221	0.184	0.167
	陆溪口河段	0.134	0.119	0.124	0.157	0.136	0.195	0.152	0.163
	嘉鱼河段	0.169	0.171	0.173	0.165	0.146	0.219	0.165	0.169
	簰洲河段	0.136	0.164	0.174	0.183	0.157	0.211	0.165	0.169
	武汉河段（上）	0.153	0.174	0.182	0.199	0.185	0.363	0.186	0.181

河　段		中　值　粒　径/mm							
		1998 年	2003 年	2006 年	2008 年	2010 年	2012 年	2014 年	2015 年
汉口至湖口河段	武汉河段（下）	0.102	0.129		0.154				
	叶家洲河段	0.168	0.153	0.147	0.173	0.165	0.248	0.168	0.159
	团风河段	0.113	0.121	0.166	0.112	0.177	0.226	0.175	0.150
	黄州河段	0.170	0.158	0.104	0.172	0.109	0.217	0.123	0.111
	戴家洲河段	0.131	0.106	0.155	0.174	0.191	0.205	0.174	0.181
	黄石河段	0.147	0.160	0.134	0.177	0.181	0.192	0.147	0.166
	韦源口河段	0.140	0.148	0.170	0.135	0.179	0.323	0.173	0.204
	田家镇河段	0.115	0.148	0.163	0.157	0.142	0.218	0.160	0.152
	龙坪河段	0.136	0.105	0.159	0.155	0.174	0.182	0.162	0.167
	九江河段	0.182	0.155	0.133	0.156	0.156	0.154	0.138	0.127
	张家洲河段		0.159	0.187	0.181	0.161	0.198	0.162	0.164

4.3　典型河段河床冲淤演变规律

　　三峡水库蓄水运用以来，沙市河段、白螺矶河段以及武汉河段（中下段）水流造床作用均十分强烈、河床冲淤变化频繁，具有很好的代表性。

4.3.1　沙市河段

　　沙市河段为弯曲分汊河段，上起陈家湾，下至观音寺，全长约 36km。河段进出口较窄处河宽约 800~1000m，中间最宽处达 2500m。河段内依次有太平口心滩、三八滩和金城洲，将河道分为左、右两汊，在弯顶附近的凸岸侧分布有腊林洲边滩（图 4.3-1）。由于河道放宽受到两岸堤防的限制，河道内分布的江心洲滩的高程较低，河段内主流位置易于摆动，进而也使得汊道和洲滩频繁地冲淤变化，最为明显的是 1998 年大水之后，三八滩一度冲刷消失，其后又在老三八滩的右侧形成新的三八滩，但由于滩体极易冲刷，至 2016 年仅剩航道整治工程守护范围内的滩体，其余部分几乎冲失。河段进口左岸有沮漳河入汇，1992—1993 年沮漳河口由沙市宝塔河改道至沙市上游 15km 处的临江寺；右岸有虎渡河分流入洞庭湖，太平口附近建有荆江分洪闸——北闸。河段进口分布有陈家湾水位站，中部三八滩北汊分布有沙市（二郎矶）水文站。

4.3.1.1　河床冲淤量及分布

　　2002 年 10 月至 2016 年 11 月，沙市河段（荆 25—荆 52）平滩河槽累计冲刷泥沙 2.163 亿 m^3，年均冲刷量达 30.05 万 m^3/km，为长江中游冲刷强度最大的河段，远大于三峡水库蓄水前 1975—2002 年年均冲刷量 0.067 亿 m^3。冲淤分布特点也由 "冲槽淤滩" 转变为 "滩槽均冲"，枯水河槽冲刷量占比约 95%。三峡水库初期运行期内，沙市河段的冲刷强度相对较小，三峡水库进入 175m 试验性蓄水期后，沙市河段年均冲刷量增加 1 倍（图 4.3-2、表 4.3-1）。

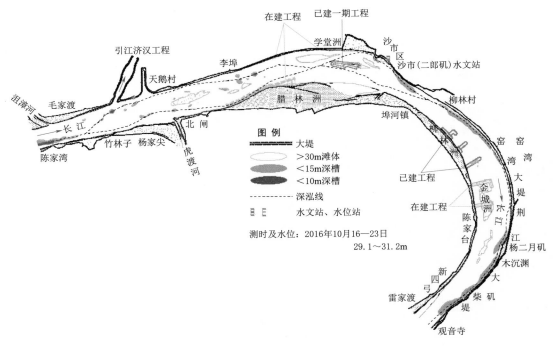

图 4.3-1　2016 年沙市河段河势图

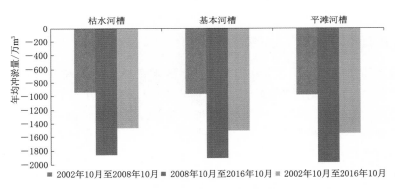

图 4.3-2　三峡水库蓄水后沙市河段不同时期年均冲淤量对比

表 4.3-1　　　　　　　　　　沙市河段 2002—2016 年冲淤量统计表

时　　段	冲　淤　量/万 m³			
	枯水河槽	基本河槽	平滩河槽	洪水河槽
2002 年 10 月至 2003 年 10 月	−1200	−1400	−1216	−1234
2003 年 10 月至 2004 年 10 月	−1500	−1700	−1311	−1301
2004 年 10 月至 2005 年 10 月	−1367	−1100	−1710	−1710
2005 年 10 月至 2006 年 10 月	−107	−195	−293	−306
2006 年 10 月至 2007 年 10 月	−1474	−1474	−1502	−1487
2007 年 10 月至 2008 年 10 月	−5	61	146	198

时　　段	冲　淤　量/万 m³			
	枯水河槽	基本河槽	平滩河槽	洪水河槽
2008 年 10 月至 2009 年 10 月	−1269	−1259	−1170	−1160
2009 年 10 月至 2010 年 10 月	−568	−641	−840	−869
2010 年 10 月至 2011 年 10 月	−1630	−1643	−1684	−1702
2011 年 10 月至 2012 年 10 月	−527	−668	−796	−742
2012 年 10 月至 2013 年 10 月	−2963	−2966	−3057	−3260
2013 年 10 月至 2014 年 10 月	−1862	−1916	−2066	−2064
2014 年 10 月至 2015 年 10 月	−1633	−1656	−1562	−2064
2015 年 10 月至 2016 年 11 月	−4449	−4534	−4566	—

注　正值为淤积量；负值为冲刷量。

　　基于水下 1∶10000 的观测地形［下文白螺矶河段、武汉河段（中下段）计算数据源相同］，计算绘制沙市河段三峡水库蓄水后 2002—2013 年的冲淤厚度平面分布（图 4.3-3），沙市河段除太平口心滩上段、杨林矶边滩、腊林洲边滩尾部和柳林洲侧河槽有所淤积以外，其他区域均有较大幅度的冲刷，河槽局部的冲刷深度达到 10m 以上。

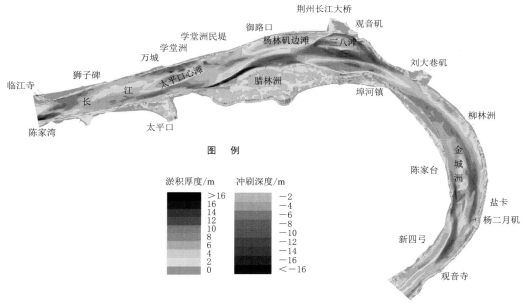

图 4.3-3　2002—2013 年沙市河段冲淤厚度

4.3.1.2　汊道分流分沙比变化

　　（1）三八滩汊道段的变化。三八滩汊道是平面极度受限的微弯形态，因此，南汊、北汊（汊道的右汊、左汊）的交替发展较一般分汊河段更为频繁。三峡水库蓄水前，20 世纪末的两场大水过后，南、北汊主支发生易位，北汊枯期分流比一度降至 28%；此后，由于南汊河宽较大，且位于河湾的凸岸侧，凸岸的腊林洲边滩中部低滩切割进入南汊，同时冲刷使得北汊向窄深方向发展，南汊分流比出现衰减趋势，至 2012 年年初，北汊再次发展成为主汊，枯水分流比增至 67%；2014 年年初，该河段南汊再次发展，分流比又恢复至 64%；2016 年进一步增大至 79%。该河段河心江心洲不稳定，因而汊道交替十分频繁。三八滩汊道实测分流比统计见表 4.3 - 2。

表 4.3 - 2　　　　　　　　　　　　三八滩汊道实测分流比统计

日　期	流量/(m³/s)	分　流　比/%	
		北　汊	南　汊
2000 - 11 - 23	7260	48	52
2001 - 11 - 1	12600	30	70
2002 - 11 - 3	7469	28	72
2003 - 12 - 22	5474	34	66
2004 - 11 - 18	10157	35	65
2005 - 11 - 25	8703	45	55
2006 - 9 - 18	10300	42	58
2007 - 3 - 16	4955	46	54
2009 - 2 - 18	6954	43	57
2010 - 3 - 10	6119	41	59
2012 - 2 - 23	6271	67	33
2014 - 2 - 19	6239	36	64
2016 年 11 月	8300	21	79

（2）金城洲汊道段的变化。20 世纪 80 年代中期以前，该河段主流一般位于左槽，其后，由于上游三八滩汊道屡屡出现南北争流或主支汊易位的现象，下游河道进流条件发生变化，金城洲汊道主支易位的机会也有所增大。1993—1997 年，金城洲不断向左淤积展宽，导致左槽逐渐衰退，右槽发展为枯期主航道。1998 年大水大沙过后，上游三八滩北汊衰退，金城洲位于凸岸侧的右槽淤积明显，2001 年 2 月右槽分流比不到 5%。三峡水库蓄水后，金城洲汊道左槽始终维持主槽地位，枯期分流比明显占优，但由于该河段整体冲刷强度较大，金城洲头部及尾部右缘明显冲刷，右槽分流比还是出现了增大的趋势，尤其是在其左汊上段实施了限制工程后，分流比仍有所增加，2014 年年初较 2009 年同期增大2.4 个百分点，见表 4.3 - 3。

表 4.3 - 3　　　　　　　　　　　　金城洲汊道实测分流比统计表

时　间	流　量/(m³/s)			分　流　比/%	
	全断面	左槽	右槽	左槽	右槽
2001 年 2 月	4152	4022	130	96.9	3.1
2001 年 11 月	12403	10334	2069	83.3	16.7
2002 年 1 月	4523	4001	522	88.5	11.5
2004 年 11 月	10155	8731	1424	86.0	14.0
2006 年 9 月	10507	9591	916	91.3	8.7
2009 年 2 月	6533	5854	679	89.6	10.4
2014 年 2 月	6217	5420	797	87.2	12.8

4.3.1.3 滩槽格局变化

沙市河段整体为微弯分汊河型，河段内洲滩分布较多，主要有太平口心滩、三八滩、腊林洲边滩、金城洲 4 处规模较大的边滩、心滩。由于滩体组成均较细，易受到来水来沙变化影响而产生冲淤变形，且低滩年内过流时间较长，变形幅度大于高滩。

（1）太平口心滩的变化。太平口心滩位于沙市河段长直过渡段的狮子碑至筲箕子之间，20 世纪 80 年代中前期开始形成，90 年代初期滩体规模较大。1998 年前后有所冲刷，三峡水库蓄水后呈现先淤后冲的发展过程。

三峡水库蓄水前，太平口心滩总体上呈淤长下移趋势（图 4.3 - 4），至 1993 年，滩尾下移至筲箕子一带，心滩长约 4.79km、宽约 501.1m（表 4.3 - 4）。1998 年、1999 年特大洪水期间，太平口心滩有所冲刷萎缩，但平面位置基本稳定，至 2002 年，心滩滩体冲刷束窄，面积减小至 0.84km²，较 1993 年减小约 52%，但仍较形成初期 1987 年增大 3 倍以上。

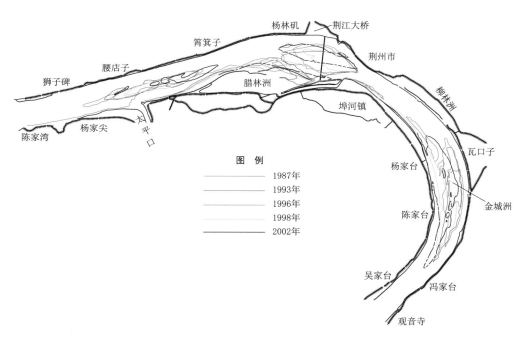

图 4.3 - 4 三峡水库蓄水前 1987—2002 年沙市河段洲滩 30m 等高线变化

表 4.3 - 4 　　　　　　　　　 **2003 年以前太平口心滩滩形特征统计表**

年份	等高线/m	面积/km²	滩长/km	滩宽/m	滩顶高程/m
1987	30	0.27	1.87	179.8	31.3
1993	30	1.75	4.79	501.1	36.6
1996	30	1.52	4.62	424.9	34.8
1998	30	0.85	3.41	384.7	32.4
2002	30	0.84	2.93	347.9	34.4

三峡水库蓄水后，太平口心滩总体上呈淤涨态势，滩头上提、滩体中下段淤高（图 4.2-6），面积及滩顶最大高程均有所增加，这一现象在长江中游是极为少见的（表 4.2-2）。2003—2006 年，滩顶高程增加 3.2m，自 2008 年开始，太平口心滩滩顶高程超过 36m，滩头淤积上提，尾部低滩也逐步淤积下延，使得滩体面积增至 2.13km²，2009 年滩体面积达到有实测资料以来的最大值，滩头较 2003 年上提 1.88km；此后，滩体面积略有萎缩，主要是滩头冲刷下移，2012 年较 2009 年滩头冲退约 350m，滩尾位置变化不大，滩体持续淤高，至 2012 年 2 月，太平口心滩高程增至 37.5m；滩面窜沟回淤幅度较大，至 2011 年已淤积消失。

综上来看，太平口心滩自形成以来，总体表现为淤积，滩体各项特征值均呈增长的趋势，尤其是滩头不断淤积上延，窜沟处也逐渐淤积恢复，滩尾位置变化较小，中下段淤高明显。

（2）三八滩的变化。三八滩位于沙市河湾中部放宽段，由于滩体高程较低，且河床组成抗冲性较弱，历年来冲淤变形幅度均较大，尤其是滩体的中上段（图 4.3-3），滩体规模总体呈冲刷萎缩的趋势，三峡水库蓄水更是加速了这一发展过程。20 世纪 90 年代之前，三八滩曾多次与腊林洲边滩相连，1987 年前后三八滩才彻底脱离其母体。滩尾受出口双节点卡口限制，位置基本稳定；滩体左右缘受主流摆动的影响，淤长冲退的现象明显，其中滩头左摆，滩体右缘 2002 年较 1987 年横向最大冲退幅度达到 478m。三八滩滩体面积呈持续冲刷缩小的变化趋势，1998 年大水前后滩体冲散，2000 年滩体面积仅为 1987 年的 37%，至 2002 年滩顶高程下降 3.1m。2003 年之前三八滩滩形特征值统计见表 4.3-5。

表 4.3-5　　　　　　　　　2003 年之前三八滩滩形特征值统计表

年份	等高线/m	面积/万 m²	滩长/m	滩宽/m	滩顶高程/m
1987	30	323	3755	1251	38.3
1993	30	322	3822	1386	38.7
1996	30	294	3336	1400	39.9
1998	30	149	2920	870	40.7
2000	30	120	2370	970	39.1
2001	30	179	4010	730	35.9
2002	30	218	4047	836	35.2

三峡水库蓄水后，三八滩年际单向冲刷明显，滩体规模锐减，航道部门对其实施守护工程后，滩体中上段 2006 年后基本保持稳定，中下段仍不断冲刷萎缩（图 4.2-6）。与2003 年相比，2006 年滩体右缘冲退约 550m。由此可见，2004 年、2005 年实施两期三八滩应急守护工程后，三八滩右缘的冲刷并没有得到根本的限制。随着三八滩一期守护控制工程的实施，三八滩中上段将逐渐趋于稳定，但滩体中下段仍然不断冲刷萎缩，滩体长度由 2009 年的 3768m 减小到 2012 年 2 月的 1662m，减幅达到 55.9%，滩宽也减小 146m，滩体面积与蓄水初期（2003 年）相比，减小了 92.8% 左右，较一期守护控制工程实施前（2008 年）减小了 64.3%（表 4.2-2）。

（3）腊林洲边滩的变化。三峡水库蓄水前，腊林洲边滩先后经历了淤长、切割、冲刷下移的变化过程。自 20 世纪 50 年代以来，腊林洲边滩一直存在并以边滩的形式依附于沙市河湾进口凸岸侧。边滩形成之初，滩头曾上延至沙市河段进口陈家湾附近，有效地控制了河道的宽度，使之保持单一微弯的平面形态。20世纪80年代中后期边滩中上段逐步冲刷后退，顺直河段河道放宽，给太平口心滩的出现留出了空间，同时，心滩的淤积下延进一步促进了腊林洲边滩中上段的下移（图4.3-4）。腊林洲高滩部分在20世纪90年代初期以前，一直处于淤高的状态，随后保持稳定，中下段低滩受来水来沙的影响，年际间冲淤交替；滩体变形主要表现为头部冲刷下移、中部低滩冲淤交替和滩尾的淤积下延。

三峡水库蓄水后，腊林洲中部低滩经历蓄水初期的冲刷切割后基本稳定，滩尾逐渐向三八滩南汊内淤积。三峡水库蓄水初期，腊林洲边滩中部低滩略有淤积，随着冲刷强度的不断发展，边滩逐步转淤为冲，滩体中部最大宽度由2003年的1760m减小为2006年的1514m，至2012年中部低滩基本冲刷殆尽，高滩部分最大滩宽仅剩约1340m，滩体面积略有减小，2012年相对于2003年，减幅约6.5%（表4.3-6）。伴随三八滩中下段的萎缩，腊林洲下段低滩有向南汊内淤长的趋势，2006—2008年横向最大淤积幅度达到620m左右，2009年后淤积速度减缓，至2012年横向最大淤积幅度约210m。

表4.3-6　　　　　　　　　　腊林洲边滩滩形特征值统计表

年份	等高线/m	面积/km²	滩长/m	滩宽/m	滩顶高程/m
1987	30	8.29	8744	1427	40.85
1993	30	6.17	5815	1679	40.85
1996	30	6.51	6428	1812	40.85
1998	30	7.32	7136	1702	40.85
2002	30	6.44	7530	1541	40.85
2003	30	6.33	7100	1760	40.85
2006	30	5.67	6490	1514	40.85
2008	30	6.07	7020	1354	40.85
2009	30	6.43	7040	1522	40.85
2011	30	6.31	7045	1345	40.85
2012	30	5.92	7022	1340	40.85
2016	30	6.02	7663	1490	41.0

（4）金城洲的变化。金城洲位于河心，偏靠右岸侧，于1901年开始出现，历史上称为金钟洲。江心洲滩的形成是与1900年以后柳林洲岸线的崩退相应而生的。金城洲平面位置、滩体形态、滩体规模年际间很不稳定。

20世纪60年代以前，洲滩面积较小，高程低，一般以水下潜洲形态出现，位置偏右或居中；至20世纪80年代中期，滩面上一度长出植被；20世纪90年代中期，金城洲以独立心滩形态存在，滩体规模较大，面积达到2.93km²，较1987年增大58.4%。20世纪90年代后期，受上游深泓线摆动的影响，金城洲左缘受到冲刷，滩体面积及滩宽均有所减小，受1998年以来连续大洪水的强大冲刷影响，洲体进一步冲刷右移，之后金城洲又与野鸭洲边滩连为一体，以凸岸边滩的形态出现，且呈淤长趋势，滩长及滩宽都有较大幅度的增加（表4.3-7、图4.3-4）。

表 4.3-7　　　　　　　　　　　　　　金城洲特征值变化统计

年份	等高线/m	滩体面积/km²	滩长/m	最大滩宽/m	滩顶高程/m
1959	30	—	—	—	36.5
1987	30	1.85	3503	723.5	36.7
1993	30	2.54	5847	687.0	38.7
1996	30	2.93	3811	1017.7	38.0
1998	30	2.26	5325	806.3	36.2
2002	30	—	6867	1178	34.7

三峡水库蓄水后，从金城洲洲体变化对比来看（图 4.2-6），洲体头部持续冲刷后退，并由凸岸边滩再次切割成为心滩。2003—2006 年，金城洲由凸岸边滩切割成为心滩，洲头有所上提，洲尾冲刷约 1540m，使得滩长减小 490m（表 4.2-2），同时心滩顶部高程淤高约 1.9m。2006 年及此后，金城洲头部和尾部、吴家台边滩上段都处于冲刷状态。2012 年 2 月与 2009 年同期相比，滩头后退约 700m，滩顶高程及滩尾位置基本稳定，吴家台边滩滩唇冲退 400m 左右。

综上来看，沙市河湾两岸受守护工程的影响，变形幅度有限，因此河段总体河势将保持稳定。三峡水库蓄水运用后，来水来沙条件的改变将导致长江中下游河道经历较长时期的冲刷—平衡—回淤过程。河段处于三峡水库坝下游沙质河床起始段，河床组成偏细，抗冲性较弱，加上上游砂卵石河段河床冲刷补给能力有限，河床冲刷剧烈，尤其是局部河床冲刷幅度仍然较大。

河段冲淤变化主要集中在分汊河段，洲滩冲淤与汊道交替发展仍较为频繁，造成分汊河段断面形态、深泓纵剖面形态及平面位置都有比较大的调整。上游太平口顺直分汊河段和三八滩微弯分汊河段先后出现主、支汊易位的现象，低滩年际冲淤变形幅度较大，三八滩目前仅实施了守护工程的滩体尚且稳定；金城洲分汊河段左槽自 20 世纪 90 年代中期发展为主汊以来，中枯水分流比保持在 80% 以上，三峡水库蓄水以来，河段岸线、断面形态、深泓平面位置基本保持稳定，河槽以冲刷下切为主。

总体来看，三峡水库蓄水后，由于航道部门先后在沙市河段实施了多期守护控制工程，较好地控制了关键洲滩的冲刷幅度，维持了分汊河段河势格局。沙市河段双分汊的河势格局不会产生较大调整。

4.3.2　白螺矶河段

白螺矶河段位于洞庭湖入汇口下游，承接来自上游干流和洞庭湖的水沙，上迄城陵矶洞庭湖与长江汇流处，下至杨林山，全长约 21.4km。该河段呈西南—东北走向，属于顺直分汊型河段，在河段进口和中下部依次分布有城陵矶、白螺矶—道人矶、杨林山—龙头山节点，使得河道平面形态呈河道宽窄相间的藕节状，城陵矶处平滩河宽约 1.1km，白螺矶—道人矶处为 1.75km，杨林山—龙头山为 1.12km；在上下节点中间河道宽阔，于江心发育形成江心洲（南阳洲），白螺矶—道人矶上游仙峰洲（丁家洲边滩）处最大河宽 2.49km，南阳洲汊道河段最大河宽达 3.2km（图 4.3-5）。

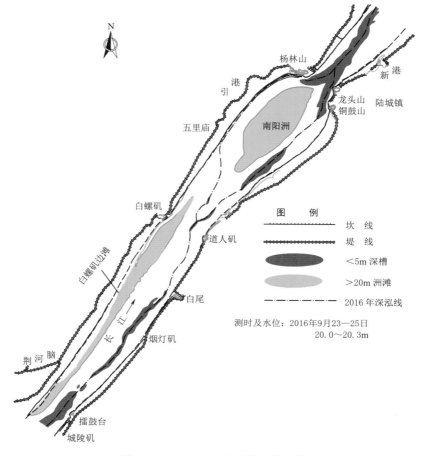

图 4.3-5　2016 年白螺矶河段河势

4.3.2.1　河床冲淤量及分布

2001 年 10 月至 2016 年 11 月，白螺矶河段由蓄水前的以淤积为主转变为蓄水后的以冲刷为主，2001—2016 年该河段平滩河槽共冲刷泥沙 0.386 亿 m³，其中仅 2016 年就冲刷 0.288 亿 m³，且总体表现为"冲槽淤滩"，枯水河槽的冲刷量达到 0.518 亿 m³。从不同时段来看，三峡水库蓄水初期，白螺矶河段平滩河槽呈淤积状态，枯水河槽略有冲刷；三峡水库 175m 试验性蓄水后，河段冲刷强度显著加大，枯水河槽年均冲刷量增加近 11 倍（图 4.3-6、表 4.3-8）。

表 4.3-8　　　　　　　白螺矶河段 2001—2016 年冲淤量统计表

时　段	冲　淤　量/万 m³			
	枯水河槽	基本河槽	平滩河槽	洪水河槽
2001—2003 年	−1242	−1360	−1473	—
2003—2004 年	1622	1821	1992	2201
2004—2005 年	−143	214	508	830

时　段	冲　淤　量/万 m³			
	枯水河槽	基本河槽	平滩河槽	洪水河槽
2005—2006 年	−799	−890	−872	−831
2006—2007 年	428	403	485	313
2007—2008 年	−225	93	489	779
2008—2009 年	−946	−1051	−1088	−1118
2009—2010 年	−243	−261	−298	−182
2010—2011 年	201	325	335	289
2011—2012 年	505	295	60	24
2012—2013 年	−465	−443	−320	—
2013—2014 年	−853	−781	−547	−945
2014—2015 年	−327	−302	−247	−52
2015—2016 年	−2690	−2907	−2883	−2838

注　正值为淤积量；负值为冲刷量。

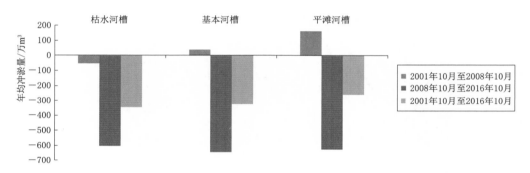

图 4.3-6　三峡水库蓄水后白螺矶河段不同时期年均冲淤量对比

从河道冲淤厚度的平面分布（图 4.3-7）来看，仙峰洲、南阳洲左缘都有明显的淤积，主河槽则普遍冲刷，尤其是南阳洲右汊，冲刷强度较左汊明显偏大。右汊冲刷发展后，受下游寡妇矶、龙头山等节点的挑流作用，下游左侧河槽冲刷明显，右侧河槽则有所淤积。

4.3.2.2　汊道分流分沙比变化

从南阳洲汊道分流比变化来看，三峡水库蓄水以来，右汊分流比逐渐增加。由于右汊为主汊，分流比本身就较左汊大，两汊同时受剧烈冲刷发展时，则右汊分流比增幅更大。根据实测资料，2009 年 2 月至 2010 年 2 月，右汊分流比增大了近 6%。分流比具体情况见表 4.3-9。三峡水库蓄至 175m 以来，南阳洲右汊分流比进一步增大，2012 年枯水期南阳洲右汊分流比较 2010 年 2 月增大了 6%，近年来右汊枯水期分流比持续增大，与河段近年来发生总体冲刷且右汊为主、冲刷更强烈的结论相一致。在分流比增大的影响下，右汊中段冲刷明显，南阳洲右缘崩退，主河槽进一步展宽。

4.3.2.3　滩槽格局变化

河段内从上往下沿程分布的较大江心洲（滩）有仙峰洲、南阳洲。随着上游水沙条件变化及河势调整，河道内洲滩亦发生相应变化。

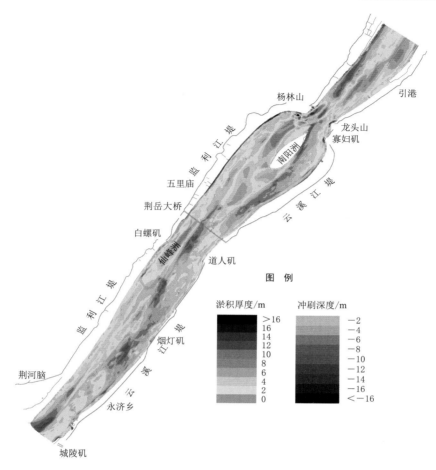

图 4.3-7　2001—2013 年白螺矶河段冲淤厚度

表 4.3-9　　　　　南阳洲两汊近年分流变化情况表 (2008—2012 年)

测量时间	总流量/(m³/s)	左　汊		右　汊		测量单位
		流量/(m³/s)	分流比/%	流量/(m³/s)	分流比/%	
2008 年 4 月	19189	5736	30	13453	70	长江航道测量中心
2009 年 2 月	8237	2361	29	5876	71	
2010 年 2 月	8780	2013	23	6767	77	
2010 年 2 月	8780	2013	23	6767	77	
2011 年 7 月	24492	7423	30	17069	70	
2011 年 10 月	11467	2252	20	9215	80	
2012 年 1 月	8614	1435	17	7179	83	
2014 年 2 月	8710	1114	13	7596	87	水利部长江水利委员会水文局
2015 年 3 月	13560	3580	26	9980	74	

（1）仙峰洲的变化。仙峰洲紧接荆江与洞庭湖汇合口之下，绝大多数时期位于白螺矶-道人矶节点之上，受江湖汇流影响最为敏感。荆江于城陵矶出流后以近逆时针 90°流向进

入本河段，弯曲主流内侧丁家洲一带左岸区域较容易形成副流，流速减缓，加上高水时节点阻水作用，泥沙易落淤此处，形成了时为江心洲时为边滩的仙峰洲。

近半个世纪以来，仙峰洲（15m 等高线）洲体大小及平面位置变化较大。20 世纪 60—70 年代，仙峰洲洲体较为完整，主要以江心洲的形式存在。20 世纪 80 年代后，受江湖汇流后主流变化及来水来沙影响，仙峰洲逐渐并岸，边滩形态较散乱，1981 年洲体整体冲刷下移，被分割成 3 个小潜洲，其中一潜洲与左岸联为一体，1986 年洲体右侧继续冲刷后退（图 4.3-8），1993 年下移至白螺以上附近，1996 年已淤长下延至白螺矶以下，1998 年大水后被冲蚀殆尽，冲刷的泥沙大量落淤在南阳洲左侧；与此同时，丁家洲一带左岸又发育为形态较大边滩，至 2001 年边滩（15m 等高线）宽达到 800m，随着边滩冲刷下移后退，2003 年丁家洲附近近岸河床平均下切 4m，南阳洲左上缘则因泥沙落淤形成一长 2km、宽 500m 的江心洲，2006 年汛前丁家洲一带边滩又开始发育淤长，到 2016 年汛后边滩又开始崩退。

三峡水库蓄水后，仙峰洲的变化主要表现为洲尾随不同水文年来水来沙不同而上提下移。一般大水大沙年份，滩尾淤积下延，有时甚至淤积下延至南阳洲北汊内；而小水小沙年份，滩尾冲刷上提。

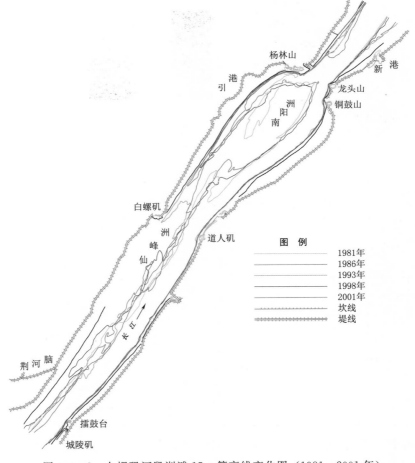

图 4.3-8　白螺矶河段洲滩 15m 等高线变化图（1981—2001 年）

（2）南阳洲的变化。南阳洲位于白螺矶-道人矶断面至杨林山-龙头山断面之间，平面形态呈梭形，中间宽两头窄。南阳洲的形成一方面是因为位于杨林山与龙头山对峙节点上游较宽河段处，有其存在地理位置；另一方面是因为卡口高水时的壅水作用，水流流速减缓，水流挟沙力减小，致使泥沙落淤逐步发育为江心洲。多年来受上、下节点控制影响，南阳洲洲体大小、平面位置及洲顶高程相对稳定，其演变过程主要表现在洲体横向变化，即洲体左缘的淤长与后退、切割与合并［图 4.3-8、图 4.2-8（a）］。

1981 年，南阳洲洲体规模并不大；1986 年以后，洲体逐渐扩大，淤积部位主要位于洲体左端；1991 年洲体面积 2.45km²；1993 年增长至 3.81km²，洲长 4.51km，洲宽 1.45km，为近几十年实测洲体几何尺寸的较大值，其后洲体平面位置总体上处于较稳定状态；1996 年、1998 年大水后洲面普遍发生淤积，洲顶高程较 1993 年抬高约 3m，1998 年洲头及左缘较 1996 年有所冲刷，但幅度较小；2001 年又回淤至 1996 年状态；2003 年汛后洲头左上端出现较小潜洲；2006 年潜洲与南阳洲联为一体，洲体 20m 等高线面积为历年最大，达 4.36km²；2008 年洲体面积减小至 4.22km²；2010 年洲体面积减小至 3.84km²。南阳洲洲体特征见表 4.3-10 和图 4.2-8（a）。

表 4.3-10　　　　　　　三峡水库蓄水前南阳洲洲体特征统计表

时间	洲长/km	洲宽/km	面积/km²	洲高/m	备注
1981 年 6 月	3.84	0.84	2.03	29.1	
1986 年 5 月	3.68	0.88	1.99	24.5	
1993 年 11 月	4.51	1.45	3.81	28.7	
1996 年 10 月	4.42	1.32	4.24	31.5	
1998 年 10 月	0.60	0.11	0.04	21.1	洲 1（上段）
	3.90	1.26	3.39	32.2	洲 2（下段）
2001 年 10 月	4.06	1.42	3.84	31.2	

注　洲体尺寸以黄海高程 20m 等高线基准计，洲长、洲宽、洲高均为洲体最大值。

南阳洲汊道演变与南阳洲的发育和萎缩紧密相关。长期以来南阳洲右汊为主汊，左汊为支汊，右汊相对稳定，左汊随着上游河势变化冲淤变幅较大。总体上看，南阳洲左汊变幅较大，20 世纪 70 年代中后期滩槽均淤，深槽最大淤积约 8m，低滩淤积约 2m；20 世纪 80 年代刷槽冲滩，滩槽最大冲刷约 8m；20 世纪 90 年代初期冲槽淤滩，其后稳定少变。南阳洲右汊河宽稳定，多年来河床冲淤交替，变化幅度较小，1993—2006 年河槽较以前年份略有冲深，2006—2016 年洲体则略有发展。

综上所述，南阳洲的演变主要是洲头局部时冲时淤，但洲滩总体变化幅度不大，且无累积性的冲刷或淤积。

（3）边滩的变化。白螺矶河段入口处有荆河脑边滩，此次选取 15m 等高线进行分析。1981 年边滩与南阳洲连为一体，属于典型的江心洲式边滩，而 1986—1996 年间边滩至南阳洲洲头结束，边滩面积大幅度减小，但 1998 年后边滩又与南阳洲成为一个整体，再次形成江心洲式边滩（图 4.3-8）。1998—2016 年边滩较为稳定，发展较为缓慢，年际间局部冲淤交替，丰水年荆河脑边滩冲刷，而枯水年荆河脑边滩则发生淤积。可见 1981—

2016 年间，荆河脑边滩有较大变化，且不断发展，与上游河段来水来沙关系密切。

综上所述，白螺矶河段内南阳洲与荆河脑边滩彼此依存发展，相互影响。1981—2016 年间，南阳洲洲体平面位置相对稳定，其规模略呈增长趋势，但发展较为缓慢，荆河脑边滩已与南阳洲连为一体，形成江心洲式边滩，多年来较为稳定，局部冲淤交替。但总体上看该河段内洲滩多年来变化幅度不大，保持稳定状态。

（4）深槽的变化。尽管随着上游来水来沙的变化深槽有所冲淤变化，但多年来白螺矶河段 10m 深槽相对较为稳定，受南阳洲进口处滩缘淤长的影响，深槽宽度有所变化。特别是 1998 年大水后至 2001 年，该河段泥沙淤积导致 10m 深槽大小大幅萎缩，深槽断开；2001 年后由于该河段河床持续冲刷，10m 深槽又有所冲刷发展，基本恢复到 1998 年的水平。白螺矶河段河槽 10m 等高线变化如图 4.3-9 所示。

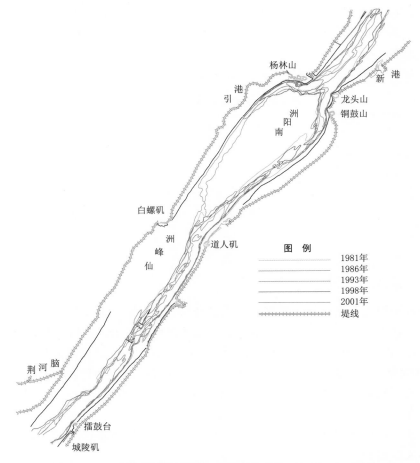

图 4.3-9　白螺矶河段河槽 10m 等高线变化（1981—2001 年）

总体来看，由于受城陵矶、白螺矶—道人矶、杨林山—龙头山节点控制，以及上游来水来沙的影响，总体表现为洲滩的冲淤消长，位于洞庭湖与下荆江汇流段的白螺矶河段将继续保持顺直分汊的河道形势，河势相对稳定。30 多年来，在白螺矶—道人矶节点以上，河道主要表现为淤积，淤积部位主要在河道左侧，主流线基本稳定，随着泥沙在仙峰洲左汉的落淤，1998年后仙峰洲已与左岸边滩连成一体，形成左岸侧大边滩；位于道人矶—白螺矶、龙头山—杨林山两对卡口节点之间的南阳洲，受两对节点控制，虽然南阳洲洲头和洲尾时有冲淤，但南阳洲的平面位置相对稳定，汊道的主支汊关系稳定，左汊缓慢淤积，逐渐向左岸发育，右汊近岸河床发生冲刷，主流线在洲尾右岸河槽逐渐趋于稳定；龙头山—杨林山节点以下，1981—1993年间冲淤部位交替变化，2003—2016年河道右侧呈淤积趋势，左侧为冲刷。

4.3.3 武汉河段（中下段）

武汉河段（中下段）上起沌口，下至阳逻，全长约50.4km，由白沙洲顺直分汊河段和天兴洲微弯分汊河段组成。自上而下，白沙洲、潜洲和天兴洲顺列江中，将河道分为左右两汊，上段左汊为主汊，下段右汊为主汊。沌口处河宽为1386m，龟山、蛇山处河宽为1010m，为该河段最窄处。左岸沌口有通顺河汇入，左岸有荒五里边滩和汉阳边滩；右岸鲇鱼套有巡司河汇入，鲇鱼套以下为武昌深槽。该河段谌家矶有沦水（又称涢水、府环河、朱家河）汇入，五通口附近有滠水（又称新汉北河、新河）汇入，长江最大的支流汉江在龙王庙附近汇入。2016年武汉河段（中下段）河势如图4.3-10所示。

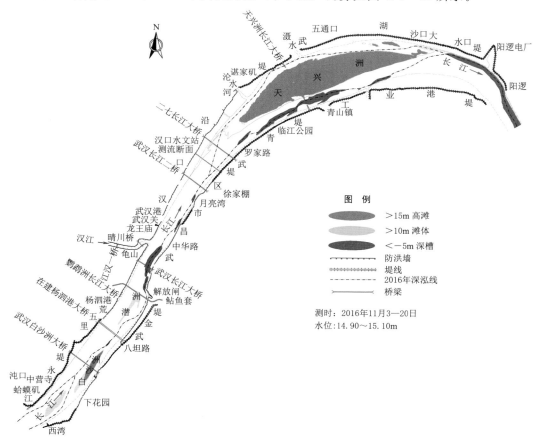

图 4.3-10 2016年武汉河段（中下段）河势图

4.3.3.1 河床冲淤量及分布

2001 年 10 月至 2016 年 11 月，武汉河段（中下段）平滩河槽累计冲刷泥沙 0.590 亿 m³，且冲刷呈现逐渐发展的趋势。2008 年前河段平滩河槽年均冲刷量为 269 万 m³；2008—2016 年，河段年均冲刷量增至 503 万 m³（表 4.3-11、图 4.3-11）。河段内多处水域冲刷幅度偏大，尤其是贴岸深槽部分冲刷明显，严重影响局部河势稳定及防洪安全，2016 年中游型洪水过后，武汉武青堤段曾出现局部管涌险情。

表 4.3-11　　　　　武汉河段（中下段）2001—2016 年冲淤量统计表

时　段	冲　淤　量/万 m³			
	枯水河槽	平均河槽	平滩河槽	洪水河槽
1998—2001 年	−3345	−4511	−5146	
2001—2003 年	726	864	577	
2003—2004 年	187	−587	−607	−1256
2004—2005 年	−1579	−1564	−1578	−1781
2005—2006 年	−140	−153	−161	−238
2006—2007 年	−284	−103	−161	−241
2007—2008 年	138	6	49	288
2008—2009 年	−1518	−1479	−1456	−1617
2009—2010 年	888	1281	1377	1491
2010—2011 年	−1395	−1456	−1368	−1295
2011—2012 年	1516	1522	1412	1350
2012—2013 年	−991	−561	−263	
2013—2014 年	−1529	−1079	−1058	−1219
2014—2015 年	−1181	−1047	−1009	−1207
2015—2016 年	−1584	−1699	−1659	−1665

注　正值为淤积量；负值为冲刷量。

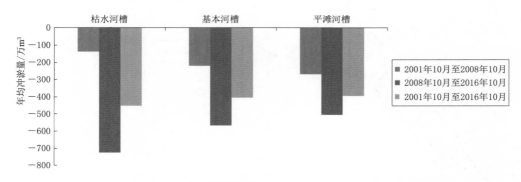

图 4.3-11　三峡水库蓄水后武汉河段（中下段）不同时期年均冲淤量对比

从冲淤厚度的平面分布情况来看，2001—2013 年河段总体冲淤相间，以冲刷为主，且河床冲刷主要集中在主河槽内，如白沙洲左汊、武昌深槽和阳逻深槽，最大冲刷幅度在

15m以上。荒五里边滩、汉口边滩、天兴洲头部低滩及青山边滩有所淤积，其中天兴洲头部的淤积与航道整治工程有一定关系（图4.3-12）。

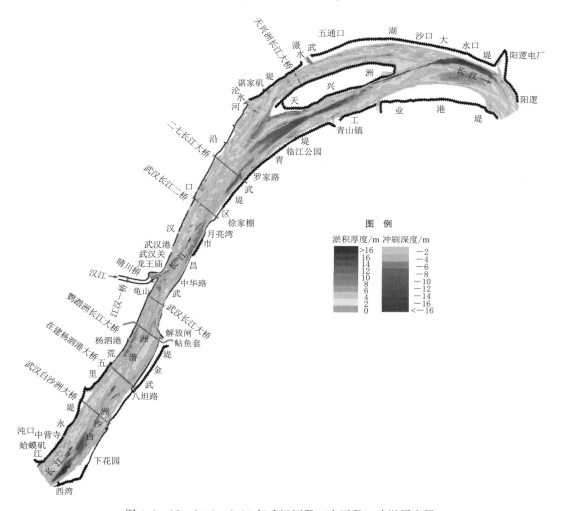

图4.3-12　2001—2013年武汉河段（中下段）冲淤厚度图

4.3.3.2　汊道分流分沙变化

武汉河段（中下段）主要分布有白沙洲和天兴洲两个江心洲。受河床冲淤的影响，洲滩及河槽的格局不断发生调整，汊道的分流分沙比也会发生改变，具体变化特征分析如下。

（1）白沙洲汊道分流分沙变化。根据20世纪80年代实测资料的统计结果可看出，白沙洲左右汊分流分沙比相对稳定。右汊分流分沙比一般为5%～15%，当流量大于20000m³/s时，右汊分流比基本稳定在15%左右，左汊约占85%，随着流量的增加，分流分沙比仍保持在15%左右；当流量减小时，右汊分流分沙比也随之减小，直至减到5%左右。

观测资料表明，2005年10月流量为26600m³/s时，白沙洲左汊分流比88.5%，左汊分沙比90.6%；2006年4月27日流量为15800m³/s时，左汊分流比90.5%；2007年11月30日流量为8700m³/s时，左汊分流比94%；2008年7月14日流量为26169m³/s

时，左汊分流比为 94%；2008 年 11 月 27 日流量为 19920m³/s 时，左汊分流比为 90.9%，分沙比为 95.5%。与 20 世纪 80 年代实测资料相比，左汊分流、分沙比略有增大，而右汊分流、分沙比略有减小。

2011 年 10 月 9 日实测资料（对应流量为 14700m³/s）表明，左、右汊分流比分别为 90%、10%，分沙比分别为 95%、5%。由此可见，白沙洲左、右汊分流分沙情况没有发生明显变化，白沙洲左汊分流比、分沙比与左、右汊总流量的关系如图 4.3-13 所示。

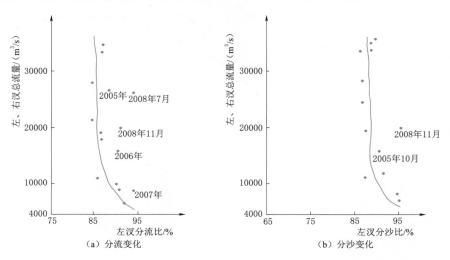

图 4.3-13　白沙洲左汊分流比、分沙比与左、右汊总流量的关系

（2）天兴洲汊道分流分沙变化。天兴洲为河段内一较大江心洲，洲体将河道一分为二，水流分别流经左、右两汊。天兴洲汊道的演变特点为主支汊易位，左汊分流分沙比逐渐减小，右汊分流分沙比逐渐增大。20 世纪 50 年代右汊分流分沙均小于 50%；20 世纪 60 年代末右汊汛期的分流比超过 50%、分沙比大于 45%，枯水期分流分沙比则大于 65%，右汊基本占据了主汊地位；20 世纪 70 年代末，汛期右汊分流分沙比在 60% 左右，而枯水期右汊分流分沙比已达到 85%。根据 1980—2009 年天兴洲分流分沙观测资料分析，当断面总流量小于 40000m³/s 时，右汊分沙比略大于分流比，其分流分沙比一般在 65% 以上；当断面总流量大于 40000m³/s 时，右汊分沙比则略小于分流比，其分流分沙比一般在 65% 以下。

2010 年 3 月 9 日实测资料（对应流量 14200m³/s）表明，左、右汊分流比分别为 5.5%、94.5%，分沙比分别为 3%、97%；5 月 27 日（对应流量 33000m³/s），左、右汊分流比分别为 20%、80%，分沙比分别为 27%、73%。观测资料显示，天兴洲左、右汊的分流、分沙情况没有发生明显变化，如图 4.3-14 所示。

4.3.3.3　滩槽格局变化

（1）白沙洲的变化。白沙洲多年平面位置较为稳定，其形态和滩顶高程变化较小。由于水文年的不同，洲头有所冲淤，洲尾则相对稳定。白沙洲年内变化一般为汛前淤长、汛后冲刷还原。

三峡水库蓄水前的 1981—2001 年，白沙洲洲体有所淤长，洲体面积由 0.84km² 增加

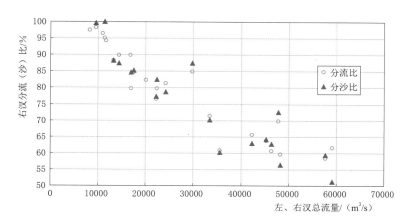

图 4.3-14 天兴洲主汉（右汉）实测分流（沙）比与左、右汉总流量关系图

至 1.44km²，洲头上提近 1100m，洲尾下延 220m，洲顶则略有冲刷（表 4.3-12）。三峡水库蓄水后的 2001—2013 年，洲体萎缩，洲头冲刷下挫 1.61km，洲体面积减小 40%（表 4.2-3）。

表 4.3-12　　　　　　　　　白沙洲（15m 等高线）历年变化表

年　份	洲长/km	洲宽/m	洲顶高程/m	面积/km²
1981	2.94	420	25.0	0.84
1993	3.54	480	24.4	1.23
1998	4.15	470	23.9	1.36
2001	4.55	450	24.9	1.44

套绘历年白沙洲洲体 10m 等高线变化，如图 4.3-15 所示。多数年份内与河道右岸边滩 10m 等高线连成一体，在白沙洲右汉口门附近形成一道"拦门沙坎"，枯水期白沙洲右汉存在一个 10m 等高线的"倒套"，个别年份（1993 年、1998 年）洲头以上边滩向江中有所伸展。2001—2013 年，白沙洲右汉有冲有淤，白沙洲洲头 10m 等高线冲刷后退近 1.8km，白沙洲右汉进口有所冲刷发展，10m 等高线贯通。

（2）汉口边滩的变化。汉口边滩位于长江大桥以下的左岸，边滩形成时间较早，历年冲淤交替，其最大活动范围在汉江河口至谌家矶沧水河口之间，长约 10km。

汉口边滩多年呈现冲淤交替变化，其变化与上游来水来沙以及河道主流左右摆动等影响因素密切相关。其一般变化规律为：枯水年后边滩淤长发展，丰水年后边滩则冲刷缩小。其中，汉口边滩长江二桥上游总体冲淤幅度较小；长江二桥下游则受深泓线分流点下移、汉口一侧主流向右摆动等因素影响，边滩受到大幅度冲刷，主要表现为长江二桥至丹水池段滩身束窄约 1.3km，滩首也下挫约 3km。特别是 1991 年长江二桥兴建后，桥上游边滩宽度增加，桥下游边滩则大幅被冲，面积相应减小，1993 年滩中部较 1959 年回缩达 2.5km；1993—1998 年，汉口边滩在长江二桥上游约 80m 处呈发展态势，其局部边滩长 1.1km、宽 720m；长江二桥下游天兴洲洲头附近边滩变幅不大。1998 年大洪水后，长江二桥上下游边滩均遭遇冲刷，尤其是下游边滩冲幅较大，2001 年较 1998 年边滩下延约

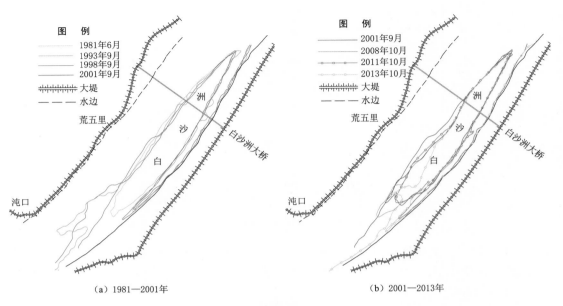

（a）1981—2001年　　　　　　　　（b）2001—2013年

图4.3-15　白沙洲洲体10m等高线变化

1.6km。近年来，通过对汉口边滩的综合治理，边滩变化较小基本趋于稳定。汉口边滩8m等高线变化如图4.3-16所示。

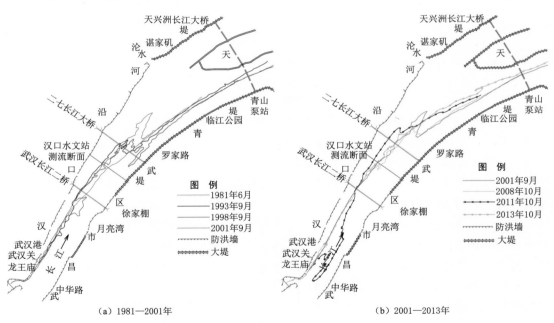

（a）1981—2001年　　　　　　　　（b）2001—2013年

图4.3-16　汉口边滩8m等高线变化

（3）天兴洲的变化。天兴洲位于长江二桥下游约7km处。19世纪，天兴洲是随着长江主流左摆，江面展宽，右岸边滩不断发育到一定程度时，水流切割边滩而形成的江心洲。50年来，天兴洲左汊衰退，右汊发展，使得左汊由主汊变为支汊，而右汊由支汊演变为主汊。左衰右兴是天兴洲汊道变化的总趋势。历年来，天兴洲洲头、洲尾均呈下移趋势，洲头下移幅度更大，洲体中部呈左移趋势，即左缘淤长、右缘崩退；天兴洲洲头和洲尾的年内变化一般是，汛期洲头冲刷洲尾淤积，枯季洲头淤积洲尾冲刷。

三峡水库蓄水前的1981—1998年，天兴洲整体下移，洲头冲刷下挫，向下崩退约2.5km，洲尾下移约1.3km，洲长也由13.98km减至12.80km，最大洲宽由2.18km变为2.35km，洲体面积由23.1km²冲刷至19.5km²。其中，1981—1993年洲头冲刷下挫约975m，洲尾则淤积下延约915m，洲体左缘五通口附近有所淤长，淤宽262m；右缘青山船厂附近崩宽351m左右，洲体面积减小，但天兴洲洲尾沙口附近淤长幅度较大，长度约2km范围内，15m等高线向左岸淤长了约380m。1993—1998年，天兴洲洲头继续冲刷下挫，向下崩退1.5km，洲尾下延约380m，洲体右缘青山镇附近有所淤长，淤宽约300m，对应左缘则相对稳定。1998—2001年，遭遇1998年特大洪水冲击，右汊泄洪能力进一步增强，左汊过水能力相应减弱；洲头左缘趋于稳定，而洲头右缘被冲刷，洲岸崩退约320m；该时段洲尾亦呈回缩趋势，洲线上提约1.0km，洲体面积也有所减小。1981—2001年天兴洲洲体15m等高线变化见表4.3-13和图4.3-17。

表4.3-13　三峡水库蓄水前1981—2001年天兴洲（15m等高线）历年变化表

年　份	长/km	宽/km	洲顶高程/m	面积/km²
1981	13.98	2.18	24.4	23.1
1993	13.96	2.40	23.7	21.1
1998	12.80	2.35	25.3	19.5
2001	11.70	2.36	24.7	17.9

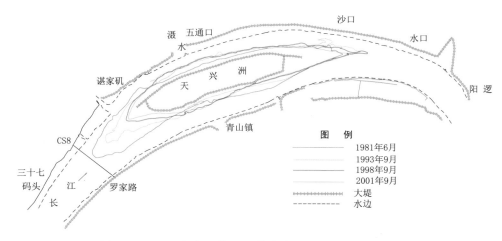

图4.3-17　天兴洲洲体15m等高线变化（1981—2001年）

三峡水库蓄水后的2001—2013年，武汉河段（中下段）总体冲刷，但天兴洲洲体基本稳定，洲体面积由17.9km²增加到19.8km²，增加幅度为11%，主要变化表现为洲头向上延伸，最大延伸为1.6km（表4.2-3、图4.2-8）。

综上所述，受水沙作用，天兴洲洲头多年冲刷后退，洲尾平面变化相对较小，洲体多年变化的最大特点是左淤右冲。1998年特大洪水后，实施了护岸整治工程，天兴洲平面形态总体较为稳定，仅仅局部会发生冲淤交替变化，且其变化幅度在一定范围内。

（4）武昌深槽的变化。武昌深槽由于靠近武昌而得名，其形成较早，深槽位置相对稳定，受长江与汉江来水来沙的影响，表现为年际间槽长、槽宽的冲淤变化。汛期冲刷扩宽，枯季淤积还原；中、小水年淤积缩窄，大水年则冲刷发展。

武昌深槽槽首位于长江大桥以上鲇鱼套附近，槽尾在长江二桥徐家棚附近，长约9km，槽首和槽尾最大摆幅约3km，槽首鲇鱼套以上深槽的宽度约150m，中段长江大桥以下宽度约600m，槽尾宽度约350m。槽首、槽尾宽度变幅100～200m，中段宽度变幅约100～600m。长期以来深槽位置较为稳定，仅槽长、槽宽和槽深有所变化（图4.3-18、表4.3-14）。

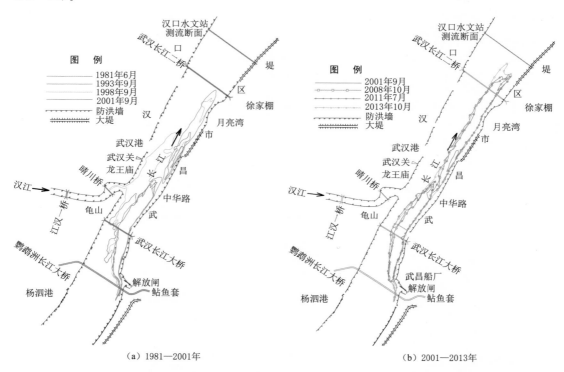

（a）1981—2001年　　　　　　　　　　（b）2001—2013年

图4.3-18　武汉河段（中下段）武昌深槽（0m等高线）历年变化图

表4.3-14　　　武汉河段（中下段）武昌深槽（0m等高线）历年变化表

年　份	深槽长/km	深槽宽/m	深槽面积/km²	最深点高程/m
1981	9.53	450	3.07	−11.9
1993	7.02	770	2.75	−14.8
1998	7.75	1000	3.96	−13.8
2001	5.90	550	1.65	−14.8
2008	9.69	585	3.51	−15.0

年　份	深槽长/km	深槽宽/m	深槽面积/km²	最深点高程/m
2010	9.96	488	3.46	−13.4
2011	9.5	500	2.81	−14.6
2013	10.4	580	3.98	−14.2
2016	10.8	719	4.11	−13.3

从武汉河段（中下段）近期演变情况来看，沿江两岸受节点控制及护岸工程兴建的影响，自20世纪30年代至今河道外形基本稳定，岸线变化相对较小，河床演变主要表现在河床冲淤、洲滩消长和汊道的兴衰变化。沌口至武汉长江大桥河段河势较稳定，在今后较长时间内仍将维持现状；武汉长江大桥至阳逻段，经过近几十年的演变，河道平面形态基本稳定。目前，天兴洲汊道段分流点基本稳定在徐家棚附近约1km范围内，汉口边滩和武昌深槽均有所下移，天兴洲汊道自20世纪70年代完成主支汊易位后，形成右汊正面入流、左汊侧面进流的河势格局，两汊冲淤变化速度减缓，汛期左汊分流比仍占30%左右，形成主、支汊相对稳定的河势格局。

4.4　本章小结

三峡水库蓄水后，相对于蓄水前，长江中游河道沿程普遍出现持续性的冲刷现象。2002年10月至2016年11月，宜昌至湖口河段平滩河槽冲刷泥沙20.94亿 m³，年均冲刷量1.45亿 m³，明显大于水库蓄水前1966—2002年的0.011亿 m³。冲刷自上而下发展，近年强冲刷带有所下移，冲刷多发生在中枯水河槽内。

三峡水库蓄水导致了水沙过程的变异，长江中游河段河床出现多时间、多空间尺度的复杂调整过程。主要表现为：河道总体河势较为稳定，但局部河段崩岸现象仍时有发生，崩岸频次在水库蓄水初期较大，随后因守护工程作用和高水频次减小等的影响，崩岸频次有所减小；距坝址相对较近的荆江河段断面形态窄深化，上荆江分汊河段短支汊冲刷发展，下荆江急弯段"切滩撇弯"，城陵矶以下分汊河段主汊冲刷强度大于支汊，"主长支消"现象较为明显。

在河道剧烈的冲刷过程中，河道的多种形态都对冲刷作出了一定的响应，包括纵剖面形态、横断面形态、洲滩形态及床面形态等多个方面的响应。其中，纵剖面形态集中表现为城陵矶以上冲刷下切，荆江河段纵比降趋于减小，城陵矶以下纵剖面尚无趋势性调整；横断面形态响应表现为城陵矶以上河段下切明显，部分断面形态发生变化，城陵矶以下河段除少数断面调整幅度较大以外，大多数断面形态较为稳定，主河槽部分冲刷；宜昌至城陵矶河段内洲滩普遍冲刷萎缩，城陵矶以下河段洲滩也以冲刷为主，但萎缩幅度小于上游河道；冲刷作用下，长江中下游河道河床组成粗化现象较为明显。

沙市河段、白螺矶河段和武汉河段（中下段）分别可以代表长江中下游的微弯、顺直和弯曲分汊河型，河道的演变具有汊道的一般性规律，包括主、支汊分流比的变化以及相应的滩槽格局的调整。受冲刷自上而下发展的影响以及航道整治工程的作用，沙市河段滩槽格局的调整相对剧烈，下游两个河段滩体相对稳定，河槽则均以冲刷发展为主。

第 5 章

河道造床流量计算方法

目前，造床流量的计算方法和有关的研究成果都有很多，常见的方法有平滩水位法、输沙率法以及水沙综合频率法等。从计算方法的发展过程来看，又分为基础型方法和发展型方法两大类。本章通过对以往众多的造床流量计算方法的评述，明确其各自的适用条件，重点阐述这些方法在长江中游运用时可能存在的一些局限性，并从水流挟带泥沙塑造河床的角度出发，研究提出适用于长江中下游河道的造床流量计算方法。

5.1 基础型方法

5.1.1 平滩水位法

平滩水位法认为，当河道水位达到河漫滩滩缘高度（即平滩水位）时水流造床作用最强，相应的流量为造床流量，也称为平滩流量。其物理含义是：水流在漫滩前，随着水深增加，流速不断加大，造床作用不断增强；漫滩之后，水流出槽上滩，水流分散且滩地阻力较大，主槽流速受到遏制，因此流量虽然明显增加，但水流的输沙、造床作用却没有增强，甚至会有所降低。当水位达到平滩水位时，水流输沙能力最强，此时对应的流量即为造床流量。因此，平滩流量代表了河槽最有利的输沙条件。采用平滩水位法计算造床流量一般应满足以下两个条件：

（1）当有断面水位流量关系曲线时，按照实测的河道横断面确定滩唇高程，该断面水位流量关系曲线上与滩唇高程相应的流量值，为该断面的平滩流量，综合分析各横断面的平滩流量值，即可确定该河段的造床流量。

（2）当无断面水位流量关系曲线时，根据计算河段的纵断面图，确定沿程控制断面与滩地齐平的水位（平滩水位）；假定流量，推算河段沿程控制断面的水位；当推算的水位与沿程控制断面的平滩水位基本一致时，该流量即为造床流量。

平滩水位法虽然精度不一定很高，但简单直接，在多数平原河流中得到了较广泛的应用。

长江中游河道内，采用平滩水位法计算造床流量是有一定局限性的，其主要原因包括以下两个方面：一方面，长江中游河道内，尤其是城陵矶以上的河段，受两岸阶地及大量护岸工程的影响，河宽较小，河漫滩并不发育，计算所需代表性滩体的选择存在较大的困难。另一方面，受长江中游"黄金水道"建设的影响，大量的江心洲（滩）和边滩等滩体实施了诸如护滩带、潜坝等型式的守护工程，滩体的冲淤受工程影响较大，而不仅仅是对来水来沙条件变化的响应，难以反映水沙条件对滩体的实际塑造作用。

5.1.2 输沙率法

对于冲积型河流而言，河床自动调整作用和冲淤变化最终取决于来水来沙条件，因此采用实测的水沙条件来分析和计算造床流量是可行的。常用的输沙率法有三类：马卡维耶夫法、地貌功法和最有效流量法。

（1）马卡维耶夫法。苏联学者马卡维耶夫认为，造床流量与输沙能力、造床历时有关。河道输沙能力可认为与流量 Q 的 m 次方及水面比降 J 的乘积成正比，流量持续时间可用该流量出现的频率 P 来表示。当 $Q^m J P$ 的乘积为最大时，其所对应的流量造床作用也最大，这个流量便是所求的造床流量。该公式经验性较强，目前应用较多。因此，对代表期的选择，指数 m 的确定和理论分析，许多学者做过深入的研究：①如何选择代表期，是该方法计算造床流量的关键，如果取的代表期过短，其流量大小及过程的代表性就较差，因而影响成果的合理性。考虑到水文现象具有明显的年周期性，一般将代表期取为 1 个水文年。②根据实测资料分析，马卡维耶夫法认为平原河流可取 $m=2$，许多学者也结合河流的实际，对 m 值作了不同的修正，认为该参数的取值和床沙组成、坡降等因素有关。

（2）地貌功法。1964 年，Leopold 等提出了地貌功法（输沙率和频率的乘积），并给出了河流有效流量级分析的计算方法。假设河流流量频率服从对数正态分布，输沙率作为流量功函数，则流量出现频率与输沙率乘积（地貌功曲线）最大值时对应的流量为输沙的有效流量，就长时期内河流输沙量而言在该流量处的输沙量最大，即为造床流量。1967 年，日本学者造村采用加权平均得到的流量作为造床流量，根据资料分析，该方法主要取决于流量过程。

（3）最有效流量法。Pickup 等在研究 Cumberland 流域河流的特征时，采用了 Marlette 和 Prins 等提出的最有效流量概念，即在一定时期内，挟带最多床沙质和推移质的流量级。计算平均输沙量有两种方法：Meyer-Peter 和 Muller 方程式与 Shields 方程式。前者适用于河床组成颗粒较粗的河流，是计算输沙量最为可靠的方法之一，但有可能产生矛盾的结果，且结果往往偏小；后者计算的结果往往偏大。

比较三类输沙率法可知，三类方法是计算输沙率的不同表述，马卡维耶夫法和地貌功法是通过水流条件间接计算输沙率，而最有效流量法是直接计算输沙率。地貌功法计算出来的造床流量往往相当于某一个频率区间的流量，曲线峰值并不明显，而马卡维耶夫法计算的曲线往往对应两个峰值：第一个峰值相当于一个多年平均的最大洪水流量，也即认为的造床流量；第二个峰值则相当于多年平均流量，对应水位接近浅滩河段的边滩滩面高程。

对于长江中游河道而言，输沙率法具有较好的物理背景，但近年来，受长江上游以三峡水库为核心的梯级水库群建设的影响，坝下游河道流量、输沙率过程和水沙关系均发生显著变化，特别是流量与输沙率之间的关系并不是对河道实际输沙能力的反映，指数 m 的取值存在较大的困难。

5.1.3 流量保证率法

钱宁等在《河床演变学》一书中根据美国河流的资料统计，建议采用重现期为 1.5 年的洪水流量作为造床流量，也有的学者建议采用多年日均洪峰流量的平均值作为造床流量（即洪峰流量统计法）。

对于长江中游河道而言，该方法的优势在于，它具有长系列的水文观测资料，但以三峡水库为核心的长江上游水库群建成运用后，特别是三峡水库进入 175m 试验性蓄水期后，为减轻长江中下游防洪压力，在汛期相机实行削峰调度，拦蓄上游入库洪峰，最大下泄流量控制在 45000m³/s 左右。因此，三峡水库蓄水后，若按照这一方法计算坝下游河道的造床流量，相对于三峡水库蓄水前，其值应是普遍减小的。

5.1.4　河床变形强度法

列亚尼兹认为应采用相应于某时段的平均河床变形的流量作为造床流量，建议的河床变形强度指标公式为

$$N = \frac{HJ}{D}\left(\frac{V_1}{V_2} - 1\right) \tag{5.1-1}$$

式中：N 为河床变形强度指标；H 为水深；J 为水面比降；D 为河床质粒径；V_1 为河段上游断面的平均流速；V_2 为河段下游断面的平均流速。

在确定某河段造床流量时，先绘出每一流量相应的河床变形强度指标 N 随时间 t 变化的过程线 N-t，然后从枯水期末开始，绘制河床变形强度指标的累计曲线 $\sum N$-t，连接该曲线的起点和最大值点，此直线的坡度即为在此间的平均河床变形强度指标 N_{cp}，最后再由得到的平均河床变形强度指标在流量过程线上求出其相应的流量。这种流量可能有两个，取其平均值即为造床流量。

河床变形强度法将造床流量与河床变形强度相联系，对于造床流量的概念诠释是比较合理的，但在具体某一河段进行运用时，仍然存在一定的问题，如水面比降不易确定、流速观测资料较少或者受河道形态的影响，出现上游断面流速小于下游断面的情况，进而使得 N 值为负等。同时也可以看到，河床变形强度不完全是由流速的绝对值决定的，往往和来流的涨落过程密切相关。因此可见，式（5.1-1）关于河床强度变形的计算是不完善的。

5.2　发展型方法

5.2.1　第一、第二造床流量计算法

韩其为在研究黄河下游输沙及冲淤的若干规律中，提出了第一造床流量和第二造床流量计算方法[7]。第一造床流量的定义是在一定流量和输沙量过程及河床坡降条件下，可以输送全部来沙且使河段达到纵向平衡的某一恒定流量。第一造床流量稍大于年平均流量，相当于具有浅滩和深槽的河段的平浅滩水位对应的流量，决定河道的深槽断面大小，河槽纵比降和弯曲形态，反映了河槽一定流量过程的纵向平衡输沙能力。第一造床流量按下式进行计算：

$$Q_{z1} = \left(\sum Q_i^{\alpha+1} P_i\right)^{\frac{1}{1+\alpha}} = \left(\sum Q_i^{\gamma} P_i\right)^{\frac{1}{\gamma}} \tag{5.2-1}$$

式中：Q_{z1} 为第一造床流量；Q_i 为实测流量过程；P_i 为流量 Q_i 的频率；系数 α 为含沙

量随流量变化的幂次方；系数 γ 取值范围 $1.5 \sim 4$，且对于冲积河流，建议 $\gamma \approx 2$。

第二造床流量的定义是在年最大洪水过程中冲淤达到累计冲淤量一半时对应的洪水流量，韩其为利用洪水过程的塑造河床横断面实测资料解释了第二造床流量相当于平滩流量，第二造床流量决定河道主槽的断面大小，反映了洪水塑造河槽的能力。第二造床流量按下式进行计算：

$$\sum_{Q=Q_{\min}}^{Q=Q_{z2}} (S_i - S_{*i}) Q_i \Delta t_i \Big/ \sum_{Q=Q_{\min}}^{Q=Q_{\max}} (S_i - S_{*i}) Q_i \Delta t_i = \frac{1}{2} \qquad (5.2-2)$$

式中：Q_{z2} 为第二造床流量；S_i 为实测含沙量过程；S_{*i} 为输沙能力，可根据经验输沙公式计算；Q_i 为实测流量过程；Δt_i 为流量 Q_i 的历时；$Q_{\min}$ 和 $Q_{\max}$ 分别为年最大洪水过程中的最小流量和最大流量。

第一造床流量和第二造床流量可以根据实测水沙过程资料直接计算，且计算结果能间接反映两级平滩流量，由于河槽断面大小是水沙过程塑造的结果，因此通过计算这两个造床流量及其变化，可以建立造床流量与输水输沙量及水沙过程的关系。

就此次研究需计算的造床流量而言，对应第二造床流量计算方法，在计算过程中，输沙能力这一参数尚缺乏与长江中游河道相适应的计算方法；且当前长江中下游河道沿程冲刷，本质原因在于实际的水流含沙量都是小于河道输沙能力的，因此式（5.2-2）中等号左边的被除项也有出现负值的可能。

5.2.2 输沙能力法

在研究以黄河为代表的多沙河流的造床流量时，张红武等认为马卡维耶夫法中夸大洪水作用而忽略泥沙作用，并提出除水流强度以外，含沙量、泥沙粗度、河床边界条件等因素对造床过程及其河床形态也有显著的影响。为反映这些因素的影响引入输沙能力法确定造床流量，对该方法进行修正，引入水流挟沙力，通过对研究河段典型断面历年观测流量分级，确定每级的平均流量、流量频率及对应含沙量，将马卡维耶夫法计算公式改写为

$$G = QS_* \qquad (5.2-3)$$

其中

$$S_* = 2.5 \left[\frac{(0.0022 + S_v) V^3}{\kappa \dfrac{\gamma_s - \gamma_m}{\gamma_m} gH\omega} \ln \frac{H}{6D_{50}} \right]^{0.62} \qquad (5.2-4)$$

式中：G 为地貌功；Q 为流量；S_* 为多沙河流挟沙力；S_v 为体积含沙量，与一般含沙量 S 的关系为 $S_v = S/\gamma_s$；γ_s、γ_m 分别为泥沙比重及浑水重度，后者可表示为 $\gamma_m = \gamma + (1 - \gamma/\gamma_s)S$；$\gamma$ 为水流比重；H 为水深；V 为流速；D_{50} 为床沙中值粒径；κ、ω 分别为浑水卡门常数和泥沙群体沉速。

最后，取 $QS_* P^{0.6}$ 最大值对应的流量即为造床流量[8]，因此该方法也称为输沙能力法。通过引入 S_*，可以使造床流量计算过程中，不仅考虑流量过程，而且还可通过引入含沙量等水力泥沙因子，适当反映泥沙存在的影响，反映水流强度及泥沙粗度对造床的作用，从概念上是相对完善的。根据黄河下游的资料计算所得的造床流量与平滩水位法确定的结果相近。由此可见，输沙能力法仍然相对适用于多沙河流。

5.2.3　水沙综合频率法

吉祖稳等认为同一来水过程和相同的造床历时条件下，不同的来沙过程对河床的造床作用不一样；而在同一水流条件及相同含沙量的情况下，某种含沙量的作用时间不同，则河床的变形也不一样。在计算造床流量的过程中，引入"含沙量频率 P_s"这一概念，提出多沙河流造床流量计算的水沙综合频率法[9]。所谓"含沙量频率"，是指一个含沙过程中某一个含沙量在整个过程中出现的次数，并可以此获得一条含沙量频率曲线，作为工作曲线。引入这一概念后，造床流量可用 Q、S、P_Q、P_s 来确定，即当 Q、S、P_Q、P_s 取最大值时所对应的流量为造床流量，其中，Q、S 分别为某级流量的实测流量及含沙量的平均值。该方法计算的具体步骤如下：

（1）将河段某断面历年（或典型年）所观测的流量、含沙量分成若干流量级及含沙量级。

（2）确定各级流量的出现频率 P_Q、实测平均流量 Q 及实测平均含沙量 S。

（3）确定各级沙量的出现频率，并点绘出含沙量频率曲线。

（4）由各级流量中的平均含沙量 S 查含沙量频率曲线，得出各流量级中含沙量的出现频率 P_s。

（5）计算出各流量级下的 Q、S、P_Q、P_s。

（6）绘制 Q、S、P_Q、P_s 与流量级的关系曲线，相应于 Q、S、P_Q、P_s 为最大时的流量级即为造床流量级，在具体运用时，取其平均值为造床流量。

这一方法的应用背景是学者认为多沙河流的造床流量分析，有必要反映出沙量的时间因子，同时考虑水量和沙量的时间因子，能够较好地反映水沙不平衡条件（大水小沙或小水大沙等）下的造床流量变化。但对于长江中下游河道而言，含沙量不是天然状态，而是受工程阻隔后非自然的减小状态，并不能够反映河道的实际输沙能力。

5.2.4　水沙关系系数法

孙东坡等研究认为国内外关于造床流量的研究都看重实测资料的主导影响，而河床对径流泥沙过程响应的时间因素相对忽视。由于黄河下游特殊的来水来沙条件和水沙变异的特点，必须厘清局部时期的畸形波动与长期的稳态平衡。一些造床流量确定方法对影响造床作用的泥沙因素考虑不足，在利用近年黄河下游资料计算造床流量时会出现第一造床流量小而第二造床流量大的反常现象。问题的实质是现实径流泥沙条件以压倒性优势干扰了河流正常的发展，使河流偏离了健康发展的轨道，必须寻求决定河流平衡发展机制的控制性约束条件，建立能够反映长系列水沙过程的综合作用与累积效应的造床流量估算方法，避免局部时期的水沙条件及人为干扰对河流发展趋向产生阶段性偏离影响。

经过大量分析认为，引入 S^2/Q 来反映黄河下游的水沙特性，将其定义为水沙关系系数，用此系数反映黄河下游水沙条件更为合适，并以此来计算水沙关系系数频率 $P_{(S^2/Q)}$，计算造床流量的步骤如下：

（1）由实测日均流量和含沙量资料计算日均水沙关系系数 S^2/Q，做出日均水沙关系系数表。

（2）将河段断面历年（典型年）实测的流量分成若干流量级，并将水沙关系系数分成若干等级。

（3）计算各流量级下实测流量的平均值 Q_i、实测含沙量的平均值 S_i 和实测水沙关系系数的平均值 S_i^2/Q_i。

（4）根据各级水沙关系系数出现的天数，确定各级水沙关系系数出现频率 $P_{(S^2/Q)}$，并和水沙关系系数点绘制成对应的水沙关系系数频率曲线 $S^2/Q - P_{(S^2/Q)}$。

（5）由各流量级对应的实测水沙关系系数平均值 S_i^2/Q_i，查水沙关系系数频率曲线，得出各流量级中水沙关系系数的出现频率 $P_{(S_i^2/Q_i)}$。

（6）计算各流量级下的 $G_s P_{(S^2/Q)}$，绘制其对应流量级 Q 的关系曲线图，从图中查出其最大值，与此最大值相应的流量级即为所求的造床流量。

这一方法能够集中体现中水流量（尤其是平滩流量）造床作用的强度，较好地还原中水流量在造床过程中的决定性作用。目前，受上游梯级水库群联合调度的影响，长江中下游河道存在中水流量持续时间延长的现象，这一方法可能具备一定的适用性。

5.3　计算方法优化

综合上述对于已有计算造床流量方法的简单评述来看，对于长江中游河道而言，上述不管是基础型方法还是发展型方法，可能都存在一定的局限性，有些是参数不易求，有些更适宜于多沙河流等。因此，要计算出能够合理反映长江中下游现状条件下河道发育特征的造床流量，除了使用现有的方法之外，还需要对其进行适当的优化，提出适用性更强的方法。

5.3.1　河床变形基本原理

河床变形是水流挟带泥沙运动塑造的结果，根据水流挟带泥沙运动的浑水连续方程、浑水运动方程和泥沙连续方程，可以推导出二维河床变形方程如下：

$$\omega(\alpha_1 S - \alpha_2 S_*) = \rho' \frac{\partial y_0}{\partial t} \qquad (5.3-1)$$

式中：ω 为泥沙的静水沉速；α_1 和 α_2 为恢复饱和系数；S 和 S_* 分别为实际的含沙量和水流挟沙力；y_0 为河床高程；t 为时间；ρ' 为泥沙的干容重。

静水沉速和干容重都是泥沙的基本属性，恢复饱和系数有一定的取值范围，可以通过实测资料率定求出。

因此，河床的变形主要取决于含沙量和水流挟沙力的对比情况，当含沙量大于水流挟沙力时，河床发生淤积，反之则冲刷。当含沙量与水流挟沙力相当时，可以称水流挟沙处于饱和状态，河床冲淤平衡。

随着长江上游以三峡水库为核心的梯级水库群相继建设运行，长江中下游河道的含沙量急剧下降，水流挟带泥沙难以达到饱和状态并将处于较少的水平，河床变形最终取决于水流挟沙力。关于水流挟沙力的计算一直是河流动力学的重要内容之一。从爱因斯坦的理论公式到常用的经验或半经验公式，计算的模式多，但归根究底，水流挟带泥沙是消耗其能量的一种方式，因此挟沙力必定与挟带者水流的能量和被挟带者泥沙的属性有关，它受多因素的综合作用，并且和流速的高次幂成正比，与水深的高次幂成反比。

从这河床变形的基本原理出发，可以认为当前乃至今后相当长的一段时间内，长江中下游河道的塑造作用将以河床冲刷为主，且冲刷发展的程度多取决于水流挟沙力，从而提出挟沙力指标法来计算河道的造床流量。

5.3.2 挟沙力指标法

长期处在次饱和水流作用下——这是长江中下游河道当前及今后相当长一段时间内所处的状态，河床冲刷将会是河道发育的主题。河道发育一直是水沙条件和河道边界相互作用的结果，从这个角度出发，造床流量的计算应同时考虑这两个因素。以往也不乏相关的尝试，但具体运用到长江中下游现状条件下时，有些因素由主要变成非主要，是可以进行优化的。如含沙量，长江中下游含沙量极小，尤其是金沙江中下游梯级水电站相继建成运行后，自 2014 年开始宜昌站的年输沙量不足千万吨，2014—2016 年输沙量均值相较于三峡水库蓄水前的多年均值减少 98% 以上，来沙量已经与河道具备的输沙能力极度不匹配，水流对河道的塑造将更多地取决于其从河床上冲起并挟带泥沙的能力，也即水流挟沙力。

结合长江中下游实际情况，选取几个具有高大滩体，且受人类活动干预相对较小的断面，进行不同水位下断面水力特性计算，分别建立水位与断面平均流速（$H-V$）、水位与断面挟沙力指标$\left(H-\dfrac{u^3}{h}\right)$的相关关系。可以发现，随着水位的上涨，断面流速和挟沙力指标并不是持续增大的，而是在某一特定的水位出现转折（图5.3-1、图5.3-2），这个转折点也就是挟沙力指标的极值点，表征水流挟带泥沙塑造河床的能力达到最大值。可以初步认为这一极值点的水位对应的流量即为造床流量，也即水流挟沙力极值对应的流量。因此，本书将该方法命名为挟沙力指标法，这一方法结合了来水条件和河道形态两方面因素，并且以当下长江中下游面临的冲刷状态为主题，有望在长江中下游造床流量计算过程中得到应用，具体的计算步骤如下：

（1）在长江中下游河道内相对均匀地选取滩槽分明（受人类干扰较小）的控制断面，收集断面三峡水库蓄水前后的观测资料。

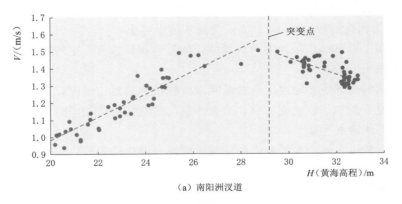

（a）南阳洲汊道

图 5.3-1（一） 长江中下游典型断面 $H-V$ 关系图

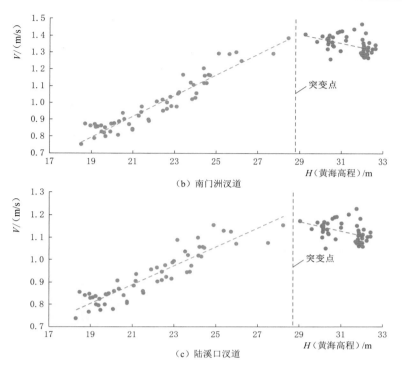

（b）南门洲汉道

（c）陆溪口汉道

图 5.3-1（二）　长江中下游典型断面 H-V 关系图

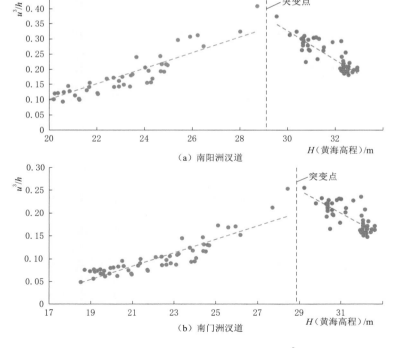

（a）南阳洲汉道

（b）南门洲汉道

图 5.3-2（一）　长江中下游典型断面 $H-\dfrac{u^3}{h}$ 关系图

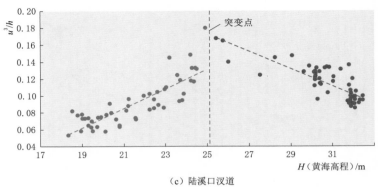

（c）陆溪口汊道

图 5.3 - 2（二）　长江中下游典型断面 $H - \dfrac{u^3}{h}$ 关系图

（2）计算不同水位下的断面平均流速和挟沙力指标，建立 $H - V$、$H - \dfrac{u^3}{h}$ 关系，并绘制相应关系图。

（3）通过上述相关关系图，寻找相关关系转折点（断面挟沙力指标的极值点），统计相对应的水位，通过邻近水文控制站的水位流量关系查询对应的流量，即为采用该方法计算的造床流量。

5.4　本章小结

关于造床流量计算方法的研究一直是河床演变学的一个重要内容，本章从计算方法的类别和发展过程出发，分别阐述了以平滩水位法、输沙率法、流量保证率法和河床变形强度法为代表的基础型方法的计算原理及其在长江中下游运用中的局限性。同时也介绍了主要运用于我国多沙河流的发展型方法——第一造床流量和第二造床流量计算方法、输沙能力法、水沙综合频率法和水沙关系系数法等方法形成的过程，以及它们与基础型方法的关系，也初步探讨了这些方法在长江中游河道的适用性。最后，结合长江中下游河道演变的实际情况，从造床流量的基本概念出发，同时兼顾水沙条件和河床边界变化这两大因素，初步提出了挟沙力指标法。

第6章

长江中下游造床流量计算和影响因素

　　本章将依次采用马卡维耶夫法、流量保证率法、平滩水位法等基础型方法和此次研究提出的挟沙力指标法分别计算三峡水库蓄水前后不同时段长江中下游的造床流量，对比分析三峡水库蓄水前后造床流量发生的变化，初步评估上述方法在计算长江中下游造床流量上的适用性。基于长江中下游造床流量的优化计算方法，并与已有方法的计算成果相互检验，综合定量给出三峡水库蓄水后长江中下游造床流量的变化幅度，深入揭示引起造床流量改变的主要因素，着重研究三峡水库及上游梯级水库群蓄水运用对长江中下游造床流量产生的影响。

6.1　马卡维耶夫法

　　造床流量计算的各类方法多依赖于观测数据，因此原始数据的选择极为重要。长江中下游河道经历了很多类别的人类活动的影响，江湖关系十分复杂，造床流量计算的数据选取要考虑很多因素，同时还要兼顾控制站的变更情况，加之本书研究主要是针对以三峡水库为核心的上游梯级水库群建设对于长江中游河道造床流量的影响，因此选取 1981 年以来的观测资料。其中葛洲坝水利枢纽大江截流工程于 1981 年 1 月 4 日合龙，对于长江中下游水沙有一定的影响，所以选择 1981—2002 年的水文资料来计算三峡水库蓄水前的造床流量，选择 2003—2016 年的水文资料来计算三峡水库蓄水后的造床流量。马卡维耶夫法计算造床流量的流程如图 6.1-1 所示。具体计算步骤如下：

　　（1）将所求河段断面的历年流量过程按照一定的流量间距进行分级，并计算各流量级出现的频率。

　　（2）根据所在河段的流量-水面比降关系曲线确定各流量级所对应的比降。

　　（3）确定指数 m 的值，根据实测资料，在双对数坐标纸上作出输沙率 G_s 与流量 Q 的关系曲线，取曲线斜率为 m 的值，对于平原河流，一般取 $m=2$。

　　（4）绘出 $Q \text{-} Q^m JP$ 关系曲线，其中相应于 $Q^m JP$ 最大值的流量即为所求的造床流量。

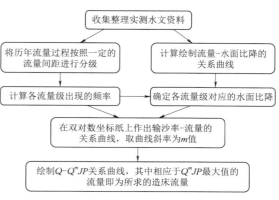

图 6.1-1　马卡维耶夫法计算造床流量流程图

6.1.1　长江中下游河道输沙能力变化

马卡维耶夫法中 Q、J 和 P 都是基于实测数据或者经过简单的换算求得的（其中比降 J 的值已在 3.3 节进行了分析和计算），唯有指数 m（反映输沙率与流量相关关系）是要通过一定的关系来拟定的，而对于长江中下游，三峡水库蓄水前后的河道流量-输沙率关系曲线是发生了显著变化的，相对于蓄水前，同一流量对应的输沙率明显偏小。因此，采用该方法计算造床流量的首要任务是确定 m 的取值。此次研究与以往不同的是，并没有采用整编后流量、输沙率的日均值和月均值来建立这一关系，而是基于实测的流量、输沙率数据，建立它们在三峡水库蓄水前后的相关关系，从而给出 m 的取值。

以往研究表明，影响 m 值的因素较多，同时受制于河道断面形态、流域来沙情况等因素，不同河流不同断面各不相同。三峡水库蓄水后，长江中下游来沙条件显著变化，同时水沙条件变化也使得河道断面发生冲淤变形，因此必然导致 m 取值的改变。

为了能够更加真实地反映 m 的变化，此次直接通过实测的流量、输沙率资料建立两者的双对数关系，分为三峡水库蓄水前（1981—2002 年，部分测站以有观测资料作为起始时段）、蓄水后（2003—2016 年）两个时段建立相关关系，其趋势线的斜率即为 m 的取值。对比来看，长江中下游在三峡水库蓄水后，同流量下的输沙率都有所减小，这一规律沿程普遍存在（图 6.1-2）。

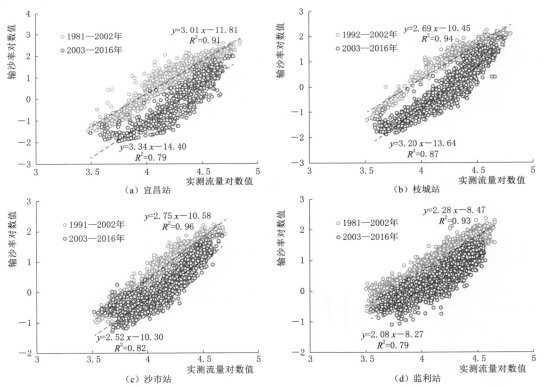

图 6.1-2（一）　长江中下游控制站实测流量-输沙率双对数关系线

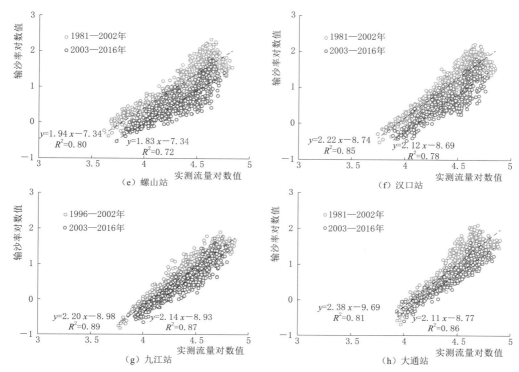

图 6.1-2（二） 长江中下游控制站实测流量-输沙率双对数关系线

然而，沿程 m 值的变化是存在一定差异的，主要表现为砂卵石河段 m 值在三峡水库蓄水后有所增大，而沙质河床河段则普遍减小，且绝对减幅沿程呈递减的总体变化趋势（表 6.1-1）。关于这一差异，可以从河道形态的变化和来沙特征两方面来解释：一方面，河道形态发生了变化，且就断面变化幅度（图 6.1-3）来看，枝城站三峡水库蓄水后的变化显著大于其他站，这也使得枝城站的 m 值绝对变幅最大，宜昌站断面较为稳定，其他站断面形态都有不同幅度的调整；另一方面，砂卵石河段河床补给作用小，来沙量减幅最大，宜昌站 m 值的变化主要取决于来沙的大幅减少，沙质河床沿程河床冲刷补给，沙量逐渐恢复，尤其是河床质至监利已基本恢复，因而 m 值变化相对较小。

表 6.1-1　　　　　　　　　三峡水库蓄水前后 m 值对比表

控制站		宜昌	枝城	沙市	监利	螺山	汉口	九江	大通
m 值	蓄水前	3.01	2.69	2.75	2.28	1.94	2.22	2.20	2.38
	蓄水后	3.34	3.20	2.52	2.08	1.83	2.12	2.14	2.11

6.1.2　长江中下游造床流量分级计算

按照马卡维耶夫法的计算步骤，此次长江中下游造床流量的分级计算中，分别将流量过程按照 2000m³/s、3000m³/s、4000m³/s 和 5000m³/s 进行分级，水面比降 J 的取值来自本书 3.3 节的分析成果。各控制站的造床流量分级计算结果见图 6.1-4 和表 6.1-2。各控制站均取 $Q^m J P$ 第一峰值对应的流量为造床流量。

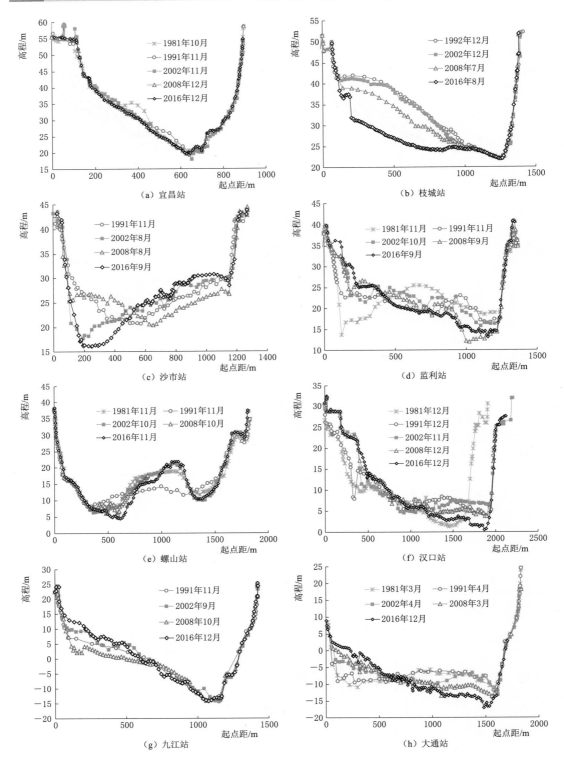

图 6.1-3　三峡水库蓄水前后长江中下游控制站实测大断面变化

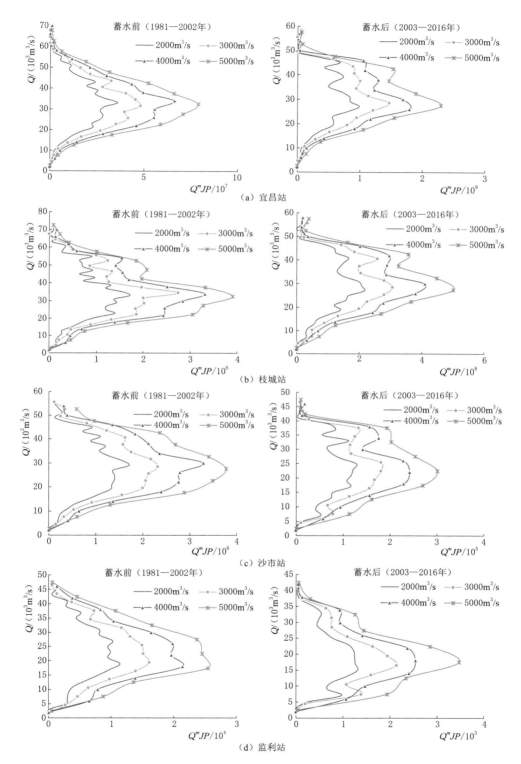

图 6.1-4（一） 长江中下游控制站造床流量分级计算成果图

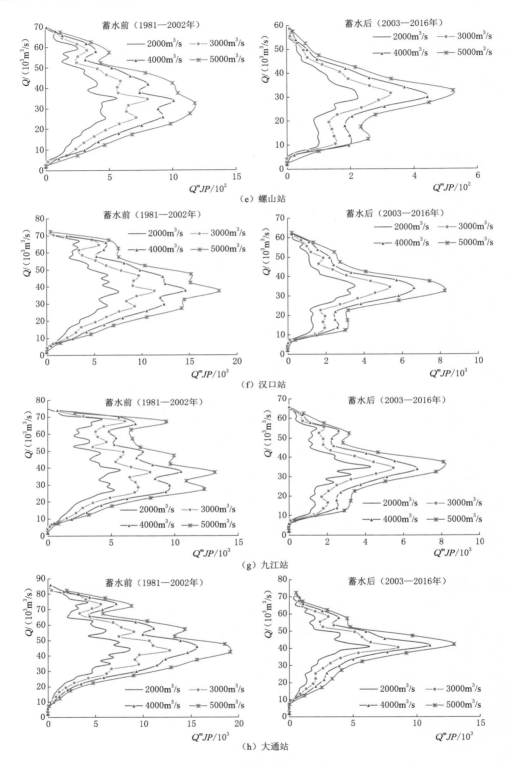

图 6.1 - 4 （二）　长江中下游控制站造床流量分级计算成果图

表 6.1-2　　　　　　　　　　长江中下游控制站造床流量分级计算成果表

时　段	控制站流量分级/(m³/s)	造床流量/(m³/s)							
		宜昌站	枝城站	沙市站	监利站	螺山站	汉口站	九江站	大通站
蓄水前 (1981—2002 年)	2000	33000	33000	29000	19000	35000	37000	39000	45000
	3000	31500	34500	28500	19500	34500	37500	37500	43500
	4000	34000	34000	30000	18000	34000	38000	38000	46000
	5000	32500	32500	27500	17500	32500	37500	37500	42500
蓄水后 (2003—2016 年)	2000	27000	27000	25000	15000	29000	35000	35000	41000
	3000	28500	28500	25500	16500	31500	34500	34500	40500
	4000	26000	30000	22000	18000	30000	34000	34000	42000
	5000	27500	27500	22500	17500	32500	32500	37500	42500
绝对变幅	2000	−6000	−6000	−4000	−4000	−6000	−2000	−4000	−4000
	3000	−3000	−6000	−3000	−3000	−3000	−3000	−3000	−3000
	4000	−8000	−4000	−8000	0	−4000	−4000	−4000	−4000
	5000	−5000	−5000	−5000	0	0	−5000	0	0

综上分析来看，三峡水库蓄水后，若采用马卡维耶夫法计算长江中下游的造床流量，不论将流量过程如何分级，其值相对于蓄水前是普遍偏小的，不同流量分级计算结果偏小的幅度略有差异。从沿程数据的稳定性出发，同时从最接近一直以来长江中下游造床流量取值（宜昌站采用值为 30000m³/s）的角度出发，此次研究以 3000m³/s 分级作为造床流量计算的最终取值，可以看到，三峡水库蓄水后，除枝城站造床流量减幅偏大以外，其他各站基本减小 3000m³/s 左右。

6.2　流量保证率法

流量保证率法计算原始数据与马卡维耶夫法相同，通过绘制各控制站蓄水前和蓄水后的洪水流量累积频率曲线，采用重现期为 1.5 年（即对应于累积频率为 67%）的流量作为造床流量[1]。流量保证率法计算造床流量的流程如图 6.2-1 所示。

结合上文对三峡水库蓄水后坝下游流量过程变化的分析结果来看，2003—2016 年，长江中下游各控制站年实测最大洪峰流量均值均较蓄水前的 1990—2002 年的均值偏小，偏小的幅度在 4830～11900m³/s。三峡水库蓄水以来，长江上游径流总体偏枯，也是中下游年最大洪峰流量总体减小的重要因素，加之水库汛期削峰调度的影响，洪峰流量减少的总体趋势初步显现。在这样的总体背景下，相对于三峡水库蓄水前，蓄水后采用流量保证率法计算所得的长江中游造床流量无疑会有所偏小。

6.2.1　蓄水前后洪峰流量-频率曲线绘制

基于 1981—2002 年长江中下游各控制站的洪峰流量观测数据，绘制其 P-Ⅲ 型曲线（图中 E_x 为流量均值、C_v 为变差系数、C_s 为偏态系数），如图 6.2-2 所示，对应的造床流量统计值见表 6.2-1。

图 6.2-1　流量保证率法
计算造床流量流程图

（图中方框内容自上而下）
收集整理各站实测水文资料

统计所求河段的历年最大洪峰流量

绘制各河段蓄水前后的最大洪峰流量P-Ⅲ型曲线

根据重现期为1.5年的流量确定各河段蓄水前后的造床流量

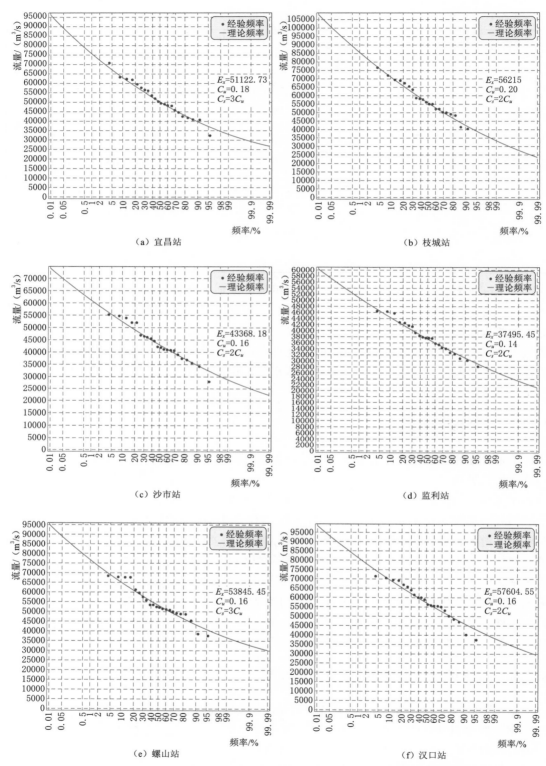

图 6.2-2（一）　三峡水库蓄水前长江中下游各控制站洪峰流量-频率曲线

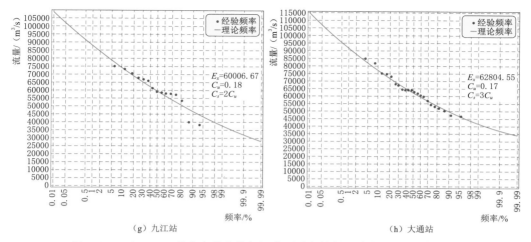

（g）九江站　　　　　　　　　　　（h）大通站

图 6.2-2（二）　三峡水库蓄水前长江中下游各控制站洪峰流量-频率曲线

表 6.2-1　　　流量保证率法计算长江中下游造床流量

控制站		宜昌	枝城	沙市	监利	螺山	汉口	九江	大通
造床流量 /（m³/s）	蓄水前（1981—2002 年）	46500	50700	40000	35000	49500	53200	54800	57400
	蓄水后（2003—2016 年）	37400	37600	31200	28400	41100	45000	45700	50400
	绝对变幅	−9100	−13100	−8800	−6600	−8400	−8200	−9100	−7000

　　基于 2003—2016 年长江中下游各控制站的洪峰流量观测数据，绘制其 P-Ⅲ 型曲线，如图 6.2-3 所示，对应的造床流量统计值见表 6.2-1。

6.2.2　造床流量的计算和对比

　　由流量保证率法计算所得长江中下游河道在三峡水库蓄水前后的造床流量及其变化

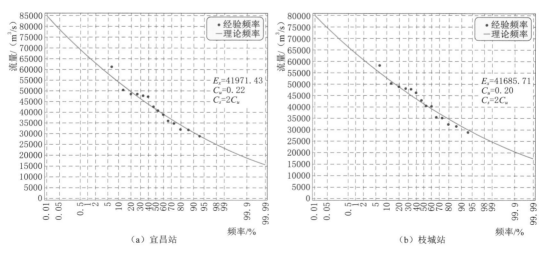

（a）宜昌站　　　　　　　　　　　（b）枝城站

图 6.2-3（一）　三峡水库蓄水后长江中下游各控制站洪峰流量-频率曲线

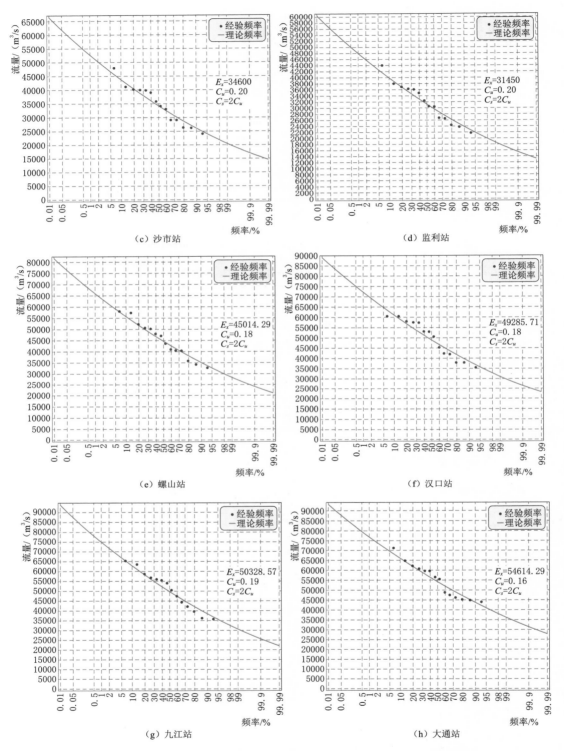

图 6.2-3（二）　三峡水库蓄水后长江中下游各控制站洪峰流量-频率曲线

值（表 6.2－1）可知，三峡水库蓄水后，长江中下游河道造床流量普遍有所减小，与前文分析的结论基本一致。通过对比上文马卡维耶夫法的计算结果来看，流量保证率法计算的造床流量绝对值及变化幅度都偏大，沿程各控制站造床流量减小幅度以枝城站为最大，其结果与马卡维耶夫法的计算结果一致；绝对减幅在 $6600\sim13100\mathrm{m^3/s}$，且沿程无明显增大或减小的变化趋势。

6.2.3 还原流量过程计算造床流量

为了进一步研究三峡水库蓄水对坝下游造床流量的影响，本书通过已建立的三峡水库坝下游一维数学模型，对三峡水库蓄水运用后坝下游主要控制站流量过程进行还原计算。还原计算主要根据水库的坝上水位和出、入库流量，用水库的水量平衡方程计算水库的逐日蓄变量：

$$Q_{\mathrm{in}} = Q_{\mathrm{out}} + \frac{\Delta W}{\Delta t} + \frac{\Delta W_{\mathrm{loss}}}{\Delta t} + Q_{\mathrm{div}} \qquad (6.2-1)$$

式中：Q_{in} 为时段水库平均入流；Q_{out} 为时段水库平均出流；Q_{div} 为时段水库平均引入或引出的流量；ΔW 为 Δt 时段内水库的蓄水量变化值；ΔW_{loss} 为 Δt 时段内水库的损失水量（包括蒸发、渗漏量）；Δt 为时段长。

为简化计算，不考虑水库的损失水量 ΔW_{loss}，有

$$\Delta W = V(Z_{t+1}) - V(Z_t) \qquad (6.2-2)$$

式中：Z_t、Z_{t+1} 分别为 t 时段初和时段末的水库水位；$V(Z_t)$、$V(Z_{t+1})$ 分别为 t 时段初和时段末的水库库容。

记 $\Delta Q = \dfrac{\Delta W}{\Delta t}$ 为水库平均蓄水流量，则有

$$\Delta Q = \frac{\Delta W}{\Delta t} = Q_{\mathrm{in}} - Q_{\mathrm{out}} - Q_{\mathrm{div}} \qquad (6.2-3)$$

当不考虑水库引水流量时，ΔQ 为正表示水库蓄水，ΔQ 为负表示水库在利用调节库容加大下泄流量。还原前后宜昌站典型年份的流量过程对比如图 6.2－4 所示，最为典型的特征是：无水库调度下，汛期及汛后宜昌站流量偏大，非汛期则偏小。

根据上述原理得到还原至三峡水库建库前的坝下游各站的流量资料，然后采用流量保证率法来计算还原后的坝下游各河段的造床流量。依然是选择重现期为 1.5 年的洪水流量作为造床流量，最终计算得到的各河段的造床流量与还原前的造床流量的对比见表 6.2－2。

表 6.2－2　　　流量保证率法计算有无三峡工程的长江中下游造床流量

控制站		宜昌	枝城	沙市	监利	螺山	汉口	九江	大通
造床流量 /(m³/s)	还原流量过程	41300	41000	38800	34400	47900	51000	51200	53300
	三峡水库蓄水后	37400	37600	31200	28400	41100	45000	45700	50400
	绝对变幅	−3900	−3400	−7600	−6000	−6800	−6000	−5500	−2900

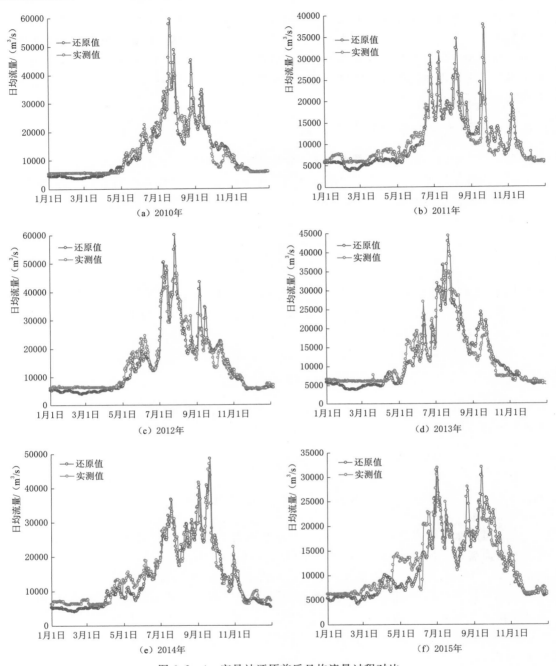

图 6.2-4　宜昌站还原前后日均流量过程对比

对比根据实测资料计算得出的蓄水后造床流量与根据还原计算得出的流量资料计算得到的造床流量，发现还原计算后的造床流量普遍大于建库后的造床流量，再次表明三峡水库的建成使用导致了坝下游各河段的造床流量减小。相比较三峡水库蓄水后造床流量的实际减小幅度（可以理解为综合因素作用减小幅度）来看，各站水库调度造成的造床流量减小幅度都小于综合因素的作用。但同时也要注意到，这一评估仅仅是针对水库调度造成的流量过程改变程度，并不包含水库蓄水带来的泥沙及河床冲淤调整等效应，因此水库调度对造床流量的影响应比表 6.2-2 中给出的值偏大。

6.3　平滩水位法

　　长江中下游河道的宽度多限制于堤防工程和山体矶头，河道内河漫滩大多不明显，且滩体因水沙条件而频繁地冲淤变化，图 6.3-1 所示为关洲（枝城站附近）和天兴洲（汉口站附近）两个断面的形态变化。关洲滩体左缘的大幅度崩塌主要由采砂活动造成，而天兴洲受制于围堤和航道整治工程，冲淤不能完全反映水沙条件的作用。因此，可以认为，平滩水位法在确定长江中下游河道平滩流量上的局限性主要源自两个方面：一方面，在选择某一时期的河道地形确定平滩高程时，会产生较大的个体误差；另一方面，长江中下游（尤其是荆江河段）多数洲滩实施了守护工程，与天然状态相比，洲滩的冲淤并不仅仅是对于来水来沙条件的响应，不能反映水沙的塑造作用，导致最终结果也有一定的误差。

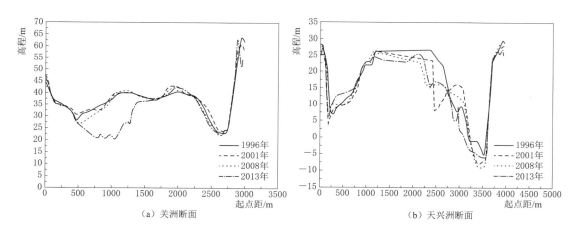

（a）关洲断面　　　　　　　　　　　　（b）天兴洲断面

图 6.3-1　长江中下游典型洲滩断面冲淤变化图

　　根据长江中下游河道基本特征和整治实践，余文畴教授[19] 提出可以采用控制站每年月平均水位最高的 4 个月的均值作为平滩水位，统计结果显示，该方法计算所得的平滩水位普遍偏低。为此，仍沿用这种思路，采用每年月平均水位最高的 2 个月的均值作为平滩水位，并根据计算所得的平滩水位，通过水位-流量关系曲线查找出对应的平滩流量，长江中下游控制站平滩水位和平滩流量计算结果分别见表 6.3-1 和表 6.3-2。从表中数据来看，采用每年月平均水位最高的 2 个月的均值作为平滩水位计算出来的平滩流量，与目前长江流域综合治理等规划中平滩流量的采用值基本相当，从量值上相较于上文根据个别滩体高程确定的平滩水位更为合理些。

表 6.3-1　　三峡水库蓄水前后长江中下游控制站平滩水位（黄海高程）计算成果表

控 制 站		宜昌	枝城	沙市	监利	螺山	汉口	九江	大通
平滩水位 /m	三峡水库蓄水前 （1981—2002年）	46.59	43.38	38.20	31.42	27.59	22.50	16.77	10.96
	三峡水库蓄水后 （2003—2016年）	45.30	42.00	37.02	30.77	26.82	21.66	15.66	10.16
	变幅	−1.29	−1.38	−1.18	−0.65	−0.77	−0.84	−1.11	−0.80

表 6.3-2　　　　三峡水库蓄水前后长江中下游控制站平滩流量计算成果表

控 制 站		宜昌	枝城	沙市	监利	螺山	汉口	九江	大通
平滩流量 /(m³/s)	三峡水库蓄水前 （1981—2002年）	29400	31400	25900	24700	39600	42800	43600	50200
	三峡水库蓄水后 （2003—2016年）	25200	25200	22100	21700	34600	38400	38700	45400
	变幅	−4200	−6200	−3800	−3000	−5000	−4400	−4900	−4800

对比三峡水库蓄水前后长江中下游平滩水位整体计算成果来看，三峡水库蓄水后，长江中游各控制站平滩水位均有所下降，下降幅度为 0.65～1.38m，其主要原因在于三峡水库蓄水后，长江中下游径流量总体偏枯，相应水位偏低；再依据控制站的水位-流量关系曲线，可查找出对应的平滩流量。由此可见，三峡水库蓄水后，各控制站的平滩流量均有所减小，减小幅度为 3000～6200m³/s，与马卡维耶夫法计算的造床流量变幅基本相当。

同时，为了进一步校核此次所确定的平滩水位的合理性，针对河漫滩相对发育的河段，如沙市河段的腊林洲边滩、下荆江典型弯道凸岸边滩等，分析三峡水库蓄水前后滩唇高程变化，如图 6.3-2 所示。从图 6.3-2 来看，沙市河段腊林洲边滩在三峡水库蓄水前为自然状态，滩缘冲淤变化幅度较大，但滩唇高程除 1998 年为 35m 以外，其他年份基本稳定在 38m 左右，与上文采用年内月平均水位最高的 2 个月的均值计算的沙市河段平滩水位 38.2m 接近；三峡水库蓄水后，腊林洲边滩滩唇高程仍基本稳定在 38m，其主要原因在于滩体头部至中部于 2010 年开始实施守护工程，滩唇高程基本不再随来流条件变化而发生改变。类似的情况也出现在下荆江河段，下荆江弯道凸岸侧多分布有高大的边滩，从石首弯道向家洲边滩和调关弯道季家咀边滩滩唇的高程来看，前者接近 33m，后者约

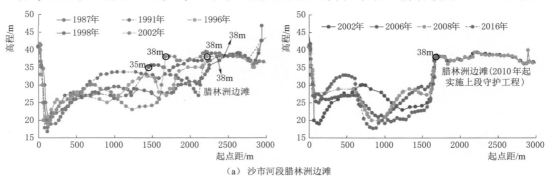

（a）沙市河段腊林洲边滩

图 6.3-2（一）　长江中下游典型边滩滩唇高程变化图

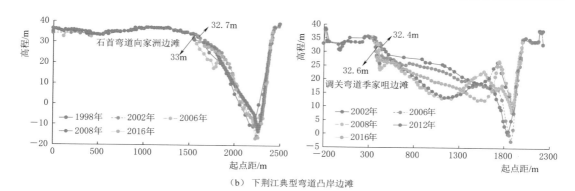

（b）下荆江典型弯道凸岸边滩

图 6.3-2（二） 长江中下游典型边滩滩唇高程变化图

32.5m，按照水面比降推算至监利站的平滩水位约 30.8m，与表 6.3-1、表 6.3-2 的计算值也较为接近。由此可见，采用年内平均水位最高的 2 个月的均值计算控制站的平滩水位是较为合理的，能够有效地避免采用局部滩体滩唇高程取值带来的个体误差，以及滩体实施守护工程的影响，也进一步表明采用这种平滩水位法计算出来的造床流量变化值相对合理。

6.4 挟沙力指标法

6.4.1 不同河段造床流量计算

根据河道内洲滩的利用情况，针对长江中下游尚未修筑堤防和实施整治工程的天然洲滩，选取其代表性横断面，收集其自 1981 年以来的观测数据，对断面平均流速和挟沙力指标进行计算，并建立它们与水位的相关关系，基于挟沙力指标法统计出三峡水库蓄水前后，长江中游沿程的造床流量及其变化情况，见表 6.4-1。其中，宜昌至枝城河段为山区河流向平原河流的过渡段，河床边界对于河道发育的控制作用较强，甚至直接决定洲滩的冲淤变化，因此，宜昌站的造床流量采用的是枝城站流量值，根据两者实测的流量相关关系推算出，其他控制站基本能在上下游河段内找到合适的洲滩控制断面。从计算结果来看，宜昌至城陵矶河段内造床流量减小的幅度在 2500～4700m³/s，枝城站减幅最大，监利站的减幅最小。城陵矶以下河段的造床流量减幅基本都在 3000m³/s 左右，对比前文的计算方法来看，与马卡维耶夫法和采用中下游平滩水位整体计算的结果较为接近。

表 6.4-1 挟沙力指标法计算三峡水库蓄水后长江中下游沿程造床流量

控制站	造 床 流 量/（m³/s）			统 计 断 面
	三峡水库蓄水前	三峡水库蓄水后	变化值	
宜昌	33500	29300	−4200	—
枝城	34900	30200	−4700	荆 6
沙市	30500	27200	−3300	荆 28、荆 58
监利	27500	25000	−2500	荆 144、荆 177

续表

控制站	造 床 流 量/(m³/s)			统 计 断 面
	三峡水库蓄水前	三峡水库蓄水后	变化值	
螺山	35000	31700	−3300	CZ04−1、界 Z3+3、CZ10−1
汉口	43000	40200	−2800	CZ58−1、CZ72、CZ76−1
九江	44000	40700	−3300	CZ108−1、CZ118
大通	50500	47700	−2800	CX63+CX69、CX85、CX178

6.4.2　对挟沙力指标法的检验

挟沙力指标法的关键是要找到河段水流挟带泥沙能力的极值，且对于断面的形态有要求，单一的河道形态无法计算出这个极值，因此，仍然有赖于资料的代表性。为了进一步检验该计算方法的合理性，本书进一步建立了长江中下游控制站不同量级流量-含沙量相关关系（图 6.4−1），其基本原理在于：三峡水库蓄水前的 1981—2002 年，长江中游整体冲淤相对平衡，在这样的条件下，流量-含沙量相关关系也应存在转折点，这个转折点可以理解为水流挟带泥沙的最大能力，通俗地说这个转折点对应的含沙量可以认为是水流挟沙力，对应的流量对河床的塑造能力最强。然而，这一关系在三峡水库蓄水后是不存在或者不明显的，也就是说三峡水库蓄水后长江中下游全程都处于次饱和输沙状态（图 6.4−2）。因此，只能用该方法对采用挟沙力指标法计算的三峡水库蓄水前的造床流量进行检验。

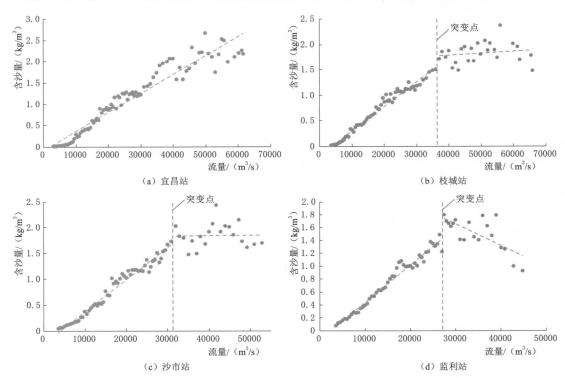

图 6.4−1（一）　三峡水库蓄水前长江中下游控制站不同量级流量-含沙量相关关系

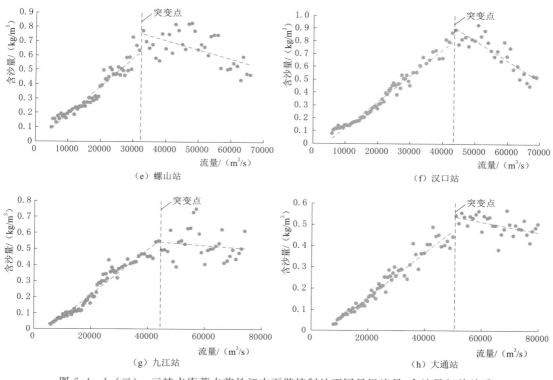

图 6.4－1（二）　三峡水库蓄水前长江中下游控制站不同量级流量-含沙量相关关系

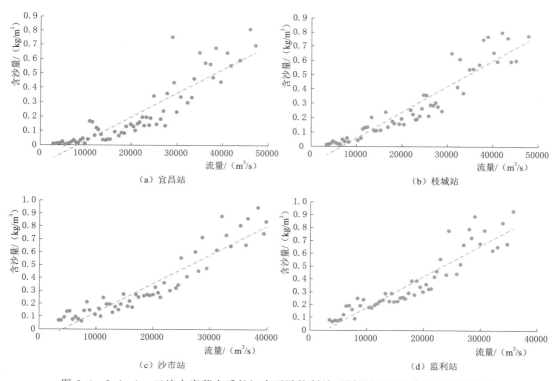

图 6.4－2（一）　三峡水库蓄水后长江中下游控制站不同量级流量-含沙量相关关系

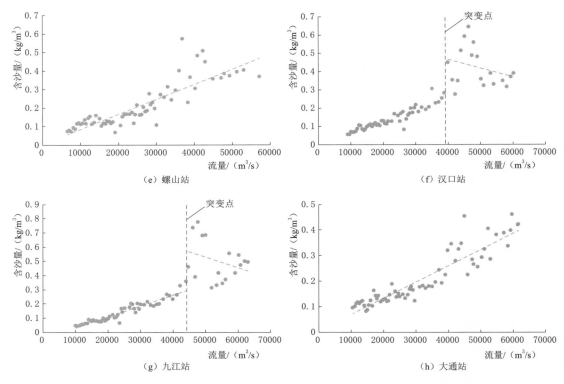

图6.4-2（二）　三峡水库蓄水后长江中下游控制站不同量级流量-含沙量相关关系

从图6.4-1来看，三峡水库蓄水前，仍然是位于山区河流向平原河流过渡的宜枝河段关系不明显，宜昌站的流量与含沙量关系曲线无法确定转折点，但自枝城往下，开始出现冲积平原河流的特征，这种转折特征也越来越明显，并且转折点对应的控制站流量与采用挟沙力指标法计算的造床流量值十分接近，表明采用挟沙力指标法计算的造床流量是较为合理的。

6.5　四种计算方法的比较

将采用马卡维耶夫法、流量保证率法、平滩水位法和挟沙力指标法计算得到的三峡水库蓄水前后长江中下游各控制站造床流量结果及其变化量进行统计整理，结果对比见表6.5-1、表6.5-2。

表6.5-1　　　　　四种方法计算三峡水库蓄水前后造床流量结果对比

河段	三峡水库蓄水前造床流量/（m³/s）				三峡水库蓄水后造床流量/（m³/s）			
	马卡维耶夫法	流量保证率法	平滩水位法	挟沙力指标法	马卡维耶夫法	流量保证率法	平滩水位法	挟沙力指标法
宜昌	31500	46500	29400	33500	28500	37400	25200	29300
枝城	34500	50700	31400	34900	28500	37600	25200	30200
沙市	28500	40000	25900	30500	25500	31200	22100	27200

续表

河段	三峡水库蓄水前造床流量/（m³/s）				三峡水库蓄水后造床流量/（m³/s）			
	马卡维耶夫法	流量保证率法	平滩水位法	挟沙力指标法	马卡维耶夫法	流量保证率法	平滩水位法	挟沙力指标法
监利	19500	35000	24700	27500	16500	28400	21700	25000
螺山	34500	49500	39600	35000	31500	41100	34600	31700
汉口	37500	53200	42800	43000	34500	45000	38400	40200
九江	37500	54800	43600	44000	34500	45700	38700	40700
大通	43500	57400	50200	50500	40500	50400	45400	47700

表 6.5-2　　　　四种方法计算三峡水库蓄水前后造床流量变化量对比

河段	造床流量变化量/（m³/s）			
	马卡维耶夫法	流量保证率法	平滩水位法	挟沙力指标法
宜昌	−3000	−9100	−4200	−4200
枝城	−6000	−13100	−6200	−4700
沙市	−3000	−8800	−3800	−3300
监利	−3000	−6600	−3000	−2500
螺山	−3000	−8400	−5000	−3300
汉口	−3000	−8200	−4400	−2800
九江	−3000	−9100	−4900	−3300
大通	−3000	−7000	−4800	−2800

对比造床流量不同计算方法的结果，无论是在三峡水库蓄水前还是蓄水后，采用马卡维耶夫法、平滩水位法和挟沙力指标法计算得出来的结果较为相近，且都与流量保证率法有较大差距，采用流量保证率法计算得出的造床流量均大于其他三种方法计算得出的造床流量。具体分析如下：

（1）马卡维耶夫法计算得出的造床流量是在考虑了流量的输沙能力和流量历时两种因素后求出的，既考虑到了流量输沙能力对河床的塑造作用，又考虑到了流量级的持续时间对河床塑造作用的影响，具有一定的理论基础，物理意义明显，所以计算出来的结果可靠性更高，但相对变化值往往受到流量分级的限制，难以体现沿程的变化。

（2）流量保证率法则是根据经验选择某一重现期的洪水流量作为造床流量，这种方法经验性比较强，同时蓄水后长江中下游存在水量偏枯的事实，该方法得出的结果能反映造床流量沿程的变化趋势，但单一地依赖于流量过程，无法体现河道的响应。

（3）平滩水位法的原理是基于水位的变化往往同时受水沙条件和河道边界的双重影响，此次研究打破了常规的选用特定滩体高程确定平滩流量的方法，采用新的统计方式计算了长江中下游平滩水位，从计算出的造床流量绝对值及相对变化值来看，能够弥补马卡维耶夫法对沿程变化反应上的不足和流量分级的限制。

（4）挟沙力指标法作为此次研究提出的新方法，不仅同时考虑了水流塑造和河床响应两种因素，而且采用了水流挟沙的基本特征进行验证，其造床流量绝对值的计算结果介于马卡维耶夫法和平滩水位法计算的结果之间，相对变化值与马卡维耶夫法较为接近，且同时也能反映沿程的变化特点。

综上认为，此次计算最后给出的造床流量变化值可综合马卡维耶夫法、平滩水位法和挟沙力指标法三种方法给出。三峡水库蓄水后，在宜昌至城陵矶段，沿程受分汇流的影响，造床流量自 $30000m^3/s$ 减小至 $25000m^3/s$，相对于蓄水前的减小幅度为 $2500 \sim 4500m^3/s$；城陵矶以下河段造床流量自 $32000m^3/s$ 增大至 $48000m^3/s$，相对于蓄水前大概减小 $3000m^3/s$。

6.6　造床流量变化影响因素

钱宁等[26]在研究影响造床流量的因素时发现，对于不同的河流而言，采用同一种方法计算出来的造床流量的出现频率差别是相当大的，造床流量究竟是更接近于小洪水或中水以下的流量，还是与较大的洪水流量相接近，要由河流的性质来决定。而河流性质的关键是流量大小与河岸和河床组成物质可动性的对应关系，涉及洪峰特点和物质组成两个主要变量，后者严格意义上还应包括植被生长的因素在内。因而，影响造床流量的首要因素应分别是来水条件和河道边界条件，这在上文的多个计算方法中都有所体现，如流量，除了平滩水位法以外，它都是直接或间接（河床变形强度法断面流速也取决于来流量）参与造床流量计算的参数，而平滩水位法的原理则是单方面地从河道边界条件来反推造床流量。

除了流量和河床边界以外，从以往的研究成果和上文梳理的多个造床流量计算方法来看，影响河道造床流量的因素还应包括来沙情况，对于多沙河流更是如此。更进一步来看，来水来沙不仅仅在量值上影响造床流量，还有持续时间的概念，因为造床是一个长历时的持续性过程。因此，影响长江中下游造床流量的因素大致可以概括为两个基本方面：一是来水来沙条件，包括总量和过程，反映水流对河床的塑造强度；二是河道边界条件，体现河床的可塑造程度。而这两类基本因素又可以衍生成许多具体的因素，如造成水沙条件变化的有水文的周期性变化、水库的调度运行、江湖分汇流关系的改变等，而河道边界条件则包括治理和保护工程、植被生长及河床组成的变化等。下文就影响长江中下游造床流量变化的几个具体因素展开分析。

6.6.1　水文周期变化的影响

长江流域的水情是具有一定的周期性的。本书通过小波分析得知，长江中游干流宜昌站年径流量呈明显的年际变化，存在 $8 \sim 10$ 年、$15 \sim 18$ 年两类尺度的周期性变化规律（图 6.6 - 1）。其中 $15 \sim 18$ 年时间尺度在 1970—2013 年间表现明显，其中心时间尺度在 17 年左右，正负相位交替出现；$8 \sim 10$ 年时间尺度在 1975—1990 年间明显，在其他时段则表现得不是很明显，其中心时间尺度在 9 年左右。

近年来，尤其是三峡水库蓄水后，长江上游进入径流偏枯的水文周期，降水量偏小（图 6.6 - 2），导致进入长江中游的径流量相应地偏小（三峡水库蓄水后除监利站以外，沿程其他各站年径流量都相对于蓄水前偏小）。同时，降水量与输沙之间也存在一定的对应关系，降水量偏小同样也会导致河道沙量来源的减少，三峡水库蓄水后，长江上游降水量偏小与寸滩站沙量减小有一定关系（图 6.6 - 3）。由此可见，三峡水库蓄水后，长江干流相对偏枯的水文周期是长江中下游造床流量计算值相对于蓄水前偏小的重要因素之一。

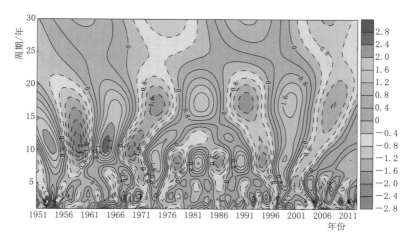

图 6.6-1　宜昌站年径流量序列小波变换系数实部时频图

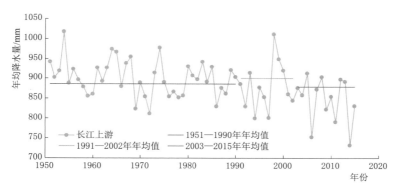

图 6.6-2　长江上游降水量不同时段对比图

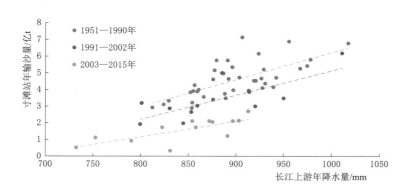

图 6.6-3　不同时段长江上游年降水量与寸滩站年输沙量的相关关系

6.6.2　水库调度运行的影响

　　水库调度运行对于坝下游河道造床流量的影响体现在水沙条件和河道边界两个方面，其中前者更为直接。对于长江中下游而言，三峡水库可以作为上游梯级水库群调度的下边界，其调度对于径流过程和泥沙的影响是最为直接的。对于泥沙的影响基本已有定论，拦沙效应使得近几年宜昌站输沙减幅在98%以上，这会对本书采用马卡维耶夫法计算造床流量中 m 的取值产生直接的影响。水库调度基本上不改变出库的年径流总量，但随着水库陆续开展的枯期补水、汛期削峰和汛后提前蓄水等运行方式，水库对于坝下游河道径流过程的影响越来越明显，其中枯期补水和汛后提前蓄水主要是影响中小水流量，对于造床流量的影响较小；汛期削峰调度改变的是天然的洪水过程，最为明显的是洪峰流量削减，此次研究采用还原计算，分析三峡水库对宜昌站的洪峰流量及峰现时间的影响。宜昌站逐年实测与模拟洪峰流量、出现时间比较见表6.6-1。自2009年开始，三峡水库对于宜昌站洪峰流量的削减幅度大多在20%以上，因此当本书用马卡维耶夫法或者是流量保证率法计算造床流量时，三峡水库蓄水后的值应都有所偏小。

表 6.6-1   **宜昌站逐年实测与模拟洪峰流量、出现时间比较表**

年份	洪峰出现时间		洪峰流量/(m³/s)			减小程度/%
	实测	还原后	实测	还原前	还原后	
2003	9月4日	9月4日	47300	47300	47300	0
2004	9月9日	9月8日	58400	58400	60500	3.60
2005	8月31日	8月31日	46900	46900	47200	0.640
2006	7月10日	7月10日	29900	29900	29900	0
2007	7月31日	8月1日	46900	46900	51400	9.59
2008	8月17日	8月17日	37700	37700	37800	0.265
2009	8月5日	8月7日	39800	39800	51100	28.4
2010	7月27日	7月22日	41500	41500	58300	40.5
2011	6月27日	9月22日	27400	27400	37600	37.2
2012	7月30日	7月26日	46500	46500	60000	29.0
2013	7月20日	7月20日	35000	35000	47100	34.6
2014	9月20日	9月21日	46900	46900	49600	5.76
2015	7月1日	9月14日	31400	31400	36700	16.9

水库调度除了直接改变长江中下游的水沙条件以外，还带来河道边界的变化，河床普遍冲刷，断面形态、纵剖面形态、洲滩形态乃至床面形态都会发生相应的调整，关于这一点在4.2节已经进行了详细的叙述，具体在某些冲刷相对剧烈的河段（荆江河段）内，断面过水面积增大、水面比降调平、洲滩萎缩及河床粗化等具体响应都开始显现，这些调整的最终目的都是试图降低水流流速，使得河道的挟沙能力与来沙匹配，从而使河流趋向于平衡状态。从这个意义上来讲，三峡水库蓄水后，长江中下游造床流量也应较蓄水前减小，进而促进河流向平衡状态演进。

6.6.3   河道（航道）治理工程的影响

三峡水库蓄水后，长江中下游河道普遍冲刷，滩体也以冲刷萎缩为主，同时局部伴随有崩岸的发生。为了稳定重点河段河势条件，同时配合长江"黄金水道"建设，保证和进一步改善、提升长江中下游的通航条件，水利和交通部门均在长江中下游河道实施了相应的整治工程，工程大多以守护为主体形式，包括崩岸守护、高滩滩缘守护、低矮心滩守护、边滩守护（图6.6-4）。这些工程改变了局部河道边界的可动性，中断了被守护地貌单元对于水沙过程自然的、连续的响应，当选用这些滩体作为平滩水位法或者挟沙力指标法确定造床流量的对象时，滩体的变形受到限制，往往不能够反映出滩体冲淤与水沙条件变化的响应关系。尽管整治工程也会改变局部的水流结构，但对于长河段、长系列的水沙条件影响是较小的，因此，这一类工程对于造床流量的影响主要在于改变了局部河道边界的可动性，造床流量对于河道部分组成单元的作用被人为地削减或终止。

（a）崩岸守护

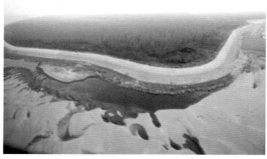

（b）高滩滩缘守护

（c）低矮心滩守护

（d）边滩守护

图6.6-4　河道（航道）治理工程中被守护的岸滩

6.6.4　江湖分汇流关系变化的影响

长江中下游水系庞大，江湖关系演变极为复杂，尤其是长江与洞庭湖形成分汇流网络，且近几十年，受河湖治理工程、水利枢纽工程等多方面因素的影响，荆江"三口"分流分沙量不断地趋向于减小，中小水除个别口门外，陆续出现长时间断流的现象，即长江上游来流更多地经由中游干流河道下泄，"三口"分流量减小。这也是三峡水库蓄水后，与同期相比，监利站水量略偏丰的主要原因之一。但同时，经过研究，荆江"三口"分流的能力并没有明显的改变，尤其是中高水以上干流来流量与"三口"分流量的关系没有发生明显的变化（图6.6-5）。三峡水库蓄水后，荆江"三口"分流量的减小绝大部分原因在于来流偏枯，尤其是高水期径流量减小（表6.6-2），使得荆江"三口"年内分得大流量的机会下降。因此，总体来讲，相对于三峡水库蓄水前，蓄水后长江中下游江湖关系尚未发生明显的改变，分汇量的改变仍主要与水文周期有关，对造床流量变化的贡献不大。

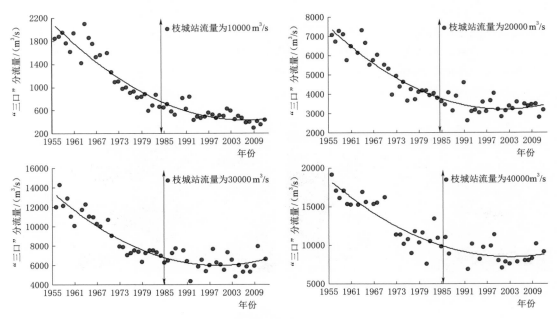

图6.6-5　枝城站同流量下"三口"分流量历年变化

表6.6-2　　　　　　不同时期枝城站年径流量与"三口"分流量变化

时　段	枝　城　站		荆江"三口"	
	年径流总量/亿 m³	汛期径流总量/亿 m³	年分流量/亿 m³	汛期分流量/亿 m³
1956—1967 年	4530	2720	1320	993
1968—1985 年	4460	2700	880	686
1986—2002 年	4370	2650	635	529
2003—2014 年	4090	2400	490	418
差值 1	−70	−20	−440	−307
差值 2	−90	−50	−245	−157
差值 3	−280	−250	−145	−111

注　差值 1 是指 1968—1985 年与 1956—1967 年的差；差值 2 是指 1986—2002 年与 1968—1985 年的差；差值 3 是指 2003—2014 年与 1986—2002 年的差。

6.6.5　滩地开发利用的影响

据不完全统计，长江中下游干流河道内洲滩数为 406 个（不含长江口的太平洲、崇明岛、横沙岛和长兴岛），洲上人口合计约 129.3 万人，总面积约 2512.7km²。其中平垸行洪双退垸 120 个，平垸行洪已实施单退垸 223 个，未实施单退垸 14 个，未纳入平垸行洪规划洲滩民垸 49 个。对于造床流量的影响，滩地开发利用与上文的河道（航道）整治工程存在相似之处，滩体开发利用，修堤圩垸，人为减小了高洪水漫滩的概率，洲滩过流机会减少后，草木生长，过流阻力也会相应地增大，对于造床流量有加大的作用。

6.7　本章小结

　　分别采用马卡维耶夫法、流量保证率法、平滩水位法和挟沙力指标法计算三峡水库蓄水前后长江中下游造床流量的变化，其结果显示：相对于三峡水库蓄水前，三峡水库蓄水后长江中下游河道各控制站造床流量以减小为主，不同计算方法计算的减小幅度存在差异。通过综合对比研究，初步认为，三峡水库蓄水后长江中游干流宜昌、枝城、沙市、监利、螺山、汉口和九江等控制站的造床流量分别为 $29000\mathrm{m}^3/\mathrm{s}$、$30000\mathrm{m}^3/\mathrm{s}$、$27000\mathrm{m}^3/\mathrm{s}$、$25000\mathrm{m}^3/\mathrm{s}$、$32000\mathrm{m}^3/\mathrm{s}$、$40000\mathrm{m}^3/\mathrm{s}$ 和 $41000\mathrm{m}^3/\mathrm{s}$。相对于蓄水前，三峡水库蓄水后长江中游各控制站造床流量的绝对减幅在 $3000\mathrm{m}^3/\mathrm{s}$ 左右，相对减幅约10%，沿程减幅趋于减小。

　　基于流量保证率法，采用还原前后的流量过程，计算评估三峡水库调度对于流量过程改变对造床流量的影响。结果表明，沿程各控制站流量过程都在一定程度上受水库调度的影响，影响幅度沿程不一，且水库调度的影响小于来流偏枯。就绝对影响量而言，因该方法评估对象相对单一，仅可作为参考使用。

　　研究认为影响造床流量的因素大体可以分为两大类：一类是水沙条件及其过程，反映水沙对于河流的主动塑造能力；另一类是河道边界，体现河流的可塑造潜力。具体到长江中下游，这两类因素又可以衍生成较为具体的水文周期变化、水库调度运行、河道（航道）治理工程、江湖分汇流关系变化及滩地开发利用等方面，且以水文周期变化和水库调度运行为主，前者侧重于影响水沙条件，后者既影响水沙条件也会改变河道边界条件，部分河道（航道）整治工程规模较大的河段工程实施对造床流量也有明显影响。

第7章

典型河段造床流量变化及影响因素

长江中游按照河道属性一般划分为宜枝河段、荆江河段、城汉河段和汉口至湖口河段，每一段内几乎都分布有弯曲、分汊和顺直等3种河型。其中分汊河型分布较为广泛，荆江河床演变的最初阶段即为江汉三角洲分汊河床阶段，目前上荆江整体仍为微弯分汊形态，下荆江也有分汊河道分布，城陵矶至九江段分汊河段河长占比更是高达78.9%。三峡水库蓄水后，长江中下游河道全程冲刷，从河道断面形态的调整规律来看，分汊河段的变化最为剧烈，出现了"主支易位""支汊发展快""支汊淤积"等多种模式；从河道发育的角度来看，汊道交替发展有利于保证分汊河道的稳定；从防洪安全的角度来看，水流分汊后，各股汊道的流量小于分流前的流量，可减轻河道两岸的防洪压力；从社会效应来看，长江干流沿岸分布有大量的涉水工程，若有汊道淤塞，势必影响其两岸取用水设施的运行。因此，本章以沙市河段、白螺矶河段和武汉河段3个典型分汊段为代表。从造床流量变化及影响因素分析出发，以期基于物理模型概化试验研究，提出保证汊道稳定发育的控泄指标。

7.1 典型河段造床流量变化

针对三峡水库蓄水后长江中下游河道不同河型的分布和冲淤特征，并结合长江中下游防洪的控制性节点，此次主要选择沙市河段、白螺矶河段和武汉河段（中下段）3个分汊河段开展造床流量变化的典型性分析和研究。从第6章采用不同方法（不含流量保证率法）计算的各河段的造床流量来看，在沿程分汇流的影响下，3个河段造床流量沿程增大，相对于三峡水库蓄水前，三峡水库蓄水后3个河段的造床流量均有所减小，且减幅基本都在3000m³/s左右。若按挟沙力指标法给出当前各河段的造床流量值，沙市河段约为27000m³/s，白螺矶河段约为32000m³/s，武汉河段（中下段）约为40000m³/s（表7.1-1）。

表7.1-1　　三峡水库蓄水前后长江中游典型分汊河段造床流量变化对比　　单位：m³/s

河　段	控制站	三峡水库蓄水前造床流量			三峡水库蓄水后造床流量		
		马卡维耶夫法	平滩水位法	挟沙力指标法	马卡维耶夫法	平滩水位法	挟沙力指标法
沙市河段	沙市	28500	25900	30500	25500	22100	27200
白螺矶河段	螺山	34500	39600	35000	31500	34600	31700
武汉河段（中下段）	汉口	37500	42800	43000	34500	38400	40200

7.2　典型河段造床流量影响因素

影响各典型河段造床流量的因素基本都涵盖在 6.6 节的分析范围内。但由于各河段所处地理位置不同、滩槽格局各有特点、整治工程实施时间和规模也有差异，对于其造床流量的影响有主次的区分。下面针对不同河段的主要影响因素进行具体分析。

7.2.1　水文周期的影响

关于水文周期的分析内容主要包括两个方面：一是周期的突变性，判断三峡水库蓄水后，3 个典型河段的控制站径流条件是否较蓄水前发生了改变，主要是基于 M－K 检验方法；二是周期的趋势性，在识别径流条件突变点的基础上，进一步研究三峡水库蓄水后 3 个河段控制站径流变化的趋势，明确是处于径流偏枯的周期还是偏丰的周期。

枝城站、沙市站、螺山站及汉口站 1956—2015 年实测年径流量序列 M－K 检验统计变化过程如图 7.2－1 所示。基于 M－K 检验方法，UF_k 和 UB_k 两条曲线出现交点，且交点在临界直线之间，那么交点对应时刻为突变开始时刻。从图上来看，沙市河段上游的枝城站只有一个突变点，突变时间在 2004 年前后。河段中部沙市站有两个以上突变点，第一突变点在 1956 年前后，第二突变点在 2005 年前后，特别是在 2003 年以后，M－K 上下趋势线存在多次交叉，表明该时段径流震荡剧烈，变化频繁。白螺矶河段中部螺山站有一个突变点，突变时间在 2004 年前后。武汉河段（中下段）有两个以上突变点，第一突变点在 1956 年前后，第二突变点在 2005 年前后，特别是在 2005 年以后，M－K 上下趋势线存在多次交叉，表明该时段径流震荡剧烈，变化频繁。由此可见，3 个典型河段在三峡水库蓄水后（2003—2005 年），年径流量都出现了突变，为了进一步研究这种突变是突然增大还是突然减小，下文采用滑动平均法进一步研究突变的趋势。

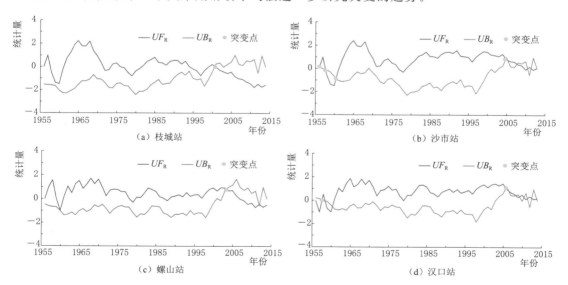

图 7.2－1　枝城站、沙市站、螺山站及汉口站 1956—2015 年年径流量序列 M－K 检验统计变化过程

滑动平均法是通过选择合适的滑动年限 K 值，使序列高频振荡的影响得以弱化，据此研究系列的趋势变化规律。为消除年径流系列周期性的影响，一般选用与系列周期相近的年数作为 K 值。根据相关研究成果，年径流与太阳黑子活动有一定的关系，而太阳黑子活动是周期性变化的，其周期的平均长度约为 11 年，短的只有 9 年，长的可达 14 年。因此，为分析方便起见，对长江中下游控制站的年径流量一般取 10～11 年进行滑动平均统计。

（1）沙市河段。枝城站、沙市站 1956—2018 年多年平均年径流量分别为 4379 亿 m^3、3908 亿 m^3，两站年径流量序列及其滑动平均过程、年径流量模比系数及模比差积曲线过程如图 7.2-2（a）、（b）所示。从图中可以看出，枝城站年径流量序列周期性波动，从滑动平均过程可以看出，自 20 世纪末开始，枝城站年径流系列略显减少趋势；从模比系数及模比差积过程可以看出，枝城站年径流年际间丰、枯变化较频繁，但变幅不大。20世纪 80 年代初至 21 世纪初，枝城站径流量一直处于增加的变化趋势中，但自进入 21 世纪以来，模比差积出现逐渐减小的趋势，并一直持续到 2015 年前后。沙市站年径流量的变化与枝城站类似，三峡水库蓄水后的 2005 年前后开始进入相对偏枯的水文周期，并持续至 2015 年前后。

（2）白螺矶河段。白螺矶河段的径流分别来自长江干流和洞庭湖入汇，城陵矶站的多年平均年径流量大概占螺山站的 43.5%。城陵矶站、螺山站 1956—2018 年多年平均年径流量分别为 2749 亿 m^3、6321 亿 m^3，两站年径流量序列及其滑动平均过程、年径流量模比系数

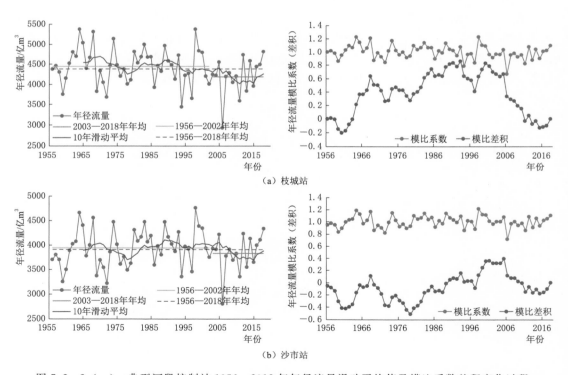

（a）枝城站

（b）沙市站

图 7.2-2（一）　典型河段控制站 1956—2018 年年径流量滑动平均值及模比系数差积变化过程

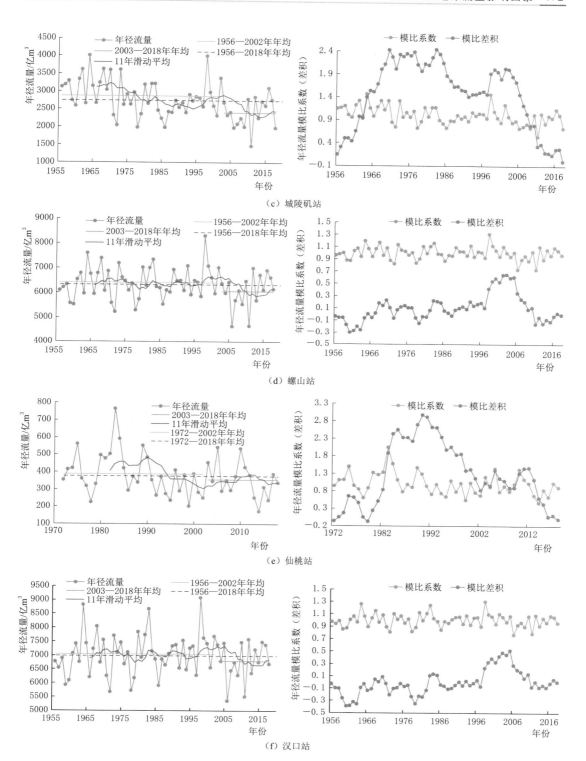

图 7.2 - 2 (二)　典型河段控制站 1956—2018 年年径流量滑动平均值及模比系数差积变化过程

及模比差积曲线过程如图 7.2-2（c）、（d）所示。从图中可以看出，城陵矶站年径流量序列周期性波动，从滑动平均过程可以看出，自有观测资料以来，城陵矶站年径流量总体呈减小趋势，三峡水库蓄水后偏枯的现象更为明显；从模比系数及模比差积过程可以看出，1970 年前其年径流量一直处于增加的趋势，此后至 20 世纪 80 年代中期保持稳定，80 年代中期开始出现减小的趋势，尤其是 2003 年开始，一直持续至 2018 年，减小趋势明显。相反地，螺山站径流以周期性变化为主，未出现明显的减小趋势，即便是三峡水库蓄水后的 2005—2013 年也处于相对偏枯的状态。

（3）武汉河段（中下段）。武汉河段（中下段）的径流分别来自汉江和长江干流，汉江仙桃站多年平均（1972—2018 年）年径流量占汉口站同期的 5.4%，占比较小。仙桃站、汉口站截至 2018 年多年平均年径流量分别为 6984 亿 m³、377 亿 m³。两站年径流量序列及其滑动平均过程、年径流量模比系数及模比差积曲线过程如图 7.2-2（e）、（f）所示。从图中可以看出，仙桃站年际间径流量周期性变化，其滑动平均值呈现不显著的减小趋势，模比差积曲线在 1990 年前呈波动性上升的变化趋势，此后至 21 世纪初持续呈波动性下降的趋势，2000—2012 年相对稳定，2012 开始进入新一轮的下降趋势。汉口站年径流量也呈周期性变化，20 世纪 90 年代中期前，年径流量模比差积曲线一直处于稳定的波动状态，此后至 2005 年持续上升，2005 年开始进入持续下降的趋势。

综上可见，三峡水库蓄水前十余年，沙市河段、白螺矶河段和武汉河段（中下段）上游来水均处于相对偏丰的周期，而三峡水库蓄水后，3 个河段上游来水（无论是干流来流还是支流来流）处于相对偏枯的水文周期。同时，长江中游干流各站的流量与水位相关关系较好，流量偏小也会导致水位偏低，流量和水位都是计算造床流量的各种方法中包含的主要参数，因此，各种方法计算出的三峡水库蓄水后的造床流量均较蓄水前偏小。由此可见，水文周期的变化决定了三峡水库蓄水后长江中下游造床流量减小的总基调。

7.2.2　三峡水库调度的影响

水库调度对于坝下游河道造床流量的影响具有综合性，一方面，水库拦沙造成坝下游河道冲刷，滩槽格局调整，同流量下水位下降，从而使得造床流量减小。从此次研究的 3 个典型河段来看，这一方面的影响在沙市河段最为显著，沙市河段的冲刷强度居长江中下游首位，沙市站中低水同流量下水位显著下降，中高水同流量下水位也出现下降趋势，河段内分布有多处洲滩，除实施了守护工程的洲滩和高滩以外，其他滩体多有冲刷［图 7.2-3（a）］。白螺矶河段和汉口河段虽然也有冲刷，但冲刷强度不及沙市河段，且滩体都较为稳定［图 7.2-3（b）、（c）］，螺山站和汉口站同流量下中高水位相对稳定（关于实测的长江中游控制站水位-流量关系将在第 9 章进行详细分析），河心滩体高大且头部低滩也实施了守护工程，因此，水库调度对于这一方面的影响并不明显。另一方面，三峡水库自进入 175m 试验性蓄水期后，先后开展了汛期削峰调度和汛前补水调度等优化调度试验，尤其是削峰调度控制了坝下游宜昌站高水出现的频率，高水频率下降，对应高水位出现频次减少，对造床流量的影响与偏枯的水文周期类似。由此可见，水库的综合调度也会使得长江中下游造床流量趋于减小。

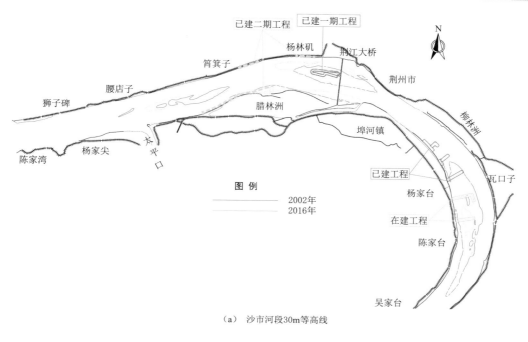

（a）　沙市河段30m等高线

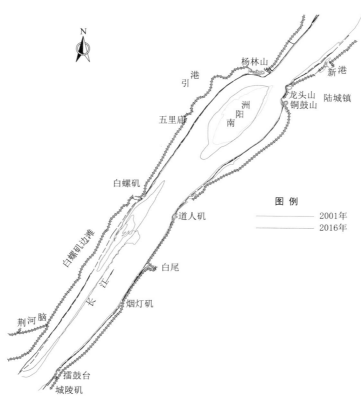

（b）　白螺矶河段20m等高线

图7.2-3（一）　三峡水库蓄水后典型河段洲滩特征等高线变化

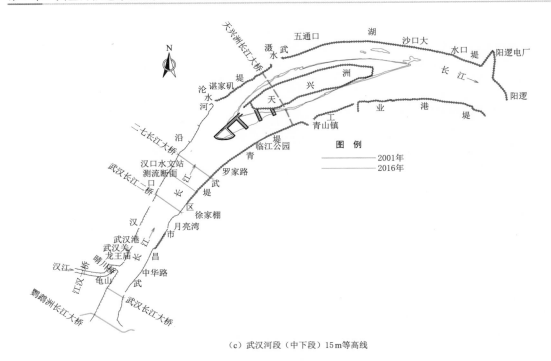

(c) 武汉河段（中下段）15m 等高线

图 7.2 - 3（二）　三峡水库蓄水后典型河段洲滩特征等高线变化

7.2.3　其他因素的影响

对于 3 个典型河段，其他影响造床流量的因素主要包括分汇流、河道（航道）整治工程及河道采砂等。其中，2003 年长江中下游河道年采砂规划中将整个荆江河段划为禁采河段，武汉河段（中下段）也仅在上段铁板洲附近规划有采砂区，同时长江新螺江段被划为白鱀豚国家级自然保护区（洪湖新滩口至螺山 120km 的长江江段）。因此，三峡水库蓄水后，3 个典型河段内采砂活动较少，采砂活动的影响基本可以剔出。其他因素对不同河段的影响如下：

（1）三峡水库蓄水后，沙市河段位于上荆江沙质河床起始段，是冲刷发展最快、冲刷强度最大的河段，其造床流量的变化主要受水文周期和水库调度的影响。位于该河段的太平口分流变化不明显，河道内虽然实施了多期次的航道整治工程，但工程基本是位于中低滩部分（三八滩上段和腊林洲中部低滩），对河段造床流量的影响都十分有限。

（2）三峡水库蓄水后，洞庭湖入汇长江干流的径流、泥沙无明显趋势性调整，白螺矶河段河床冲刷，但位于河心的南阳洲受守护工程的影响，冲淤变化较小，滩槽格局较为稳定，江湖汇流与整治工程对造床流量的影响也较小。

（3）武汉河段（中下段）内边滩和洲滩较为发育，其中天兴洲洲体高大，洲体筑有堤防，除低滩部分，高滩少有过流，而头部低滩也实施了守护工程；两岸边滩实施了大量的江滩工程，即使年内有漫滩洪水，水流也几乎无法发挥造床作用。因此采用平滩水位法计算该河段的造床流量，无法反映其不同时段的变化。对比沙市河段和白螺矶河段，武汉河段（中下段）洲滩利用率高，对于造床流量的影响程度也略偏大。

7.3　典型河段不同来流造床作用的概化模型试验

7.3.1　概化模型设计及制作

为了研究三峡水库蓄水后来水来沙条件对分汊河段主、支汊河床冲淤演变与分流比的影响规律，此次选取了南阳洲顺直分汊段和天兴洲弯曲分汊段两个不同类型的分汊河段作为原型进行概化模型试验。

7.3.1.1　概化模型设计

1. 模型范围

南阳洲顺直分汊段概化模型模拟范围上起荆岳大桥上游约 1.3km 处的白螺老汽渡码头，下迄南阳洲洲尾下游约 2.5km，模拟河段长约 10.5km。概化模型模拟范围及断面布置如图 7.3-1 所示。

天兴洲弯曲分汊段概化模型模拟范围上起武汉长江二桥上游约 2km 处，下迄天兴洲洲尾下游约 2.5km 处，模拟河段长约 24km。概化模型模拟范围及断面布置如图 7.3-2 所示。

2. 模型沙设计

此次模型试验选用塑料轻质沙作为模型沙。所选塑料轻质沙呈淡黄色，颗粒形态接近圆球形，具有物理性能稳定、黏性小等优点，且无毒无害，不易氧化，亲水性好。经检测中心多次测定，其容重 γ_s 在 1.05t/m^3 左右，干容重 $\gamma_s' = 0.65 \text{t/m}^3$。

（1）原型悬移质泥沙级配。武汉河段（中下段）和白螺矶河段的天然实测水文资料十分丰富，此次概化模型试验选择 2012 年长江螺山站、汉口（武汉关）站月年平均悬移质颗粒级配表，综合分析后确定了原型悬移质泥沙级配，见表 7.3-1。

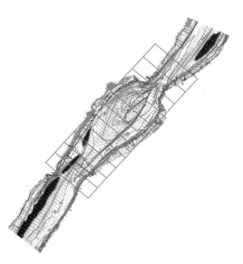

图 7.3-1　南阳洲顺直分汊段概化模型模拟范围及断面布置

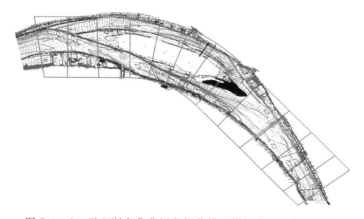

图 7.3-2　天兴洲弯曲分汊段概化模型模拟范围及断面布置

表 7.3-1　　　　　　　　　　　　　　　　原型悬移质泥沙级配表

粒径 d/mm	0.002	0.004	0.008	0.016	0.031	0.062	0.125	0.25	0.5
小于某粒径的沙重百分数 P/%	5.8	13.8	28	44.4	56.4	64.3	75.8	93.5	100

（2）原型床沙级配。与原型悬沙级配的选取类似，此次概化模型试验选择两个河段内的多个实测水文断面，综合分析后确定了原型床沙级配，见表 7.3-2。

表 7.3-2　　　　　　　　　　　　　　　　　原 型 床 沙 级 配 表

粒径 d/mm	0.031	0.045	0.062	0.09	0.125	0.18	0.25	0.355	0.5	1	2
小于某粒径的沙重百分数 P/%	0	0.17	0.5	2.27	20.97	60.64	78.15	87.52	91.71	95.97	98.09

（3）原型床沙质与冲泻质分界粒径的确定。悬移质包括粒径较粗的床沙质和粒径较细的冲泻质，模型中往往难以同时模拟全部悬移质泥沙颗粒的运动，大量模型试验通常将造床作用不大的冲泻质去掉，主要模拟床沙质运动，或适当考虑冲泻质沙量。

依据悬移质粒径级配曲线与床沙粒径级配曲线来确定床沙质和冲泻质的分界粒径。基于现有的分析成果，床沙质与冲泻质分界粒径可以取 0.1mm，小于该粒径的泥沙仅占床沙的 8% 左右。因此该模型取悬移质模拟粒径下限为 0.1mm，悬移质粒径模拟范围为 $d_P = 0.1 \sim 0.5$mm，其沙重约占悬移质总量的 28.5%；床沙粒径模拟范围 $d_P = 0.1 \sim 2.0$mm，其沙重约占床沙总量的 90%（小于 0.1mm 的泥沙占 8%，大于 2mm 的泥沙占 2%），这部分泥沙也是推移质的主要组成部分，且在悬移质中大量存在，在运动中悬移质与推移质常相互交换。此次概化模型试验悬移质泥沙和床沙模拟级配分别见表 7.3-3 和表 7.3-4。

表 7.3-3　　　　　　　　　　　　　　　　悬移质泥沙模拟级配

粒径 d/mm	0.5	0.25	0.125	0.1	中值粒径
小于某粒径的沙重百分数 P/%	100	77.19	15.09	0.0	0.182

表 7.3-4　　　　　　　　　　　　　　　　床 沙 模 拟 级 配

粒径 d/mm	2	1	0.5	0.355	0.25	0.18	0.125	0.1	中值粒径
小于某粒径的沙重百分数 P/%	100	97.74	93.01	88.36	77.94	58.49	14.41	0.0	0.160

3. 模型比尺设计

根据几何比尺、水流运动相似比尺和泥沙运动相似比尺的计算结果，确定了天兴洲弯曲分汊段、南阳洲顺直分汊段概化模型的主要比尺，分别见表 7.3-5、表 7.3-6，模型塑料沙粒径计算结果见表 7.3-7。

7.3.1.2　概化模型制作

天兴洲弯曲分汊段概化模型于 2018 年 5 月制作完成，南阳洲顺直分汊段概化模型于 2018 年 8 月制作完成。

表 7.3－5　　　　　　　　　　　　天兴洲弯曲分汊段概化模型比尺一览表

比尺类别	比尺名称	符号	设计值	备　注
几何相似	平面比尺	λ_L	3600	
	垂直比尺	λ_H	200	
水流运动相似	流速比尺	λ_v	14.14	
	河床糙率比尺	λ_n	0.57	
	流量比尺	λ_Q	10182337	
泥沙运动相似	起动流速比尺	λ_{v_0}	—	
	悬移质粒径比尺	λ_{d_2}	1.055	只考虑起动相似
	含沙量比尺	λ_s	0.076	
	河床变形时间比尺	λ_{t_2}	7215	

表 7.3－6　　　　　　　　　　　　南阳洲顺直分汊段概化模型比尺一览表

比尺类别	比尺名称	符号	设计值	备　注
几何相似	平面比尺	λ_L	3000	
	垂直比尺	λ_H	200	
水流运动相似	流速比尺	λ_v	14.14	
	河床糙率比尺	λ_n	0.62	
	流量比尺	λ_Q	8485281	
泥沙运动相似	起动流速比尺	λ_{v_0}	—	
	悬移质粒径比尺	λ_{d_2}	1.055	只考虑起动相似
	含沙量比尺	λ_s	0.076	

表 7.3－7　　　　　　　　　　　　模型塑料沙粒径计算结果

原型沙粒径 d_P/mm	$<d_P$ 的沙重百分数 P_i/%		粒径比尺 λ_d	模型沙设计粒径 d_m/mm	
	悬移质	床沙质		悬移质	床沙质
0.1	0.00	0.00	1.055	0.095	0.095
0.125	15.09	14.41	1.055	0.118	0.118
0.18		58.49	1.055		0.171
0.25	77.19	77.94	1.055	0.237	0.237
0.355		88.36	1.055		0.336
0.5	100.00	93.01	1.055	0.474	0.474
1		97.74	1.055		0.948
2		100.00	1.055		1.896
d_{50}/mm	0.182	0.160		0.172	0.155

1. 概化模型制模

南阳洲顺直分汊段、天兴洲弯曲分汊段概化模型均采用局部动床，并采用断面法进行制作，制模初始地形为水利部长江水利委员会水文局长江中游水文水资源勘测局 2016 年实测的 1：10000 水道地形图。在制作模型时特别注意了对特殊地形、微地形的塑造。模型定床部分竣工测量表明，断面平均高程控制误差不超过 ±1.0mm，平面控制中误差不超过 ±1.0cm。制模精度符合《内河航道与港口水流泥沙模拟技术规程》（JTJ/T 232—98）要求。

南阳洲滩面高程较低，仅将两岸高岸及高滩制作为定床，洲体及其余部位建为动床；天兴洲滩面高程较高，洪水期也不会过水，故可将两岸高岸、高滩及洲体部分均制作为定床，其余部位建为动床。制作完成后的南阳洲顺直分汊段、天兴洲弯曲分汊段概化模型如图 7.3-3 所示。

 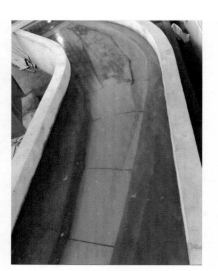

（a）南阳洲顺直分汊段　　　　　　　　（b）天兴洲弯曲分汊段

图 7.3-3　南阳洲顺直分汊段、天兴洲弯曲分汊段概化模型

2. 模型测控系统

模型测控系统包括流量水位控制系统、地形测量系统等。模型水位由武汉大学研制的 LH-1 自动水位仪读取；流速采用南京水利科学研究院研制的 LGY-Ⅱ型智能流速仪采集；模型进口流量和模型尾水位采用武汉大学研制的自动控制系统（包括流量控制系统采用 DN300 型 ZLEX 控制阀和 DN300 一体型电磁流量计，以及尾门出口水位控制）测量。

7.3.2　概化模型试验方案及条件

三峡工程蓄水运用后，其对水沙过程的改变主要表现在两个方面：

（1）径流过程离散程度减小。径流总量变化不大，径流过程调平，汛期径流量占比减小，非汛期径流量占比增加；汛期洪峰削减，汛后蓄水期流量减小，消落期流量增加。

（2）来流挟沙饱和度减小。随着坝前水位的抬高，三峡出库沙量逐渐减小，下游河段的来沙量呈现显著减小的特点。

此次试验先按照三峡水库蓄水后实际下泄的水沙过程进行概化模型试验，在此基础上，对上述概化水沙条件分别考虑径流过程离散度和来流挟沙饱和度的恢复进行试验。径流过程离散度恢复时保持径流总量不变，增加洪水期流量，减小中枯水期流量；来流挟沙饱和度恢复时则是直接增加含沙量。

将具备不同径流过程离散度及来流挟沙饱和度的水沙条件加以组合，分组次进行动床模型试验，测量初始地形、终末地形及其相应的流速。对比分析不同径流过程离散度或来流挟沙饱和度条件下，分汊河段冲淤演变及其引起的主支汊分流比变化的差异。

7.3.2.1　南阳洲顺直分汊段概化模型

1. 试验条件

南阳洲顺直分汊段概化模型利用 2011 年 10 月实测地形作为局部动床模型的初始地形。选取典型年份代表三峡工程运用对于坝下游水沙条件的影响，将其作为对照组，便于其他试验组次的结果与其进行对比。此次研究及下文数学模型都选取 2012 年作为典型年，2012 年的典型性主要表现为该年三峡入库洪峰流量超过 70000m³/s，三峡水库开展削峰调度，对天然的洪峰过程进行了削减。为了体现这种典型性，同时与河道造床作用相结合，把实测年内的流量过程划分为几个区间。其中，分级流量 8000m³/s 为三峡水库 175m 试验性蓄水后螺山站年最小流量的均值，20000m³/s 为螺山站多年平均日均流量值，32000m³/s 为此次研究计算的螺山站造床流量，50000m³/s 为螺山站多年实测洪峰流量的日均值。2012 年与三峡水库蓄水后的 2003—2018 年日均值相比，螺山站流量过程最显著的特征是造床流量及以上流量级持续时间较长，32000m³/s 以上持续时间多达 84d，较 2003—2018 年年均值 49d 超出 36d。

以 2012 年螺山站实测水沙数据进行概化，各级流量对应的水位依据实测螺山站的水位流量关系求得。2012 年螺山站水沙条件概化过程及结果见图 7.3-4 及表 7.3-8。

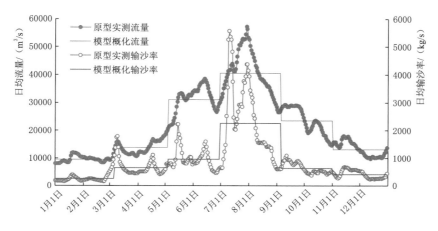

图 7.3-4　2012 年螺山站水沙条件概化过程

表 7.3－8　　　　　　　　　　　　2012 年螺山站水沙条件概化结果

流量区间/(m³/s)	持续时间/d		模型概化流量过程			输沙率/(kg/s)	
	2012 年实测流量过程	2003—2018 年年均值	级数	流量/(m³/s)	持续时间/d	原型	模型
＜8000	5	25	1	9530	65	250	0.0004
8000～20000	195	193	2	13947	59	662	0.001
20000～32000	81	98	3	31119	57	960	0.0015
32000～50000	72	47	4	40678	67	2272	0.0035
＞50000	13	2	5	25343	57	635	0.001
			6	13724	61	408	0.0006

2. 试验方案

（1）径流过程离散度对顺直分汊段冲淤调整的影响。该系列试验各工况均为清水冲刷，仅改变径流过程离散度，研究径流过程离散度对南阳洲顺直分汊段冲淤调整的影响。三峡工程运用条件下的径流过程，以 2012 年螺山站实测流量数据进行概化得到的 6 级流量过程为代表，设为试验工况Ⅰ，作为径流过程离散度对南阳洲顺直分汊段冲淤调整的影响系列试验的对照组，该试验工况的模型控制条件见表 7.3－9。

表 7.3－9　　　　　　　　　　　　工况Ⅰ模型控制条件

原型流量/(m³/s)	原型历时/d	模型历时/min	模型流量/(m³/h)	模型尾门水位/cm
9530	65	16	4.0	9.12
13947	59	14	5.9	10.01
31119	57	14	13.2	12.76
40678	67	16	17.3	13.78
25343	57	14	10.8	11.97
13724	61	15	5.8	9.97

将洪峰流量依次逐渐增大 10%、20%、30%，而洪峰后退水期和枯水期的流量则相应减小，以保持径流总量不变。相应的径流过程分别设为试验工况Ⅱ、Ⅲ、Ⅳ，作为径流过程离散度对顺直分汊段冲淤调整的影响系列试验的试验组。这三组试验工况的模型控制条件分别见表 7.3－10、表 7.3－11、表 7.3－12。

表 7.3－10　　　　　　　　　　　　工况Ⅱ模型控制条件

原型流量/(m³/s)	原型历时/d	模型历时/min	模型流量/(m³/h)	模型尾门水位/cm
9530	65	16	4.0	9.12
13947	59	14	5.9	10.01
31119	57	14	13.2	12.76

原型流量/(m³/s)	原型历时/d	模型历时/min	模型流量/(m³/h)	模型尾门水位/cm
44746	67	16	19.0	14.10
22809	57	14	9.7	11.58
11785	61	15	5.0	9.58

表 7.3 - 11 　　　　　工况Ⅲ模型控制条件

原型流量/(m³/s)	原型历时/d	模型历时/min	模型流量/(m³/h)	模型尾门水位/cm
9530	65	16	4.0	9.12
13947	59	14	5.9	10.01
31119	57	14	13.2	12.76
48814	67	16	20.7	14.35
20274	57	14	8.6	11.16
9899	61	15	4.2	9.19

表 7.3 - 12 　　　　　工况Ⅳ模型控制条件

原型流量/(m³/s)	原型历时/d	模型历时/min	模型流量/(m³/h)	模型尾门水位/cm
9530	65	16	4.0	9.12
13947	59	14	5.9	10.01
31119	57	14	13.2	12.76
52881	67	16	22.4	14.54
16263	57	14	6.9	10.45
9428	61	15	4.0	9.1

（2）来流挟沙饱和度对顺直分汊段冲淤调整的影响。该系列试验各工况的径流过程均为 2012 年螺山站实测流量数据进行概化得到的 6 级流量过程，即径流过程与工况Ⅰ相同，仅改变来沙量，研究来流挟沙饱和度对顺直分汊段冲淤调整的影响。

依据 2012 年螺山站逐日平均输沙率与流量的相关关系，结合各级流量历时计算出来沙量，设为试验工况Ⅴ，作为来流挟沙饱和度对南阳洲顺直分汊段冲淤调整的影响系列试验的对照组，该试验工况的模型控制条件见表 7.3 - 13。在径流过程不变的条件下，改变来流挟沙饱和度，选择将三峡工程运用条件下典型年的来沙量（工况Ⅴ）分别增大至 2 倍及 3 倍来沙量，相应的水沙过程分别设为试验工况Ⅵ和试验工况Ⅶ，这两组试验工况的模型控制条件分别见表 7.3 - 14、表 7.3 - 15。

7.3.2.2 天兴洲弯曲分汊段概化模型

1. 试验条件

天兴洲弯曲分汊段概化模型利用 2011 年 10 月实测地形作为局部动床模型的初始地形。选取 2012 年作为三峡工程运用条件下的典型水沙条件，并作为对照组，便于其他试

表 7.3 - 13   工况 V 模型控制条件

原型流量 /(m³/s)	原型历时 /d	模型历时 /min	模型流量 /(m³/h)	模型尾门水位 /cm	模型加沙量 /kg
9530	65	16	4.0	9.12	0.36
13947	59	14	5.9	10.01	0.87
31119	57	14	13.2	12.76	1.22
40678	67	16	17.3	13.78	3.39
25343	57	14	10.8	11.97	0.81
13724	61	15	5.8	9.97	0.55

表 7.3 - 14   工况 Ⅵ 模型控制条件

原型流量 /(m³/s)	原型历时 /d	模型历时 /min	模型流量 /(m³/h)	模型尾门水位 /cm	模型加沙量 /kg
9530	65	16	4.0	9.12	0.72
13947	59	14	5.9	10.01	1.74
31119	57	14	13.2	12.76	2.44
40678	67	16	17.3	13.78	6.78
25343	57	14	10.8	11.97	1.62
13724	61	15	5.8	9.97	1.1

表 7.3 - 15   工况 Ⅶ 模型控制条件

原型流量 /(m³/s)	原型历时 /d	模型历时 /min	模型流量 /(m³/h)	模型尾门水位 /cm	模型加沙量 /kg
9530	65	16	4.0	9.12	1.08
13947	59	14	5.9	10.01	2.61
31119	57	14	13.2	12.76	3.66
40678	67	16	17.3	13.78	10.17
25343	57	14	10.8	11.97	2.43
13724	61	15	5.8	9.97	1.65

验组次的结果与其进行对比。2012 年的典型性前文已有介绍,具体从 2012 年汉口站的实测流量过程来看,其流量分析分别包括三峡水库 175m 试验性蓄水后汉口站最小流量均值 9500m³/s、多年平均日均流量 22000m³/s,此次研究计算得到的 40000m³/s,以及多年平均实测洪峰流量 53500m³/s。对比三峡水库蓄水后 2003—2018 年均值,2012 年造床流量以上流量持续时间偏多 17d,枯水流量持续时间偏少 18d,其他级流量持续时间变化不大。

以 2012 年汉口(武汉关)站实测水沙数据进行概化,各级流量对应的水位依据 2012 年汉口(武汉关)站的水位流量关系求得。2012 年汉口(武汉关)站水沙条件概化过程及结果见图 7.3 - 5 及表 7.3 - 16。

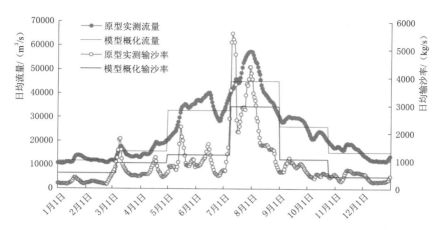

图 7.3-5 2012 年汉口（武汉关）站水沙条件概化过程

表 7.3-16   **2012 年汉口（武汉关）站水沙概化结果**

流量区间/（m³/s）	持续时间/d		模型概化流量过程			输沙率/（kg/s）	
	2012 年实测流量过程	2003—2018 年年均值	级数	流量/（m³/s）	持续时间/d	原型	模型
<9500	0	18	1	11531	64	546	0.0007
9500~22000	204	198	2	15555	56	914	0.0012
22000~40000	122	126	3	32712	69	1210	0.0016
40000~53500	28	20	4	45217	54	2957	0.0038
>53500	12	3	5	26235	54	1046	0.0014
			6	15136	69	433	0.0006

2. 试验方案

（1）径流过程离散度对弯曲分汊段冲淤调整的影响。首先研究径流过程离散度变化对天兴洲弯曲分汊段冲淤调整的影响。

该系列试验各工况均为清水冲刷，仅改变径流过程离散度。三峡工程运用条件下的径流过程，即以 2012 年汉口（武汉关）站实测流量数据进行概化得到的 6 级流量过程为代表，设为试验工况Ⅰ，作为径流过程离散度对弯曲分汊段冲淤调整的影响系列试验的对照组，该试验工况的模型控制条件见表 7.3-17。

表 7.3-17   **工况Ⅰ模型控制条件**

原型流量/（m³/s）	原型历时/d	模型历时/min	模型流量/（m³/h）	模型尾门水位/cm
11531	64	13	4.1	5.43
15555	56	11	5.5	6.37
32712	69	14	11.6	9.44

原型流量/(m³/s)	原型历时/d	模型历时/min	模型流量/(m³/h)	模型尾门水位/cm
45217	54	11	16.0	10.76
26235	54	11	9.3	8.45
15136	69	14	5.4	6.27

选择将洪峰流量依次逐渐增大10%、20%、30%，而洪峰后退水期及枯水期的流量则应相应减小，以保持径流总量不变。相应的径流过程分别设为试验工况Ⅱ、Ⅲ、Ⅳ，作为径流过程离散度对弯曲分汊段冲淤调整的影响系列试验的试验组，这三组试验工况的模型控制条件分别见表7.3-18、表7.3-19、表7.3-20。

表7.3-18　　　　　　　　　工况Ⅱ模型控制条件

原型流量/(m³/s)	原型历时/d	模型历时/min	模型流量/(m³/h)	模型尾门水位/cm
11300	64	13	4.0	5.38
15555	56	11	5.5	6.37
32712	69	14	11.6	9.44
49739	54	11	17.6	11.04
23612	54	11	8.3	7.99
14142	69	14	5.0	6.05

表7.3-19　　　　　　　　　工况Ⅲ模型控制条件

原型流量/(m³/s)	原型历时/d	模型历时/min	模型流量/(m³/h)	模型尾门水位/cm
11300	64	13	4.0	5.38
15555	56	11	5.5	6.37
32712	69	14	11.6	9.44
54260	54	11	19.2	11.22
20988	54	11	7.4	7.50
12728	69	14	4.5	5.72

表7.3-20　　　　　　　　　工况Ⅳ模型控制条件

原型流量/(m³/s)	原型历时/d	模型历时/min	模型流量/(m³/h)	模型尾门水位/cm
11300	64	13	4.0	5.38
15555	56	11	5.5	6.37
32712	69	14	11.6	9.44
58782	54	11	20.8	11.30
18200	54	11	6.4	6.94
11300	69	14	4.0	5.38

（2）来流挟沙饱和度对弯曲分汊段冲淤调整的影响。其次通过试验研究来流挟沙饱和度对天兴洲弯曲分汊段冲淤调整的影响。试验各工况的径流过程均为2012年汉口站实测流量数据进行概化得到的6级流量过程，即径流过程与试验工况Ⅰ相同，仅改变来沙量。

三峡工程运用后的来沙量，依据2012年汉口站逐日平均含沙量计算出输沙率，结合各级流量历时进一步计算出来沙量，设为试验工况Ⅴ，作为来流挟沙饱和度对天兴洲弯曲分汊段冲淤调整的影响系列试验的对照组，该试验工况的模型控制条件见表7.3-21。

表7.3-21　　　　　　　　　　　工况Ⅴ模型控制条件

原型流量 /(m³/s)	原型历时 /d	模型历时 /min	模型流量 /(m³/h)	模型尾门水位 /cm	模型加沙量 /kg
11531	64	13	4.1	5.43	0.54
15555	56	11	5.5	6.37	0.79
32712	69	14	11.6	9.44	1.29
45217	54	11	16.0	10.76	2.47
26235	54	11	9.3	8.45	0.87
15136	69	14	5.4	6.27	0.46

在径流过程不变的条件下，改变来流挟沙饱和度，选择将三峡工程运用条件下典型年的来沙量（工况Ⅴ）分别增大至2倍及3倍来沙量，相应的水沙过程分别设为试验工况Ⅵ和试验工况Ⅶ，这两组试验工况的模型控制条件分别见表7.3-22、表7.3-23。

表7.3-22　　　　　　　　　　　工况Ⅵ模型控制条件

原型流量 /(m³/s)	原型历时 /d	模型历时 /min	模型流量 /(m³/h)	模型尾门水位 /cm	模型加沙量 /kg
11531	64	13	4.1	5.43	1.08
15555	56	11	5.5	6.37	1.58
32712	69	14	11.6	9.44	2.58
45217	54	11	16.0	10.76	4.94
26235	54	11	9.3	8.45	1.74
15136	69	14	5.4	6.27	0.92

表7.3-23　　　　　　　　　　　工况Ⅶ模型控制条件

原型流量 /(m³/s)	原型历时 /d	模型历时 /min	模型流量 /(m³/h)	模型尾门水位 /cm	模型加沙量 /kg
11531	64	13	4.1	5.43	1.62
15555	56	11	5.5	6.37	2.37
32712	69	14	11.6	9.44	3.87
45217	54	11	16.0	10.76	7.41
26235	54	11	9.3	8.45	2.61
15136	69	14	5.4	6.27	1.38

7.3.3 径流过程离散度对分汉河段冲淤调整的影响

7.3.3.1 南阳洲顺直分汉段概化模型

1. 分流比变化

每组工况均选择在对应原型流量为 20034m³/s 时测量两汉各断面的垂线平均流速，计算得到两汉分流比。表 7.3-24、图 7.3-6 给出了不同径流过程离散度影响下，南阳洲顺直分汉段年末主、支汉分流比的变化。

表 7.3-24 不同径流过程离散度条件下南阳洲主、支汉分流比变化 %

工况（清水冲刷）	主汉分流比	支汉分流比	支汉分流比累计变化
Ⅰ（实测径流过程）	85.29	14.71	—
Ⅱ（洪峰流量增幅 10%）	87.06	12.94	−1.77
Ⅲ（洪峰流量增幅 20%）	89.57	10.43	−4.28
Ⅳ（洪峰流量增幅 30%）	89.69	10.31	−4.40

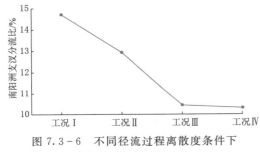

图 7.3-6 不同径流过程离散度条件下
南阳洲支汉分流比变化

从试验结果来看，不同的径流过程离散度对应的南阳洲两汉的年末分流比变化也不同，这表明径流过程离散度的改变对南阳洲顺直分汉河段的冲淤产生了影响。随着径流过程离散度的增大，支汉分流比减小，主汉分流比增大，即枢纽调度对径流过程的改变程度不同，分流比的变化也不同。

具体来看，工况 Ⅳ 相比于工况 Ⅰ，洪峰流量增幅达 30%，南阳洲支汉年末分流比降至 10.31%，相比于工况 Ⅰ 的 14.71% 减少了 4.4 个百分点，降幅达到了 29.9%，充分体现了南阳洲顺直分汉段冲淤调整对径流过程离散度改变的敏感性。

2. 冲淤变化

图 7.3-7 为不同径流过程离散度条件下南阳洲顺直分汉段河床冲淤分布图。从冲刷部位来看，最明显的是分汉段口门和洲体靠近主汉一侧以及主汉内。河段进口来流为不饱和含沙水流，河道处于冲刷状态，随着径流过程离散度的增大，洪峰流量相应增大，这几处的冲刷幅度大多也呈现出增强的趋势，在洪峰流量增幅 30% 的条件下，分汉段口门和洲体靠近主汉一侧的冲刷幅度减弱，但主汉靠近洲尾及河段出口处的冲刷面积及深度却显著增大。

从淤积部位来看，支汉的淤积部位面积占比相对主汉的淤积部位面积占比更大。随着径流过程离散度的增大，直至洪峰流量增大 20% 的条件下，主汉内的淤积面积及淤积高度均呈逐渐减小趋势，而支汉则呈增大趋势；在洪峰流量增大 30% 的条件下，主汉的淤积部位面积虽然略有增大，但其冲刷部位面积及冲刷深度增加更为显著，故整体来看主汉的相对淤积幅度呈逐渐减小的趋势。

所以，当河道处于冲刷状态时，随着径流过程离散度的增大，南阳洲主汉相对支汉的冲刷优势也随之增大，主汉的冲刷发展相对更快，与支汉分流比逐渐减小的趋势相吻合。

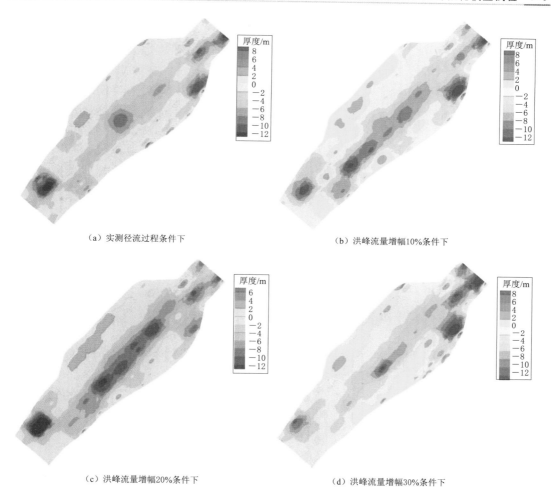

（a）实测径流过程条件下

（b）洪峰流量增幅10%条件下

（c）洪峰流量增幅20%条件下

（d）洪峰流量增幅30%条件下

图 7.3-7　不同径流过程离散度条件下南阳洲顺直分汊段河床冲淤分布

7.3.3.2　天兴洲弯曲分汊段概化模型

1. 分流比变化

试验过程中观察发现，天兴洲北汊在枯水流量时已基本呈现断流状态，与近年实测分流比资料结果一致。为了便于测量流速，每组工况均选择对应原型流量为 $32712\text{m}^3/\text{s}$ 时测量两汊断面各垂线平均流速，计算得到两汊分流比。表 7.3-25、图 7.3-8 给出了不同径流过程离散度影响下，天兴洲弯曲分汊段年末主、支汊分流比的变化。

表 7.3-25　　　　不同径流过程离散度条件下天兴洲主、支汊分流比变化　　　　%

工况（清水冲刷）	主汊分流比	支汊分流比	支汊分流比累计变化
Ⅰ（实测径流过程）	87.10	12.90	—
Ⅱ（洪峰流量增幅 10%）	85.81	14.19	+1.29
Ⅲ（洪峰流量增幅 20%）	85.10	14.90	+2.00
Ⅳ（洪峰流量增幅 30%）	84.14	15.86	+2.96

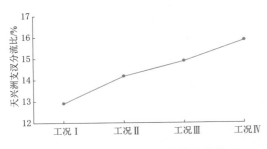

图 7.3-8 不同径流过程离散度条件下
天兴洲支汊分流比变化

三峡工程运用后，水库下游流量过程调平，径流过程离散度减小。工况 Ⅰ～Ⅳ 中，随着径流过程离散度的增大，即洪峰流量逐渐增大、汛后消落期流量相应减小时，此时的径流过程越来越接近于三峡工程运用前的情形。从试验结果来看，不同的径流过程离散度，对应天兴洲两汊的年末分流比也不同，这表明枢纽调度改变径流过程离散度，对天兴洲弯曲分汊段的冲淤调整产生了影响。随着径流过程离散度的增大，支汊分流比随之增大，主汊分流比随之减小，即枢纽调度对径流过程改变程度的不同，分流比的变化也不同。

具体来看，工况 Ⅳ 相对工况 Ⅰ，洪峰流量增幅达 30%，天兴洲支汊年末分流比达到了 15.86%，相比于工况 Ⅰ 的 12.90% 增加了 2.96 个百分点，增幅达到了 22.9%，充分体现了天兴洲弯曲分汊段冲淤调整对径流过程离散度改变的敏感性。

2. 冲淤变化

图 7.3-9 为不同径流过程离散度条件下天兴洲弯曲分汊段河床冲淤分布图。从冲刷部位

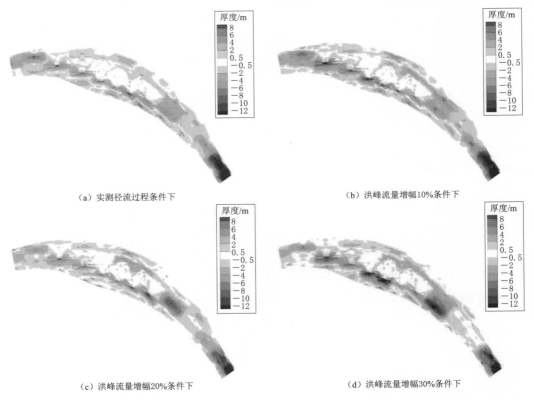

（a）实测径流过程条件下 （b）洪峰流量增幅10%条件下

（c）洪峰流量增幅20%条件下 （d）洪峰流量增幅30%条件下

图 7.3-9 不同径流过程离散度条件下天兴洲弯曲分汊段河床冲淤分布

来看，最明显的是河段进口、洲头低滩及洲体靠近主汊一缘。由于进口来流为不饱和水流，随着径流过程离散度的增大，洪峰流量相应增大，这几处的冲刷幅度也呈现出增大的趋势。

从淤积部位来看，天兴洲两汊均有局部淤积。随着径流过程离散度的增大，两汊的淤积程度都逐渐减小，这也是冲刷强度逐渐增大的体现，同时能看出主支汊的淤积量之差也是逐渐增大的，这是由于支汊增大的冲刷强度相比主汊增大的冲刷强度更大。在洪峰流量增幅30%的条件下，支汊从口门处开始就呈冲刷态势，仅在靠近洲尾处有较为明显的淤积，且淤积高度不大，而主汊从口门至靠近洲尾处沿程仍然有较为明显的淤积。

所以，当河道处于冲刷状态时，随着径流过程离散度的增大，天兴洲支汊相对主汊的冲刷优势也随之增大，于是支汊的冲刷发展相对更快，与支汊分流比逐渐增大的趋势相吻合。

7.3.4　来流挟沙饱和度对分汊河段冲淤调整的影响

7.3.4.1　南阳洲顺直分汊段概化模型

1. 分流比变化

研究来流挟沙饱和度对南阳洲顺直分汊段冲淤调整的影响的工况Ⅰ、Ⅴ、Ⅵ、Ⅶ四组试验中，主要区别在于来流挟沙饱和度不同，但径流过程是相同的。

每组工况仍选择对应原型流量为 $20034 \mathrm{m}^3/\mathrm{s}$ 时测量两汊各断面各垂线平均流速，计算得到两汊分流比。表7.3-26、图7.3-10给出了不同来流挟沙饱和度影响下南阳洲顺直分汊段年末主、支汊分流比的变化。

表7.3-26　　　　　　　来沙量改变条件下南阳洲主、支汊分流比变化　　　　　　　%

工况（径流过程相同）	主汊分流比	支汊分流比	支汊分流比累计变化
Ⅰ（清水冲刷）	85.29	14.71	—
Ⅴ（蓄水后代表来沙量）	82.36	17.64	+2.93
Ⅵ（2倍蓄水后来沙量）	84.12	15.88	+1.17
Ⅶ（3倍蓄水后来沙量）	78.79	21.21	+6.5

从试验结果来看，不同的来流挟沙饱和度条件下，南阳洲两汊的年末分流比也不同，这表明来流挟沙饱和度的变化对南阳洲顺直分汊河段的冲刷调整产生了影响。随着来流挟沙饱和度的增大，支汊分流比增大，主汊分流比减小。这表明不同来流挟沙饱和度所引起的两汊冲刷调整也是不同的。

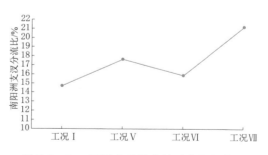

图7.3-10　不同来沙量条件下南阳洲支汊分流比变化

具体来看，来流挟沙饱和度从0逐渐增至工况Ⅶ时，支汊分流比从14.71%逐渐增至21.21%，增加了6.5个百分点，增幅高达44.2%，充分体现了南阳洲顺直分汊段冲淤调整对来流挟沙饱和度改变的敏感性。

2. 冲淤变化

图7.3-11为不同来流挟沙饱和度条件下南阳洲顺直分汊段河床冲淤分布图。从冲刷

部位来看，最明显的是河段入口靠近支汊一侧、南阳洲洲体及河段出口靠近主汊一侧。随着来流挟沙饱和度的增大，河道逐渐由侵蚀型转化为堆积型，但这几处的冲刷幅度不减反增，特别是河段入口至洲头浅滩这一段，大面积冲刷部位的深度从 2～6m 增至 6～12m，而主汊内原本处于冲刷状态的部位，则有部分转变为淤积状态。从淤积部位来看，南阳洲两汊均有较为明显的淤积。随着来流挟沙饱和度的增大，一方面，淤积部位从较为散乱转化为趋于集中，特别是主汊淤积面积和高度较大的部位越来越向上游来流方向移动；另一方面，主汊的淤积强度与支汊的淤积强度之差也随着来流挟沙饱和度的增大而呈现出增大的趋势，即主汊相对支汊的淤积优势越来越大。需要说明的是，工况Ⅵ条件下，主汊的淤积强度与支汊的淤积强度之差出现了一定程度减小的趋势，这与表 7.3-26 中支汊分流比出现了减小的现象也是吻合的，但在工况Ⅶ条件下主汊的淤积强度与支汊的淤积强度之差以及支汊分流比又出现了更加显著的增大，表明主汊的淤积强度与支汊的淤积强度之差随着来流挟沙饱和度的增大而呈增大的趋势。

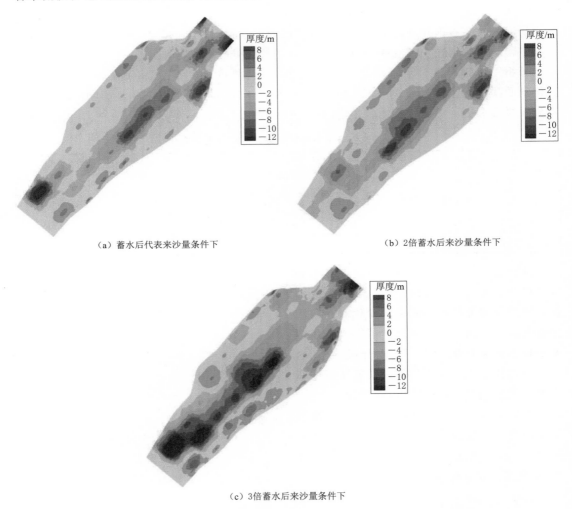

（a）蓄水后代表来沙量条件下　　　　　　　　　　　（b）2倍蓄水后来沙量条件下

（c）3倍蓄水后来沙量条件下

图 7.3-11　不同来流挟沙饱和度条件下南阳洲顺直分汊段河床冲淤分布

所以，随着来流挟沙饱和度的增大，当河道逐渐由侵蚀型转化为堆积型时，南阳洲主汊相对支汊的淤积优势越来越大，于是支汊的相对发展更快，与支汊分流比逐渐增大的趋势相吻合。

7.3.4.2　天兴洲弯曲分汊段概化模型

1. 分流比变化

研究来流挟沙饱和度对天兴洲弯曲分汊段冲淤调整的影响的工况 I、V、VI、VII 四组试验中，主要区别在于来流挟沙饱和度不同，但径流过程是相同的。其中，工况 V 的水沙条件是天兴洲弯曲分汊段的实测水沙条件，该工况下年末支汊分流比为 10.77%，与近年实测资料显示的天兴洲支汊中水分流比不足 10% 大体一致。

每组工况仍选择对应原型流量为 32712m³/s 时测量两汊各断面各垂线平均流速，计算得到两汊分流比。表 7.3 - 27、图 7.3 - 12 给出了不同来流挟沙饱和度影响下，天兴洲弯曲分汊段年末主、支汊分流比的变化。

表 7.3 - 27　　　　不同来流挟沙饱和度条件下天兴洲主、支汊分流比变化　　　　%

工况（径流过程相同）	主汊分流比	支汊分流比	支汊分流比累计变化
I （清水冲刷）	87.10	12.90	—
V （蓄水后代表来沙量）	89.23	10.77	-2.13
VI （2 倍蓄水后来沙量）	87.52	12.48	-0.42
VII （3 倍蓄水后来沙量）	85.94	14.06	+1.16

在工况 I、V、VI、VII 中，随着来流挟沙饱和度的增大，即来沙量逐渐增大时，此时的来沙条件越来越接近于三峡工程运用前的水平。从试验结果来看，不同的来流挟沙饱和度，对应的天兴洲两汊的年末分流比也不同，随着来流挟沙饱和度的增大，支汊分流比先减小后增大，主汊分流比先增大后减小，这表明不同来流挟沙饱和度对分汊河段冲刷调整所引起的分流比改变程度也是不同的。

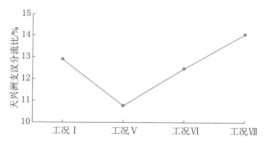

图 7.3 - 12　不同来流挟沙饱和度条件下天兴洲
支汊分流比变化

具体来看，来流挟沙饱和度从 0 增至工况 V 时，支汊分流比从 12.90% 降至 10.77%，至相对来流挟沙饱和度又逐渐增至工况 VII 时，支汊分流比增大至 14.06%，充分体现了天兴洲弯曲分汊段冲淤调整对来流挟沙饱和度改变的敏感性。

三峡工程运用后引起的来流挟沙饱和度减小会使天兴洲支汊分流比减小，这一点与实测资料也是吻合的。

2. 冲淤变化

图 7.3 - 13 为不同来流挟沙饱和度条件下天兴洲弯曲分汊段河床冲淤分布图。从冲刷部位来看，最明显的是河段入口处和天兴洲支汊口门处。随着来流挟沙饱和度的增大，河道逐渐由侵蚀型转化为堆积型，这两处的冲刷幅度呈现出减小的趋势，冲刷深度从大于

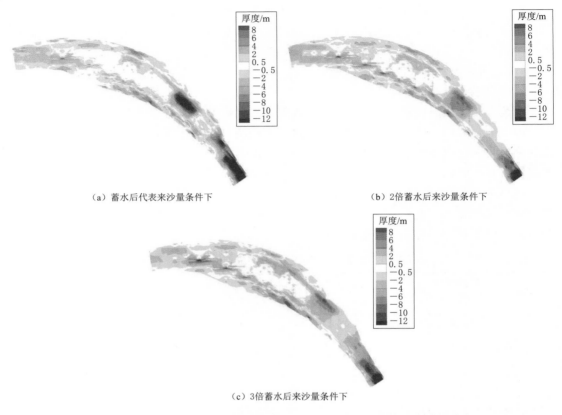

（a）蓄水后代表来沙量条件下　　　　　　　　　　（b）2倍蓄水后来沙量条件下

（c）3倍蓄水后来沙量条件下

图 7.3 - 13　不同来流挟沙饱和度条件下天兴洲弯曲分汊段河床冲淤分布

12m 降至 2～10m，而汊河内原本处于冲刷状态的部位，则无明显变化。从淤积部位来看，天兴洲两汊均有较为明显的淤积。随着来流挟沙饱和度的增大，一方面，淤积部位从较为散乱转化为趋于集中，主汊淤积面积和高度较大的部位越来越向上游来流方向移动，而支汊淤积面积和高度较大的部位则越来越向下游洲尾方向移动；另一方面，主支汊的淤积量之差也是逐渐增大的。

　　所以，随着来流挟沙饱和度的增大，河道逐渐由侵蚀型转化为堆积型，天兴洲主汊相对支汊的淤积优势也随之增大，支汊的相对发展更快，与支汊分流比逐渐增大的趋势相吻合。

7.3.5　不同类型分汊河道冲淤调整机理

　　三峡水库蓄水后分汊河段调整的根本原因是不饱和挟沙水流的冲刷，但不同类型分汊河段演变调整的方向与结果不同，这主要是因为径流过程调平、来沙减少对于不同类型分汊河段的影响不同。

　　由此可见，分汊河段不同汊道在不饱和水流的作用下均会发生冲刷，但由于两汊分流分沙比各不相同，不饱和程度也不相同，因此不同汊道的冲刷剧烈程度不同，冲刷发展的结果就不同。

从张瑞瑾的水流挟沙力公式 $S_* = K\left(\dfrac{U^3}{gR\omega}\right)^m$ 看出，水流挟沙力与流速的 3 次方成正比。一定来流条件下，汊道的流速不同，则流速大的水流挟沙力大，在来沙不饱和情况下，需要从河床上冲刷补给的量更大。当然，冲刷总量还要考虑汊道的过流量，汊道过流量越大，则冲刷总量越大。

7.3.5.1　顺直分汊河道冲淤调整机理

（1）径流过程离散度影响顺直分汊段分流比调整的机理。径流过程离散度影响顺直汊道分流比调整的规律与弯曲分汊段相反，在相同的离散度变化条件下，顺直分汊段汊道支汊分流比随着径流过程离散度的增加而减小。

对于南阳洲顺直分汊段，随着洪峰流量的增加，主汊分流比并未减小，甚至随着洪峰流量的增加，主汊的分流比更大。此时，在相同径流总量条件下，径流过程离散度越大，反而更有利于不饱和含沙水流对主汊的冲刷，因此支汊的分流比反而更小。

（2）来流挟沙饱和度影响顺直分汊段分流比调整的机理。对于南阳洲顺直分汊段，当来流挟沙饱和度降低时，由于主汊冲刷量将会增加，其增加幅度超过支汊，因此主汊分流比随着来流挟沙饱和度的降低而增大，支汊分流比随着来流挟沙饱和度的降低而减小。

7.3.5.2　弯曲分汊河段冲淤调整机理

（1）径流过程离散度影响弯曲分汊段分流比调整的机理。天兴洲弯曲分汊段的主汊位于右汊，而左汊则为支汊，主汊的分流比随着径流过程离散度的增大而减小，支汊的分流比则随着径流过程离散度的增大而增大。

在相同总径流量的条件下，径流过程离散度小，则洪峰流量小于径流过程离散度较大时的洪峰流量，显然，其结果是前者汛期支汊冲刷总量要小于后者，而汛期的冲刷更能决定冲刷发展的结果，因此导致天兴洲分汊河段在径流过程调平后，主汊发展要更快的结果。

（2）来流挟沙饱和度影响弯曲分汊段分流比调整的机理。一定来流条件（包括总量及过程）下，含沙饱和度的影响存在着转折点，首先是随着含沙饱和度的降低，主汊沿程冲刷补给的幅度超过支汊，因此支汊分流比下降；而当饱和度降低到一定程度再继续降低后（如上述试验中的工况Ⅴ至工况Ⅵ），此时上游来流含沙为 0，进入该河段在进口段的冲刷补给增加，而进口段冲刷补给的泥沙更多地进入主汊（即右汊），很少进入支汊，因此支汊内的冲刷反而有所增加，支汊的分流比也有所回升。

7.4　基于典型河段河槽发育的控泄指标

年内随着来流量的变化，分汊河道主流会在汊道间摆动，城陵矶以下分汊河段这种特征十分明显，同时这种水力特征也是分汊河道得以稳定存在和发育的前提条件。从上文南阳洲和天兴洲汊道段的概化模型试验可以看出，随着流量的增大，南阳洲汊道的主流向右汊摆动，左汊分流比趋于减少，右汊的分流比趋于增加；天兴洲汊道的主流向左汊摆动，左汊分流比趋于增加，右汊分流比趋于减少。基于这种特征，统计两河段历年超过造床流量的流量级持续时间，以及高水主流倾向性汊道内固定断面在平滩水位下的河床高程变化值，同时考虑到河床变形具有滞后效应，建立持续时间与滞后一年的河床平均高程、过水断面面积变化值的相关关系，如图 7.4-1、图 7.4-2 所示。从图上来看，一方面高水持续时间越长，南阳洲右汊河床高程降幅越大，对应过水断面面积增幅也越大，天兴洲左汊河床高程降幅越大，对应过水断面面积增幅也越大；另一方面，南阳洲汊道基本在造床流量以上水流过程持续 45d 以上，右汊河床平均高程下降、过水断面面积增大，天兴洲汊道基本在造床流量以上水流过程持续 23d 以上，右汊河床平均高程下降、过水断面面积增大，即当造床流量及以上水流过程出现频率约在 10% 以上时，能够保证洪水倾向的汊道发育较好。

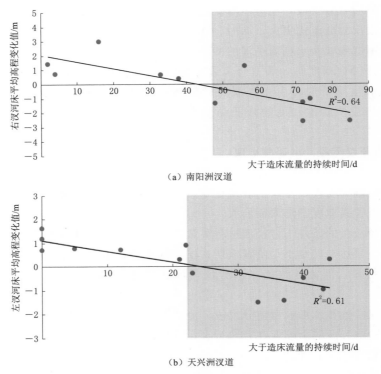

（a）南阳洲汊道

（b）天兴洲汊道

图 7.4-1　典型河段大于造床流量的持续时间与汊道河床平均高程变化值相关关系

长江中下游各控制站水文条件年际虽有变化，但年内的涨落水过程具有相似性，对应造床流量量级和基本出现频率要求，根据三峡水库蓄水前的 1981—2002 年和蓄水后的 2003—2018 年螺山站和汉口站的日均流量经验频率曲线，查找能够满足上文大于造床流量持续时间的年份，计算其占统计年份的比例，以及满足这一条件的年份中 1.5% 频率对应的流量的最小值，见表 7.4-1。基于三峡水库蓄水前长江中下游河道并未出现萎缩这一前提，对比三峡水库蓄水后的水文条件来看，虽然螺山站和汉口站造床流量都有所减小，但螺山站造床流量持续时间的满足情况优于蓄水前，汉口站持续时间满足的年份占比较蓄水前略减小。因此，初步认为按照三峡水库蓄水后的来流条件（宜昌站按照 45000m³/s 控泄），同时保证满足造床流量持续时间的年份占比不小于蓄水前，即使

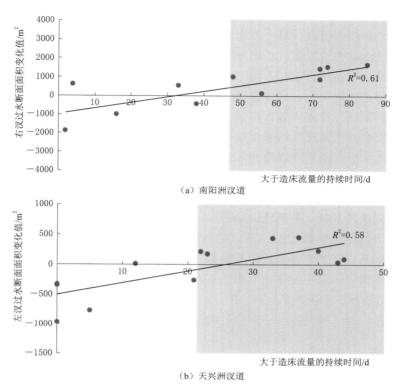

（a）南阳洲汉道

（b）天兴洲汉道

图7.4-2 典型河段大于造床流量的持续时间与汉道过水断面面积变化值相关关系

1.5％频率对应的流量最小值都在50000m³/s以内，也能够保证白螺矶河段的发育，对武汉河段（中下段）的影响也不大。

表7.4-1 三峡水库蓄水前后满足造床流量持续时间的情况统计

控制站	三峡水库蓄水前（1981—2002年）			三峡水库蓄水后（2003—2018年）		
	造床流量/(m³/s)	满足持续时间		造床流量/(m³/s)	满足持续时间	
		年份占比/％	1.5％频率流量最小值/(m³/s)		年份占比/％	1.5％频率流量最小值/(m³/s)
螺山	35000	59.1	47000	32000	62.5	40000
汉口	43000	72.7	49000	40000	62.5	48000

7.5 本章小结

当前沙市河段、白螺矶河段和武汉河段（中下段）的造床流量值分别约为27000m³/s、32000m³/s和40000m³/s。相对于三峡水库蓄水前，三峡水库蓄水后3个典型河段的造床流量均有所减小，且减少量基本都在3000m³/s左右，减幅约10％。三峡水库蓄水后，长江中游（干流及入汇支流）遭遇偏枯的周期决定了造床流量减小的总基调，尤以螺山站最为突出。水库调度对于坝下游河道造床流量的影响具有综合性：一方面，河床冲刷带来同流量水位下降，如沙市河段；另一方面，水库汛期削峰减少了高水出现频次，两者同时促进造床流量的减小。整治工程、江湖分汇流关系变化、河道采砂等其他因素的影响较小。

三峡水库的蓄水运用会使其下游河段的径流过程离散度和来流挟沙饱和度同时降低，使年内径流过程趋于均匀化，来沙量锐减。径流过程离散度和来流挟沙饱和度的变化均会影响分汊河段的调整。径流离散程度越大，越有利于洪水倾向型汊道（如南阳洲右汊和天兴洲左汊）的发育；来流挟沙饱和度越低，越有利于主汊的发展。

三峡水库蓄水后，南阳洲汊道和天兴洲汊道基本在造床流量以上水流过程持续 45d 或 23d 以上，也即当造床流量及以上水流过程出现频率约在 10% 以上时，能够保证洪水倾向的汊道发育较好。基于三峡水库蓄水前长江中下游河道并未出现萎缩的前提，对比三峡水库蓄水后的水文条件来看，虽然螺山站和汉口站造床流量都有所减小，但螺山站造床流量持续时间的满足情况优于蓄水前，汉口站持续时间满足的年份占比较蓄水前略减小。因此，初步认为按照三峡水库蓄水后的来流条件（宜昌站按照 45000m³/s 控泄），同时保证满足造床流量持续时间的年份占比不小于蓄水前（即每 10 年水文周期内有 6 年及以上满足造床流量持续时间），即使低频率（1.5%）的高水流量不足 50000m³/s，也能够保证白螺矶河段的发育，对武汉河段（中下段）的影响也较小。

第 8 章

典型河段造床作用敏感性数值模拟

为进一步明确长江中下游典型河道冲淤对三峡水库调度的响应规律，模拟不同控泄指标条件下河段造床作用的敏感性，本章主要依据建立的 3 个典型河段的正交曲线贴体坐标系下的平面二维水沙数学模型，通过对模型的充分率定和验证，考虑三峡水库不同调度方案的控泄条件，对长江中下游典型河段的冲淤开展模拟计算，检验并进一步细化第 7 章提出的基于典型河段河槽发育的控泄指标。

8.1 平面二维水沙数学模型的基本原理

8.1.1 控制方程

在正交曲线贴体坐标系下，平面二维水沙数学模型中水流和泥沙的基本控制方程如下。

（1）水流连续方程：

$$\frac{\partial h}{\partial t} + \frac{1}{J}\frac{\partial h u C_\eta}{\partial \xi} + \frac{1}{J}\frac{\partial h v C_\xi}{\partial \eta} = 0 \tag{8.1-1}$$

（2）ξ 方向水流动量方程：

$$\frac{\partial u}{\partial t} + \frac{1}{J}\frac{\partial C_\eta u^2}{\partial \xi} + \frac{1}{J}\frac{\partial C_\xi uv}{\partial \eta} + \frac{1}{J}\left(uv\frac{\partial C_\xi}{\partial \eta} - v^2\frac{\partial C_\eta}{\partial \xi}\right)$$

$$= -g\frac{1}{C_\xi}\frac{\partial Z}{\partial \xi} - g\frac{n^2 u\sqrt{u^2+v^2}}{h^{4/3}} + (\upsilon+\varepsilon)\left(\frac{1}{C_\xi}\frac{\partial A}{\partial \xi} - \frac{1}{C_\eta}\frac{\partial B}{\partial \eta}\right) \tag{8.1-2}$$

（3）η 方向水流动量方程：

$$\frac{\partial v}{\partial t} + \frac{1}{J}\frac{\partial C_\xi v^2}{\partial \eta} + \frac{1}{J}\frac{\partial C_\eta uv}{\partial \xi} + \frac{1}{J}\left(uv\frac{\partial C_\eta}{\partial \xi} - u^2\frac{\partial C_\xi}{\partial \eta}\right)$$

$$= -g\frac{1}{C_\eta}\frac{\partial Z}{\partial \eta} - g\frac{n^2 v\sqrt{u^2+v^2}}{h^{4/3}} + (\upsilon+\varepsilon)\left(\frac{1}{C_\xi}\frac{\partial B}{\partial \xi} + \frac{1}{C_\eta}\frac{\partial A}{\partial \eta}\right) \tag{8.1-3}$$

式中：ξ、η 分别为正交曲线贴体坐标系中两个坐标；Z 为水位；h 为水深；n 为糙率系数；g 为重力加速度；u、v 分别为沿 ξ、η 方向的流速；υ 与 ε 分别为层流运动黏滞性系数和紊动运动黏滞性系数，前者与后者相比一般可忽略不计；$J = C_\xi C_\eta$，C_ξ、C_η 分别为正交曲线坐标系中的拉梅系数，分别由下式求得：

$$C_\xi = \sqrt{x_\xi^2 + y_\xi^2}, C_\eta = \sqrt{x_\eta^2 + y_\eta^2}$$

$$x_\xi = \frac{x^E - x^W}{2\partial\xi}, x_\eta = \frac{x^N - x^S}{2\partial\eta}, y_\xi = \frac{y^E - y^W}{2\partial\xi}, y_\eta = \frac{y^N - y^S}{2\partial\eta}$$

此外，A、B 的表达式如下：

$$A = \frac{1}{J}\left(\frac{\partial \hat{u}C_\eta}{\partial\xi} + \frac{\partial \hat{v}C_\xi}{\partial\eta}\right), B = \frac{1}{J}\left(\frac{\partial \hat{v}C_\eta}{\partial\xi} - \frac{\partial \hat{u}C_\xi}{\partial\eta}\right)$$

（4）悬移质泥沙非平衡输沙方程：

$$\frac{\partial hs_i}{\partial t} + \frac{1}{J}\frac{\partial C_\eta uhs_i}{\partial\xi} + \frac{1}{J}\frac{\partial C_\xi vhs_i}{\partial\eta} = \frac{1}{J}\varepsilon_s\left[\frac{\partial}{\partial\xi}\left(\frac{C_\eta}{C_\xi}\frac{\partial hs_i}{\partial\xi}\right) + \frac{\partial}{\partial\eta}\left(\frac{C_\xi}{C_\eta}\frac{\partial hs_i}{\partial\eta}\right)\right] - \alpha_i\omega_i(s_i - s_i^*)$$

$$(8.1 - 4)$$

式中：下标 i 为悬移质泥沙粒径组编号；s_i 为第 i 组泥沙的含沙量；ε_s 为泥沙紊动扩散系数；s_i^* 为第 i 组泥沙的挟沙能力；α_i 为第 i 组泥沙的恢复饱和系数；ω_i 为第 i 组泥沙的沉速。

（5）推移质泥沙非平衡输沙方程：

$$\frac{\partial hs_{bj}}{\partial t} + \frac{1}{J}\frac{\partial C_\eta uhs_{bj}}{\partial\xi} + \frac{1}{J}\frac{\partial C_\xi vhs_{bj}}{\partial\eta} = \frac{1}{J}\varepsilon_s\left[\frac{\partial}{\partial\xi}\left(\frac{C_\eta}{C_\xi}\frac{\partial hs_{bj}}{\partial\xi}\right) + \frac{\partial}{\partial\eta}\left(\frac{C_\xi}{C_\eta}\frac{\partial hs_{bj}}{\partial\eta}\right)\right] - \alpha_j\omega_j(s_{bj} - s_{bj}^*)$$

$$(8.1 - 5)$$

式中：下标 j 为推移质泥沙粒径组编号；s_{bj} 为第 j 组推移质输沙率折算为全水深的浓度；s_{bj}^* 为第 j 组推移质饱和输沙率折算的全水深的浓度，它们之间的关系为

$$s_{bj} = \frac{g_{bj}}{h\sqrt{u^2 + v^2}}, s_{bj}^* = \frac{g_{bj}^*}{h\sqrt{u^2 + v^2}}$$

式中：g_{bj} 和 g_{bj}^* 分别为推移质输沙率和饱和输沙率。

（6）河床变形方程：

$$\rho_s'\frac{\partial Z_b}{\partial t} = \sum_{L=1}^{M+N}\alpha_L\omega_L(S_L - S_L^*) \tag{8.1 - 6}$$

式中：ρ_s' 为泥沙干容重；Z_b 为河床高程；L 为泥沙粒径组编号；M 和 N 分别为推移质和悬移质粒径组数；S_L 和 S_L^* 为推移质和悬移质泥沙浓度与饱和挟沙浓度。

8.1.2　数值解法

比较式（8.1-1）～式（8.1-5），可以发现它们的形式相似，可表达成如下通用格式：

$$\frac{\partial\psi}{\partial t} + \frac{1}{J}\frac{\partial C_\eta u\psi}{\partial\xi} + \frac{1}{J}\frac{\partial C_\xi v\psi}{\partial\eta} = \frac{1}{J}\frac{\partial}{\partial\xi}\left(\frac{\Gamma C_\eta}{C_\xi}\frac{\partial\psi}{\partial\xi}\right) + \frac{1}{J}\frac{\partial}{\partial\eta}\left(\frac{\Gamma C_\xi}{C_\eta}\frac{\partial\psi}{\partial\eta}\right) + S \tag{8.1 - 7}$$

这里，Γ 为扩散系数。式（8.1-1）～式（8.1-5）的差别主要体现在源项 S 里面。同时，在运用控制体积法求解式（8.1-7）时，为了使计算收敛或加快收敛，需要对源项进行负坡线性化，即 $S = S_p\psi_p + S_c$。

负坡线性化后，经过进一步推导，方程中各项的表示见表 8.1-1。

表 8.1-1　　　　　　　　　　　　各方程负坡线性化后的参数表

方程	ψ	Γ	S_p	S_c
水流连续方程	H	0	0	0
ξ 方向运动方程	u	$\upsilon+\varepsilon$	$-g\dfrac{n^2\sqrt{u^2+v^2}}{H^{4/3}}-\dfrac{v}{J}\dfrac{\partial C_\xi}{\partial\eta}$ $-\dfrac{\upsilon+\varepsilon}{C_\eta C_\xi}\left(\dfrac{1}{C_\xi C_\eta}\dfrac{\partial C_\xi}{\partial\eta}\dfrac{\partial C_\xi}{\partial\eta}+\dfrac{1}{C_\eta C_\xi}\dfrac{\partial C_\eta}{\partial\xi}\dfrac{\partial C_\eta}{\partial\xi}\right)$	$-g\dfrac{1}{C_\xi}\dfrac{\partial Z}{\partial\xi}+\dfrac{v^2}{J}\dfrac{\partial C_\eta}{\partial\xi}$ $-\dfrac{\upsilon+\varepsilon}{C_\xi C_\eta}\dfrac{\partial}{\partial\eta}\left(\dfrac{v}{C_\eta}\dfrac{\partial C_\eta}{\partial\xi}+\dfrac{\partial v}{\partial\xi}-\dfrac{u}{C_\eta}\dfrac{\partial C_\xi}{\partial\eta}\right)$ $+\dfrac{\upsilon+\varepsilon}{C_\xi C_\eta}\left(\dfrac{v}{C_\xi C_\eta}\dfrac{\partial C_\eta}{\partial\xi}+\dfrac{1}{C_\xi}\dfrac{\partial v}{\partial\xi}-\dfrac{1}{C_\eta}\dfrac{\partial u}{\partial\eta}\right)\dfrac{\partial C_\xi}{\partial\eta}$ $+\dfrac{\upsilon+\varepsilon}{C_\xi C_\eta}\dfrac{\partial}{\partial\xi}\left(\dfrac{u}{C_\xi}\dfrac{\partial C_\eta}{\partial\xi}+\dfrac{v}{C_\xi}\dfrac{\partial C_\xi}{\partial\eta}+\dfrac{\partial v}{\partial\eta}\right)$ $-\dfrac{\upsilon+\varepsilon}{C_\xi C_\eta}\left(\dfrac{1}{C_\xi}\dfrac{\partial u}{\partial\xi}+\dfrac{v}{C_\eta C_\xi}\dfrac{\partial C_\xi}{\partial\eta}+\dfrac{1}{C_\eta}\dfrac{\partial v}{\partial\eta}\right)\dfrac{\partial C_\eta}{\partial\xi}$ $-Mu$
η 方向运动方程	υ	$\upsilon+\varepsilon$	$-g\dfrac{n^2\sqrt{u^2+v^2}}{H^{4/3}}-\dfrac{u}{J}\dfrac{\partial C_\eta}{\partial\xi}$ $-\dfrac{\upsilon+\varepsilon}{C_\eta C_\xi}\left(\dfrac{1}{C_\xi C_\eta}\dfrac{\partial C_\xi}{\partial\eta}\dfrac{\partial C_\xi}{\partial\eta}+\dfrac{1}{C_\eta C_\xi}\dfrac{\partial C_\eta}{\partial\xi}\dfrac{\partial C_\eta}{\partial\xi}\right)$	$-g\dfrac{1}{C_\eta}\dfrac{\partial Z}{\partial\eta}+\dfrac{u^2}{J}\dfrac{\partial C_\xi}{\partial\eta}$ $-\dfrac{\upsilon+\varepsilon}{C_\xi C_\eta}\dfrac{\partial}{\partial\eta}\left(\dfrac{u}{C_\eta}\dfrac{\partial C_\eta}{\partial\xi}+\dfrac{\partial u}{\partial\xi}+\dfrac{v}{C_\eta}\dfrac{\partial C_\xi}{\partial\eta}\right)$ $+\dfrac{\upsilon+\varepsilon}{C_\xi C_\eta}\left(\dfrac{u}{C_\xi C_\eta}\dfrac{\partial C_\eta}{\partial\xi}+\dfrac{1}{C_\xi}\dfrac{\partial u}{\partial\xi}+\dfrac{1}{C_\eta}\dfrac{\partial v}{\partial\eta}\right)\dfrac{\partial C_\xi}{\partial\eta}$ $+\dfrac{\upsilon+\varepsilon}{C_\xi C_\eta}\dfrac{\partial}{\partial\xi}\left(\dfrac{v}{C_\xi}\dfrac{\partial C_\eta}{\partial\xi}-\dfrac{u}{C_\xi}\dfrac{\partial C_\xi}{\partial\eta}-\dfrac{\partial u}{\partial\eta}\right)$ $-\dfrac{\upsilon+\varepsilon}{C_\xi C_\eta}\left(\dfrac{1}{C_\xi}\dfrac{\partial v}{\partial\xi}-\dfrac{u}{C_\eta C_\xi}\dfrac{\partial C_\xi}{\partial\eta}-\dfrac{1}{C_\eta}\dfrac{\partial u}{\partial\eta}\right)\dfrac{\partial C_\eta}{\partial\xi}$ $-Mv$
非平衡输沙方程	HS_L	ε_s	$-\alpha\omega_L$	$\alpha\omega_L S_L^*$

在数值计算时，只要针对式（8.1-7）编制一个通用计算程序，所有控制方程便可用此程序进行求解。为避免计算区域不合理压力场的出现，上述方程的离散求解在交错网格上进行，各变量的布置与控制体示意如图 8.1-1 所示。

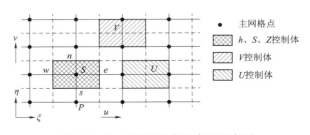

图 8.1-1　交错网格变量布置示意图

对某控制容积进行积分，可得如下统一形式的离散格式：

$$a_P\psi_P=a_E\psi_E+a_W\psi_W+a_N\psi_N+a_S\psi_S+b$$

其中，大写字母表示所研究变量所在节点，小写字母表示相应的界面。各系数表达式如下：

$$a_E=D_eA(|P_{\Delta e}|)+[|-F_e,0|]、a_W=D_wA(|P_{\Delta w}|)+[|F_w,0|]$$
$$a_N=D_nA(|P_{\Delta n}|)+[|-F_n,0|]、a_S=D_sA(|P_{\Delta s}|)+[|F_s,0|]$$
$$a_P=a_E+a_W+a_N+a_S+J\Delta V/\Delta t-S_PJ\Delta V$$
$$b=S_cJ\Delta V+\psi_P^0 J\Delta V/\Delta t$$

计算符号 $A(|P_\Delta|)=[|0,(1-0.1|P_\Delta|)^5|]$，$[|F_w,0|]=\max(F_w,0)$

$$D_e=\left(\Gamma\frac{C_\eta}{C_\xi}\right)_e\frac{\Delta\eta}{(\delta\xi)_e},D_w=\left(\Gamma\frac{C_\eta}{C_\xi}\right)_w\frac{\Delta\eta}{(\delta\xi)_w},D_n=\left(\Gamma\frac{C_\xi}{C_\eta}\right)_n\frac{\Delta\xi}{(\delta\eta)_n},D_s=\left(\Gamma\frac{C_\xi}{C_\eta}\right)_s\frac{\Delta\xi}{(\delta\eta)_s}$$

$$F_e=(uC_\eta)_e\Delta\eta,F_w=(uC_\eta)_w\Delta\eta,F_n=(vC_\xi)_n\Delta\xi,F_s=(vC_\xi)_s\Delta\xi,P_\Delta=F/D$$

式中：$\Delta\xi$、$\Delta\eta$、$\delta\xi$、$\delta\eta$ 分别为控制体的长度和高度、控制节点之间纵向和横向距离。

上述各系数因为包含有未知量，因此需要给定初值后，求解各变量，然后更新系数，再次求解。依此不断迭代，直至求出收敛解。由于在求解流场时流场水位未知（或者水位是一个估计值），水位的梯度是隐藏在动量方程的源项里的。若要求解，需要将连续性方程在控制体内积分，然后对 u、v、h 同时求解，这样将需要消耗巨大的资源，因此通常采用分离式求解，先假定一个水位场之后，再通过一定的方法进行压力修正。本次研究中，离散方程求解时根据 Pantankar 压力校正法进行，具体步骤如下：

（1）假设一个水位场，记为 Z^*。

（2）利用 Z^*，求解动量离散方程，得出相应的速度 u^*、v^*。

（3）利用质量守恒来改进水位场，要求与改进后的压力场对应的速度场能满足连续性方程，修正量以 H'、u'、v' 表示。

（4）以 $H+H'$、$u+u'$、$v+v'$ 作为本层次迭代的解并开始下一层次的迭代计算。

8.1.3　定解条件

8.1.3.1　边界条件

河段进口边界给定流量、悬移质含沙量及推移质输沙率过程，相应的进口边界流速分布采用以下公式计算：

$$u_i=h_i^{2/3}\left(\frac{B}{A}\right)^{2/3}\left(\frac{Q}{A}\right) \tag{8.1-8}$$

式中：u_i 为第 i 个网格节点的流速；h_i 为第 i 个网格节点处的水深；Q 为断面流量；B 为断面河宽；A 为断面面积。

采用式（8.1-8）计算出流速以后再次进行总流量的校正。在河段出口边界给定水位过程；对于河道两岸的边界则采用水流无滑动条件，即岸边流速为 0。

8.1.3.2　初始条件

初始水位场可利用计算域上、下游水位和断面间距进行线性插值，在断面上可以不考虑横比降。在计算域较长时，可采用推求水面线的办法给出二维域中某几个断面的水位，然后分段进行线性插值。

对于初始速度场，η 方向上 $v=0$，ξ 方向上 u 与进口断面流速边界计算方法相同，并进行断面总流量校正。由于 ξ、η 正交曲线网格是基于势流理论生成的，上述沿 ξ、η 方向给值，在势流区初值已离解较近，在回流区初值与收敛解则差别较大。计算表明，随着迭代计算的进行，上述初值的影响会逐步消失。

进口断面含沙量分布采用均匀分布模式。

8.1.4　模型关键问题处理

8.1.4.1　动边界的处理

天然河道中的边滩和江心洲等随非恒定水位波动和计算迭代波动，边界位置也发生相应调整。在计算中精确地反映边界位置是比较困难的，因为计算网格横向间距为十几米或数十米的量级。为了体现不同流量、边界位置的变化，数学模型中，动边界采用"冻结"方法进行处理，即首先根据网格节点处的河底高程及水位来判断该网格单元是否露出水面，若不露出，则糙率取正常值；反之，糙率则取一个接近于无穷大的正数。同时，为了不影响水流控制方程的求解，在露出水面的网格节点处给定一个虚拟水深（一般约为0.05m），这样使得露出单元 u、v 计算值自动为 0，以保证计算过程的连续和正常进行。

8.1.4.2 糙率问题

山区河流糙率调整与平原河流存在差异。一般而言，山区河流开阔段和束窄段相间分布，峡谷段在各级流量下水流均呈满槽状态，边壁的影响很大，一般糙率亦较大；开阔段的情况则不然，水量小时主流归入深槽，河底一般为砂或卵石，糙率比较小，随着流量的加大，边壁的影响增强，这时糙率逐渐接近峡谷段的糙率。因此，流量越大，山区河流沿程糙率的变化越小。模型在进行糙率率定计算过程中，要符合山区河流糙率随流量变化的调整特征，以免计算结果失真。

8.1.4.3 非均匀悬移质挟沙力及级配

水流挟沙力一般与 u、h、ω 等因素有关，本次研究利用长江实测资料点得到的冲淤平衡状态下垂线平均的含沙量和 $U^3/(gh\omega)$ 关系来率定二维床沙质挟沙力公式。

$$S^* = K_0 \left(0.1 + 90 \frac{\omega}{U} \right) \frac{U^3}{gh\omega} \qquad (8.1-9)$$

式中：系数 K_0 由实测水沙资料率定得到。

非均匀悬移质挟沙力级配计算则采用能够同时满足水流条件和床沙组成条件的计算方法：

$$\Delta P_{*k} = \Delta P_{bk} \frac{\dfrac{1-A_k}{\omega_k}(1-\mathrm{e}^{-\frac{6\omega_k}{\chi u_*}})}{\displaystyle\sum_{i=1}^{n} \Delta P_{bk} \frac{1-A_k}{\omega_k}(1-\mathrm{e}^{-\frac{6\omega_k}{\chi u_*}})} \qquad (8.1-10)$$

$$A_k = \frac{\omega_k}{\dfrac{\delta_v}{\sqrt{2\pi}}\mathrm{e}^{-\frac{\omega_k^2}{2\delta_v^2}} + \omega_k \Phi\left(\dfrac{\omega_k}{\delta_v}\right)} \qquad (8.1-11)$$

式中：ΔP_{*k} 为挟沙力级配；ΔP_{bk} 为床沙级配；δ_v 为垂向紊动强度，通常取 $\delta_v = u_*$；$\Phi(\omega_k/\delta_v)$ 为正态分布函数；ω_k 为第 k 粒径组泥沙的有效沉速；A_k 为与紊动强度和正态分布函数有关的参数。

8.1.4.4 推移质输沙率

推移质输沙率采用如下公式计算：

$$g_b = \frac{K_0}{C_0^2} \frac{\rho_s}{\dfrac{\rho_s - \rho}{\rho}} (U - U_c') \frac{U^2}{g\omega} \qquad (8.1-12)$$

式中：K_0 为综合系数；C_0 为无量纲谢才系数；ρ_s 及 ρ 分别为泥沙和水流密度；U 为流速；U_c' 为不动流速。

8.1.4.5 床沙级配处理模式

在冲淤过程中，床沙级配的调整采用韦直林模式，即将河床泥沙分为表、中、底三层，各层的厚度和平均颗粒级配分别记为 h_u、h_m、h_b 和 p_{uk}、p_{mk}、p_{bk}。其中河床的冲淤仅发生在河床的表层，表层为泥沙的交换层，中间层为过渡层，底层为泥沙冲刷极限层。规定在每一计算时段内，各层间的界面都固定不变，泥沙交换限制在表层内进行，中层和底层暂时不受影响。在时段末，根据床面的冲刷或淤积往下或往上移动表层和中层，保持这两层的厚度不变，而令底层厚度随冲淤厚度的大小而变化。具体的计算过程如下：

（1）设在某一时段时段内的总冲淤厚度和第 L 组泥沙的冲淤厚度分量分别为 ΔZ_b 和 ΔZ_{bL}，则时段末新表层颗粒级配变为

$$P'_{uL} = \frac{h_u P^0_{uL} + \Delta Z_{bL}}{h_u + \Delta Z_b} \qquad (8.1-13)$$

（2）在式（8.1-13）的基础上重新定义各层的位置和组成，由于表层和中层的厚度保持不变，所以它们的位置随底层厚度的变化而上下移动。

8.1.4.6　床沙质与冲泻质、推移质与悬移质的划分

床沙质与冲泻质、推移质与悬移质的划分通常采用悬移指标（$\omega/\kappa u^*$）的概念，当 $\omega/\kappa u^* > 0.01$ 时为床沙质，$\omega/\kappa u^* \leqslant 0.01$ 时为冲泻质，$\omega/\kappa u^* > 5$ 时为推移质，$\omega/\kappa u^* \leqslant 5$ 时为悬移质。其中，ω 为泥沙沉速，κ 为卡门系数，u^* 为摩阻流速。

8.2　典型河段数学模型建模

8.2.1　沙市河段

沙市河段平面二维水沙数学模型上起陈家湾，下至观音寺，全长约 36km。模型计算共划分 300×100 个网格，考虑到沙市河段存在引江济汉工程的取水口、太平口的分流口以及多处在建和已建的航道整治工程（腊林洲头部、三八滩上段、金城洲上段等），这些工程都将在相当长的时间内发挥作用，因而计算网格的布置过程中，为了实现对这些工程的合理概化，对这些区域进行了局部加密处理，网格沿水流方向的间距在 70～145m 之间，垂直水流方向的间距在 8～35m 之间，计算网格平面布置示意如图 8.2-1 所示。模型基于 2016 年 10 月的水下地形资料，插值计算网格地形如图 8.2-2 所示。

8.2.2　白螺矶河段

白螺矶河段模型计算范围上起洞庭湖入汇口，下至新港，全长约 21km。模型计算共划分 180×80 个网格，网格沿水流方向的间距在 80～140m 之间，垂直水流方向的间距在 15～50m 之间，计算网格平面布置示意如图 8.2-3（a）所示。模型基于 2016 年 10 月水下地形资料，插值计算网格地形如图 8.2-3（b）所示。

8.2.3　武汉河段（中下段）

武汉河段（中下段）模型计算范围上起沌口，下至阳逻，全长约 50km。模型计算共划分 400×80 个网格，考虑到河段内天兴洲头部实施了航道整治工程，低滩部分受到护滩工程的保护，河床边界条件发生改变，模型在预测计算过程中需要考虑这一因素，因此对

天兴洲头部已实施的工程区域进行了网格局部加密。网格沿水流方向的间距在 80～140m 之间，垂直水流方向的间距在 15～50m 之间，计算网格平面布置示意如图 8.2－4 所示。模型基于 2016 年 10 月水下地形资料，插值计算网格地形如图 8.2－5 所示。

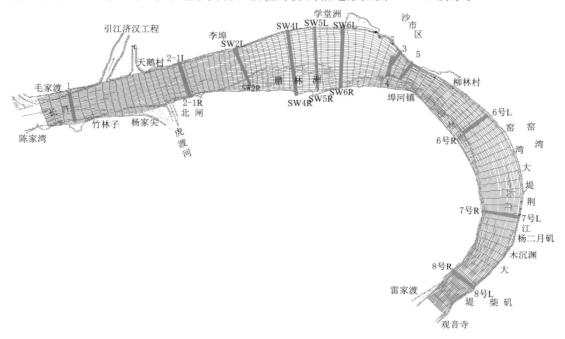

图 8.2－1　沙市河段计算范围、水文断面及网格布置示意图

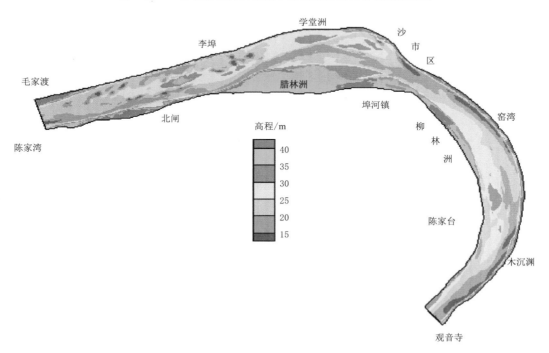

图 8.2－2　2016 年 10 月沙市河段地形云图

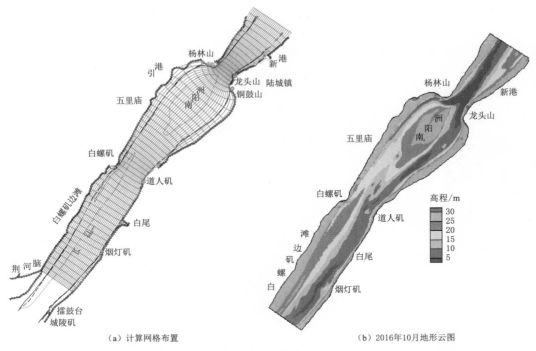

（a）计算网格布置　　　　　　　　　　　　　（b）2016年10月地形云图

图 8.2-3　白螺矶河段二维模型计算网格布置及 2016 年 10 月地形图

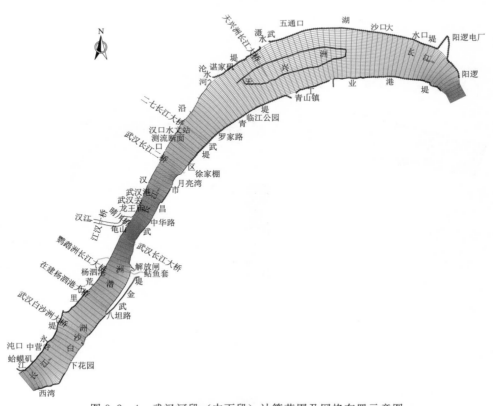

图 8.2-4　武汉河段（中下段）计算范围及网格布置示意图

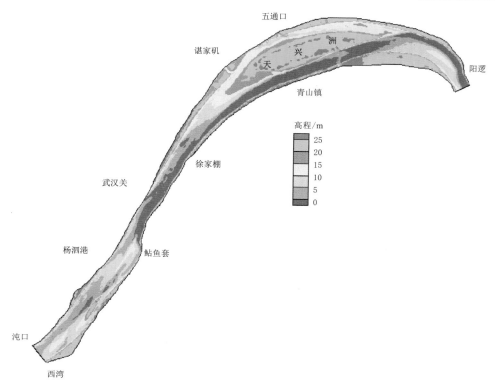

图 8.2-5　2016 年 10 月武汉河段（中下段）地形云图

8.3　模型参数率定、验证计算

8.3.1　计算条件

由于未能安排重点河段的局部水文观测试验，此次数值模拟计算过程中，陆续从航道部门收集了 3 个典型河段 2014—2016 年的局部水文泥沙观测资料。航道部门观测资料的特点在于观测时期都基本集中在枯水期，考虑到这 3 个河段内都有控制性水文站，为了弥补观测资料的不足，汛期采用控制站的水位资料对计算参数进行校核。同时，密切联系其他科研机构，于 2019 年收集了武汉河段（中下段）2017 年汛期 7 月的观测资料，进一步补充了相应模型高水期水流条件的验证计算，见表 8.3-1。

表 8.3-1　　平面二维水沙数学模型率定、验证计算资料统计

河段	水文测次	水文观测断面	水文、泥沙观测资料			地形测次
			水位	流速	含沙量	
沙市	2014 年 2 月	1 号、1-1 号、2-1 号、SW2~SW6 号、3~8 号	√	√		2013 年 10 月
	2016 年 11 月	1-1 号、2-1 号、SW2 号、SW4~SW6 号、5 号	√	√		2016 年 11 月

河段	水文测次	水文观测断面	水文、泥沙观测资料			地形测次
			水位	流速	含沙量	
白螺矶	2014 年 2 月	1 号、1-1 号、2～4 号	√	√		2013 年 10 月
	2015 年 3 月	1 号、+1～+3 号、+5 号	√	√	√	2016 年 11 月
武汉	2014 年 2 月	白沙洲：1-1 号、2～4 号；天兴洲：1～6 号	√	√		2013 年 10 月
	2015 年 3 月	白沙洲：1 号、3 号、4 号；天兴洲：1 号、4～6 号	√	√	√	2016 年 11 月
	2017 年 7 月	CZ52、汉流 Z07、汉流 Z08、汉流 Z09 CZ56＋1、Z1、Z2、汉流 Z14＋1、汉流 Z16+1、CZ57	√	√	√	2016 年 11 月

根据所掌握的地形观测数据情况，沙市河段采用 2013 年 10 月、2014 年 12 月、2016 年 10 月 3 个测次的地形作为动床率定、验证计算的起止边界；白螺矶河段、武汉河段（中下段）均采用 2011 年 10 月、2013 年 10 月和 2016 年 10 月 3 个测次的地形作为动床率定、验证计算的起止边界。

8.3.2 率定、验证计算结果

8.3.2.1 沙市河段

（1）水位率定、验证计算。表 8.3-2、表 8.3-3 分别为沙市河段水位率定、验证计算成果。由表中可见，计算水面线与实测水面线符合较好，计算断面水位与实测断面水位基本一致，平均误差不超过 1cm，最大误差为 7cm，计算精度较高。

表 8.3-2　　　　　　　　　　　　2014 年 2 月沙市河段水位率定计算成果表

序号	断面名称	水位/m			序号	断面名称	水位/m		
		实测值	计算值	误差			实测值	计算值	误差
1	1 号	29.675	29.635	−0.04	9	3 号	28.813	28.743	−0.07
2	1-1 号	29.516	29.476	−0.04	10	4 号	28.803	28.743	−0.06
3	2-1 号	29.399	29.419	0.02	11	5 号	28.783	28.803	0.02
4	SW2 号	29.25	29.260	0.01	12	5 号	28.624	28.584	−0.04
5	SW3 号	29.19	29.150	−0.04	13	6 号	28.268	28.238	−0.03
6	SW4 号	29.123	29.133	0.01	14	7 号	28.146	28.216	0.07
7	SW5 号	29.058	29.048	−0.01	15	8 号	28.064	28.084	0.02
8	SW6 号	28.974	28.994	0.02					

表 8.3-3　　　　　　　　　　　　2016 年 10 月沙市河段水位验证计算成果表

序　号	断面名称	水位/m		
		实测值	计算值	误　差
1	1-1 号	30.725	30.759	0.034
2	2-1 号	30.501	30.541	0.040
3	SW2 号	30.396	30.427	0.031

序　号	断面名称	水　位/m		
		实测值	计算值	误　差
4	SW4 号	30.303	30.310	0.007
5	SW5 号	30.141	30.188	0.047
6	SW6 号	30.082	30.119	0.037
7	5 号	29.980	29.969	−0.011

（2）汊道分流比率定验证计算。研究河段内洲滩分布较多，主流频繁摆动，两汊分流比不断调整是河段水流条件变化的主要特点，尤其是三峡水库蓄水后，太平口心滩南北槽更是出现了枯期支汊分流比大于主汊、主支易位的现象。因此，能否准确模拟分流比的变化特点是检验模型模拟精度的关键。

表 8.3-4 中列出了流量级各水道分流比的验证情况。可见模型对各水道分汊段分流比的计算情况与实测值比较接近，误差均小于 2 个百分点。表明模型能够反映如太平口心滩主支汊发生易位后分流比的变化，以及已有航道整治工程实施后对金城洲汊道的影响等，满足模拟计算要求。

表 8.3-4　　　　　　　沙市河段汊道分流比验证情况统计表

日　期	流量/(m³/s)	太平口心滩北槽分流比/%		三八滩北汊分流比/%		金城洲左槽分流比/%	
		实测值	计算值	实测值	计算值	实测值	计算值
2014 年 2 月	6171	42.04	41.22	36.06	37.65	87.18	85.37
2016 年 11 月	8300	41.62	41.48	21.31	19.97		

（3）流场及断面流速率定、验证计算。图 8.3-1 和图 8.3-2 分别为沙市河段典型水文断面流速分布率定、验证计算结果对比图。由验证结果可知，各测流断面流速分布验证较好，计算与实测主流位置基本一致。经统计，验证误差一般在 0.20m/s 以内。

图 8.3-3 和图 8.3-4 分别为 2014 年 2 月和 2016 年 10 月模型计算的流场图，从图上来看，模型计算所得河段流场变化平顺，滩槽区分明显，水流分汇流变化合理，与沙市河段河势基本一致，符合水流运动的一般规律。

（4）动床冲淤量及冲淤厚度平面分布验证。图 8.3-5 为 2014 年 12 月至 2016 年 10 月沙市河段计算冲淤图。对比实测冲淤图可以看出，计算冲淤分布与实测值符合较好，模型能够满足计算精度的要求。表 8.3-5 为沙市河段实测冲淤量与计算冲淤量对比情况。从表中可以看出，与实测冲淤量相比，计算冲淤量在误差允许范围内，符合精度要求，从冲淤厚度图来看，计算的和实测的冲淤区域分布基本一致，仅幅度有差别。

表 8.3-5　　　　　　　沙市河段冲淤量实测值与计算值对比表

时　段	河　段	冲　淤　量/万 m³		相对偏差/%
		实测值	计算值	
2014 年 12 月至2016 年 10 月	陈家湾至埠河镇	−2820	−2050	−27.3
	埠河镇至观音寺	−893	−586	−34.4

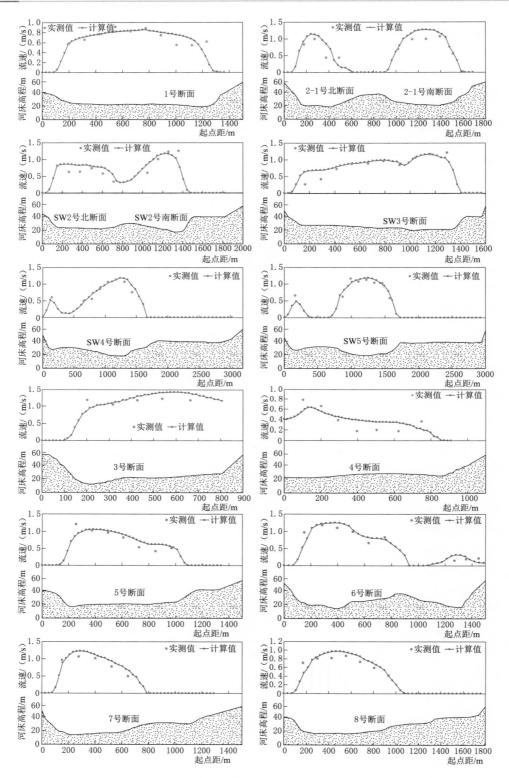

图 8.3-1　沙市河段断面流速分布率定计算情况（2014 年 2 月，$Q=6171\mathrm{m}^3/\mathrm{s}$）

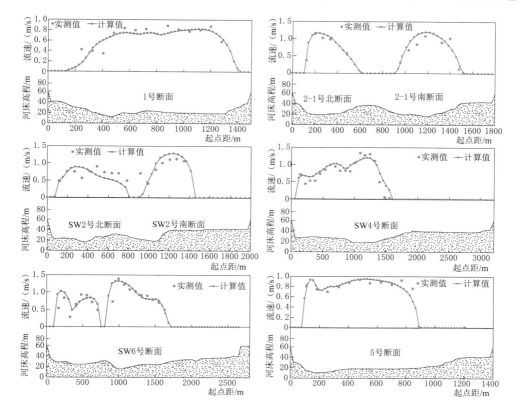

图 8.3-2 沙市河段断面流速分布验证计算情况（2016 年 11 月，$Q=8300\text{m}^3/\text{s}$）

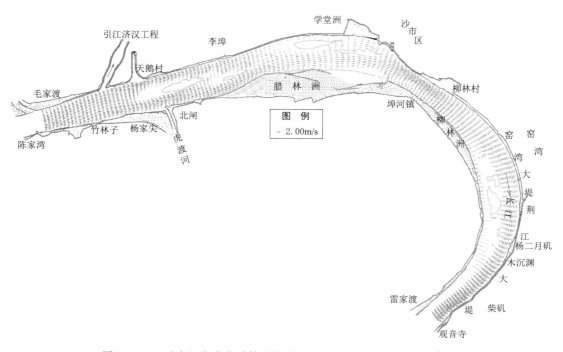

图 8.3-3 沙市河段率定计算流场图（2014 年 2 月，$Q=6171\text{m}^3/\text{s}$）

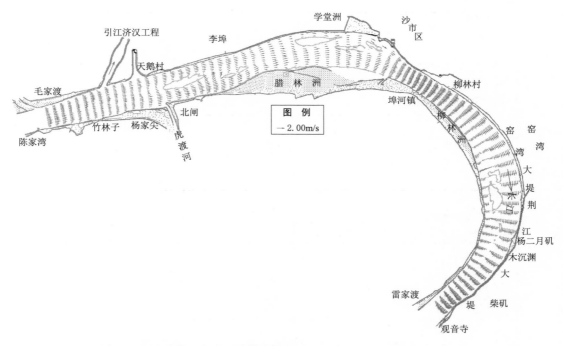

图 8.3-4　沙市河段验证计算流场图（2016 年 11 月，$Q=8300\text{m}^3/\text{s}$）

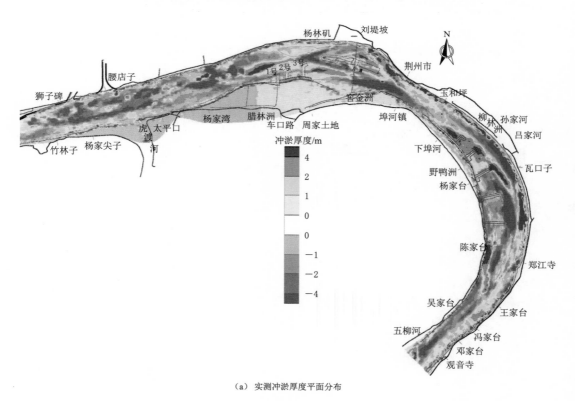

（a）实测冲淤厚度平面分布

图 8.3-5（一）　2014 年 12 月至 2016 年 10 月沙市河段冲淤厚度分布验证

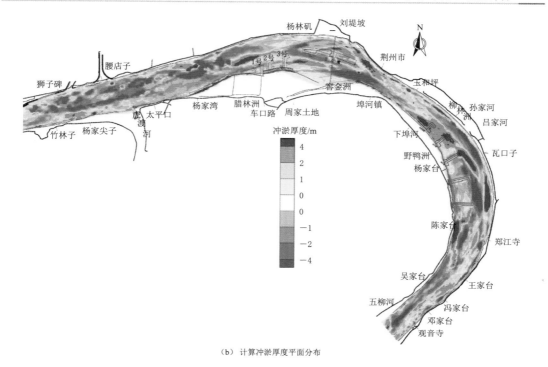

（b）计算冲淤厚度平面分布

图 8.3-5（二） 2014 年 12 月至 2016 年 10 月沙市河段冲淤厚度分布验证

8.3.2.2 白螺矶河段

（1）水位率定、验证计算。表 8.3-6、表 8.3-7 为不同时段白螺矶河段水位率定、验证计算成果。由表中可见，计算水面线与实测水面线符合较好，计算断面水位与实测断面水位基本一致，平均误差在 1cm 以内，最大误差为 5cm，计算精度较高。

表 8.3-6　　**2010 年 7 月白螺矶河段水位率定计算成果表** （$Q = 35400 \text{m}^3/\text{s}$）

序　号	断面名称	水　位/m		
		实测值	计算值	误差
1	2 号	28.590	28.609	0.019
2	3 号	28.500	28.528	0.028
3	4 号	28.370	28.367	−0.003
4	5 号	28.170	28.217	0.047
5	6 号	28.220	28.182	−0.038
6	7 号	28.150	28.088	−0.062
7	8 号	28.020	27.994	−0.026

表 8.3-7　　**2015 年 3 月白螺矶河段水位验证计算成果表** （$Q = 13400 \text{m}^3/\text{s}$）

序　号	断面名称	水　位/m		
		实测值	计算值	误差
1	1 号	20.740	20.782	0.042
2	+1 号	20.400	20.438	0.038

续表

序 号	断面名称	水 位/m		
		实测值	计算值	误差
3	+2号	20.290	20.290	0.000
4	+3号	20.340	20.285	−0.055

（2）汊道分流比率定验证计算。白螺矶河段属于顺直分汊河型，江心南阳洲将河段分为左、右两汊，其中，右汊为主汊，分流比占优。准确模拟南阳洲两汊分流比的变化特点是检验模型模拟精度的关键之一。表8.3-8中列出了验证流量级下南阳洲两汊分流比的计算结果。可见模型对各水道分汊段分流比的计算情况与实测值比较接近，误差均小于1个百分点。表明模型能够反映南阳洲两汊分流比变化特点，满足模拟计算要求。

表8.3-8 白螺矶河段南阳洲两汊分流比验证情况统计表

日 期	总流量/(m³/s)	南阳洲左汊分流比/%		南阳洲右汊分流比/%	
		实测值	计算值	实测值	计算值
2010年7月	35400	34.57	34.10	65.43	65.90
2015年3月	13400	26.40	25.77	73.60	74.23

（3）流场及断面流速率定、验证计算。图8.3-6和图8.3-7分布为2010年7月和2015年3月白螺矶河段典型水文施测断面流速分布率定、验证计算成果。从验证结果可以看出，各施测断面计算流速分布与实测符合较好，计算与实测主流位置基本一致，满足模型计算精度要求。

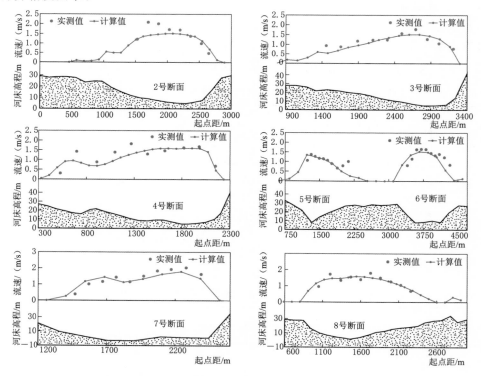

图8.3-6 白螺矶河段断面流速分布验证计算情况（2010年7月，$Q=35400\text{m}^3/\text{s}$）

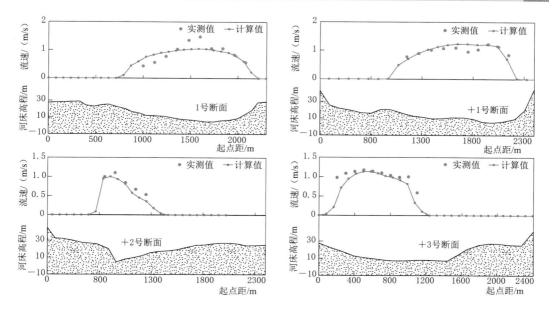

图 8.3-7　白螺矶河段断面流速分布验证计算情况（2015 年 3 月，$Q=13400\text{m}^3/\text{s}$）

图 8.3-8 为 2010 年 7 月和 2015 年 3 月的模型计算的流场图，从图上来看，模型计算所得河段流场变化较为平顺，水流分汇流变化合理，且滩槽区分明显，符合水流运动的一般规律。

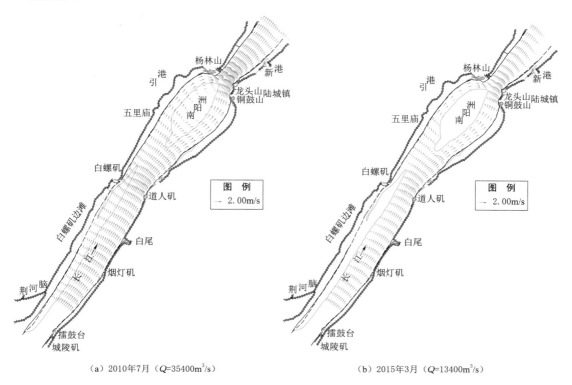

（a）2010年7月（$Q=35400\text{m}^3/\text{s}$）　　　　（b）2015年3月（$Q=13400\text{m}^3/\text{s}$）

图 8.3-8　白螺矶河段验证计算流场图

（4）动床冲淤量及冲淤厚度平面分布验证。动床模型验证了 2013 年 10 月至 2016 年 10 月白螺矶河段冲淤量及冲淤分布，计算采用的水沙边界条件：进口采用计算时段内螺山站的日均流量、含沙量及悬移质级配资料。下边界根据莲花塘站水位及螺山站水位通过水面比降按距离线性插值计算得到模型出口水位。床沙级配采用 2014 年 11 月实测值。

图 8.3 - 9 为 2016 年 2 月至 2018 年 3 月白螺矶河段计算冲淤图。由对比实测冲淤图可以看出，计算冲淤分布与实测值符合较好，模型能够满足计算精度的要求。表 8.3 - 9 为白螺矶河段实测冲淤量与计算冲淤量对比情况。

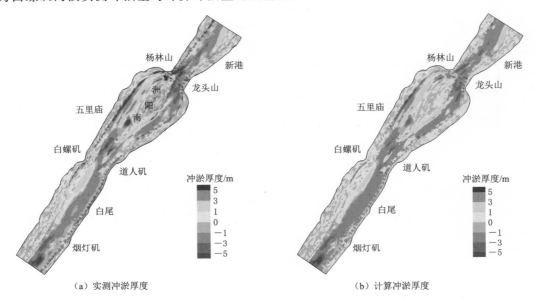

（a）实测冲淤厚度　　　　　　　　　　（b）计算冲淤厚度

图 8.3 - 9　白螺矶河段 2013 年 10 月至 2016 年 10 月冲淤厚度分布验证

表 8.3 - 9　　　　　　　　　白螺矶河段实测与计算冲淤量对比表

时　　段	实测冲淤量/万 m³	计算冲淤量/万 m³	相对误差/%
2016 年 2 月至 2018 年 3 月	−558.4	−632.1	13.2

从表中可以看出，与实测冲淤量相比，计算冲淤量在误差允许范围内，符合精度要求。

8.3.2.3　武汉河段（中下段）

（1）水位率定、验证计算。表 8.3 - 10～表 8.3 - 12 为 2014 年 2 月、2015 年 3 月、2017 年 7 月武汉河段（中下段）水位率定、验证计算成果。由表中可见，计算水面线与实测水面线符合较好，计算断面水位与实测断面水位基本一致，平均误差不超过 1cm，最大误差为 5cm，计算精度较高。

表 8.3 - 10　　　　　　　　2014 年 2 月武汉河段水位率定计算成果表

序　　号	断面名称	水　位/m		误差
		实测水位值	计算水位值	
1	武桥 1 号	11.966	12.014	0.05
2	武桥 1 - 1 号	11.857	11.872	0.02

序　号	断面名称	水　位/m		
		实测水位值	计算水位值	误差
3	武桥 4 号	11.616	11.622	0.01
4	阳逻大桥 1 号	11.576	11.523	−0.05
5	阳逻大桥 3 号	11.471	11.441	−0.03
6	阳逻大桥 5 号	11.380	11.368	−0.01
7	阳逻大桥 6 号	11.115	11.109	−0.01

表 8.3－11　　　　　　　　　2015 年 3 月武汉河段水位验证计算成果表

序　号	断面名称	水　位/m		
		实测水位值	计算水位值	误差
1	武桥 1 号	15.020	15.090	0.07
2	武桥 1－1 号	14.930	14.970	0.04
3	武桥 4 号	14.730	14.720	−0.01
4	阳逻大桥 1 号	14.490	14.480	−0.01
5	阳逻大桥 4 号	14.350	14.340	−0.01
6	阳逻大桥 5 号	14.350	14.360	0.01
7	阳逻大桥 6 号	14.220	14.210	−0.01

表 8.3－12　　　　　　　　　2017 年 7 月武汉河段水位验证计算成果表

序号	断　面　名　称	水　位/m		
		实测水位值	计算水位值	误差
1	汉流 Z07（白沙洲左汊）	24.44	23.41	−0.03
2	汉流 Z08（白沙洲右汊）	23.42	23.4	−0.02
3	汉流 Z09	23.28	23.25	−0.03
4	CZ56＋1	23.08	23.07	−0.01
5	Z1	22.84	22.86	0.02
6	Z2	22.82	22.83	0.01
7	汉流 Z14＋1（天兴洲左汊）	22.44	22.41	−0.03
8	汉流 Z16＋1（天兴洲右汊）	22.4	22.39	−0.01
9	CZ57	22.11	22.12	0.01

（2）汊道分流比率定验证计算。武汉河段（中下段）内洲滩主要有白沙洲和天兴洲，其中天兴洲汊道左右汊分流在年内的占比存在较大变化。因此能否准确模拟分流比的变化特点是检验模型模拟精度的关键。表 8.3－13 中列出了验证流量级各水道分流比的验证情况。可见模型对各水道分汊段分流比的计算情况与实测值比较接近，误差均小于 2 个百分点。表明模型能够反映不同流量下汊道分流比的变化，满足模拟计算要求。

表 8.3 - 13　　　　　武汉河段（中下段）汊道分流比验证情况统计表

日　　期	流量 /(m³/s)	白沙洲左汊分流比/%		天兴洲右汊分流比/%	
		实测值	计算值	实测值	计算值
2014 年 2 月	9086	—	—	100	100
2015 年 3 月	14100	—	—	95.33	97.13
2017 年 7 月	40200	86.82	86.32	81.59	81.40

（3）流场及断面流速率定、验证计算。图 8.3 - 10 为武汉河段（中下段）典型水文施测断面流速分布率定、验证计算成果。验证结果表明，各施测断面计算流速分布与实测符合较好，主流位置基本一致，满足模型计算精度要求。

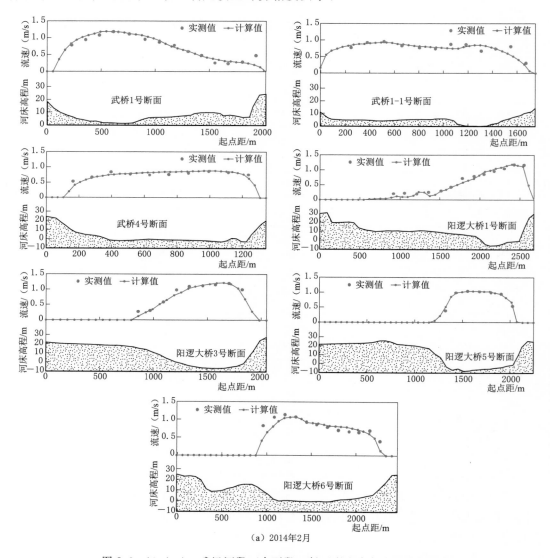

（a）2014年2月

图 8.3 - 10（一）　武汉河段（中下段）断面流速分布验证计算情况

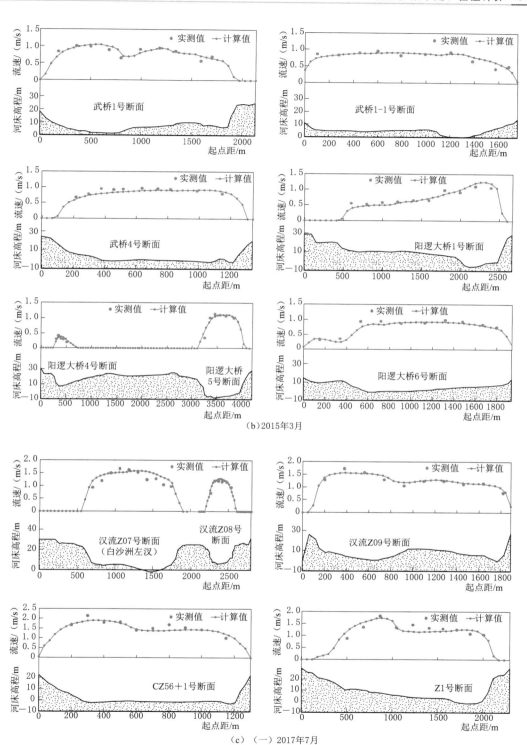

图 8.3-10（二） 武汉河段（中下段）断面流速分布验证计算情况

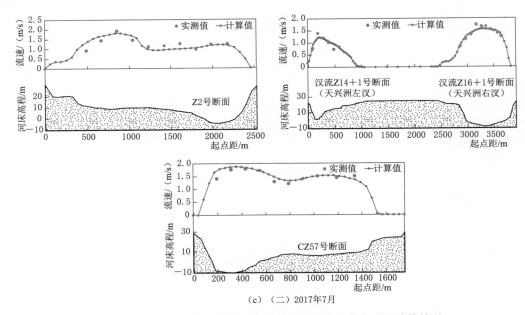

（c）（二）2017年7月

图 8.3-10（三）　武汉河段（中下段）断面流速分布验证计算情况

图 8.3-11 为 2014 年 2 月、2015 年 3 月、2017 年 7 月武汉河段（中下段）数学模型计算流场图，计算所得河段流场变化平顺，滩槽区分明显，分汊段水流分汇流变化合理，符合水流运动的一般规律。

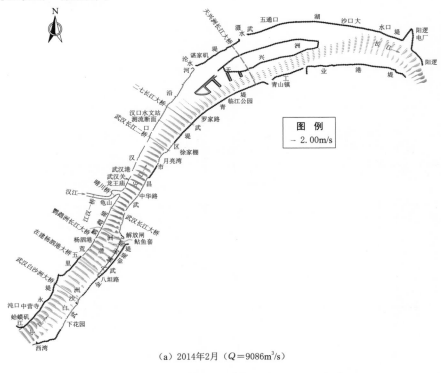

（a）2014年2月（$Q=9086\text{m}^3/\text{s}$）

图 8.3-11（一）　武汉河段（中下段）验证计算流场图

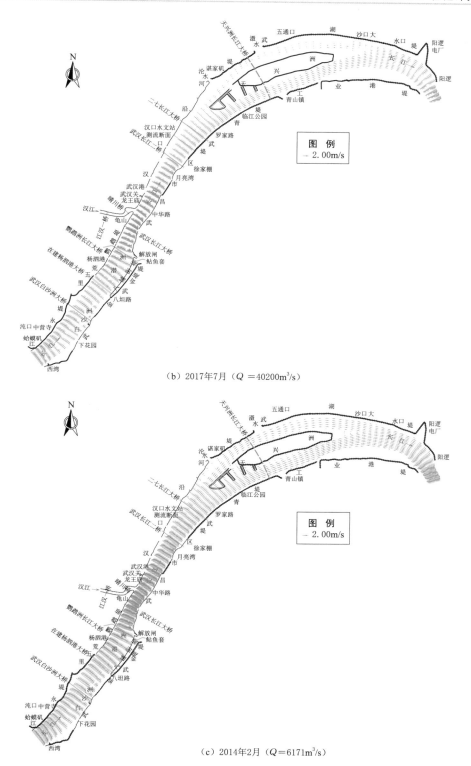

（b）2017年7月（$Q = 40200\text{m}^3/\text{s}$）

（c）2014年2月（$Q = 6171\text{m}^3/\text{s}$）

图8.3-11（二） 武汉河段（中下段）验证计算流场图

（4）动床冲淤量及冲淤厚度平面分布验证。图 8.3-12 为 2011 年 10 月至 2013 年 10 月武汉河段（中下段）计算冲淤图。对比实测冲淤图可以看出，计算冲淤分布与实测值符合较好，模型能够满足计算精度的要求。表 8.3-14 为武汉河段（中下段）实测冲淤量与计算冲淤量对比情况。

表 8.3-14　　　　　　　武汉河段（中下段）实测与计算冲淤量对比表

时　段	实测冲淤量/万 m³	计算冲淤量/万 m³	误差/%
2011 年 10 月至 2013 年 10 月	−3093.3	−4198.9	35.7

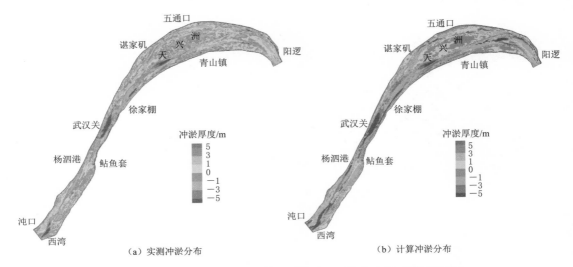

图 8.3-12　武汉河段（中下段）计算冲淤厚度与实测冲淤厚度对比

从表中可以看出，与实测冲淤量相比，计算冲淤量在误差允许范围内，符合精度要求。

8.3.3　模型验证小结

上述验证结果表明，所建立的数学模型能够分别较好地反映沙市河段、白螺矶河段及武汉河段（中下段）的水流特性，水位验证计算成果精度较高，汊道分流比计算值与实测值接近，断面流速分布与实测值符合较好，计算流场滩槽区分明显，符合水流运动的一般规律。各典型河段计算冲淤规律与实际相符，冲淤分布及冲淤厚度与实测值较为吻合，模型能够基本满足趋势预测数值模拟的计算要求。

8.4　典型河段控泄指标敏感性试验

8.4.1　基本计算条件

按照三峡水库初步设计调度方案，水库汛期 6—9 月维持 145m 防洪限制水位运用，10 月 1 日开始蓄水，10 月底水位升高至 175m 运行。初步设计主要考虑对荆江河段的补偿调度，一般对入库流量大于 55000m³/s 的洪水进行拦蓄。2009 年以来，在保证防洪安全的前提下，为充分利用洪水资源，三峡水库在汛期进行削峰调度，对洪水的调蓄与设计调洪方式相比略有差别，一般控制下泄流量不超过 45000m³/s。

为探讨三峡水库不同控泄指标对坝下游不同类型代表性河段河道行洪能力、河道发育的影响，针对上述 3 个典型分汊河段，考虑 3 种计算条件，即无水库调蓄情况、初步设计阶段调蓄情况以及按现行调度方式调蓄情况（计算条件拟定见表 8.4-1），对比计算三峡水库不同调度方式下各河段汊道分流比变化、河道冲淤量及其分布、洲滩变形等。

表 8.4-1   敏感性试验计算条件

计 算 条 件	最大控泄流量/(m³/s)
无水库调蓄（还原计算方案）	—
荆江补偿调度（初步设计阶段）	55000
中小洪水调度（现行调度方式）	45000

三峡水库蓄水后的 2003—2018 年，根据入库日均流量，上游来流量相对较大的年份为 2012 年，入库年径流量 4076 亿 m³，有两天日均入库流量超过 55000m³/s，水库进行防洪运用。因此，选取 2012 年为典型年，计算不同控泄指标下 3 个河段的演变趋势。同时，对于白螺矶河段、武汉河段（中下段）而言，2017 年虽然三峡入库流量相对较小，但由于洞庭湖入汇水量充沛，城陵矶以下河段来流量偏大，与 2012 年相比，两个年份虽同为大水年，但水库调蓄作用明显不同。基于此，白螺矶河段、武汉河段（中下段）选取 2012 年、2017 年两个典型年进行控泄指标敏感性试验（具体说明见表 8.4-2）。考虑到本节重点关注水库不同控泄流量对坝下游河道发育及行洪能力的影响，因此，对于无水库调蓄情况及初步设计阶段调蓄情况，各河段进口逐日输沙量均按蓄水后的流量-输沙量关系推求。3 种不同计算条件下各河段演变趋势预测均采用平面二维水沙数值模拟开展，计算的初始地形为 2016 年 10 月实测河道地形。

表 8.4-2   敏感性试验计算典型年份

典型河段	沙市河段	白 螺 矶 河 段		武汉河段（中下段）	
计算年份	2012	2012	2017	2012	2017

8.4.2 不同计算条件下的径流过程对比

考虑到水库长期的拦沙效应，典型河段的各计算方案中来沙量的计算都是基于三峡水库蓄水后的实测流量-输沙率关系，因此，不同方案对于河床塑造的影响主要体现在径流过程的差异上，对这种差异的分析就显得十分重要。

8.4.2.1 沙市河段

（1）径流过程变化。沙市河段 2012 年 3 种计算条件下进口来水过程如图 8.4-1 所示。从 3 种计算条件对比来看，无水库调蓄、初步设计阶段调蓄以及按现行调度方式调蓄下 2012 年沙市河段进口洪峰流量分别为 54800m³/s、49800m³/s、40500m³/s，由于最大控泄流量的差异，无水库调蓄下洪峰流量最大，初步设计阶段调蓄下次之，削峰调度试验后，洪峰流量减小。对于退水过程而言，无水库调蓄、初步设计阶段调蓄以及按现行调度方式调蓄，汛后 9—10 月径流量均值分别为 532 亿 m³、467 亿 m³、443 亿 m³，受汛末蓄水影响，水库调蓄后退水期月径流量明显小于天然情况。枯水期水库补水调度，初步设计阶段调蓄以及按现行调度方式调蓄情况下，1—4 月径流量均值分别为 160 亿 m³、170 亿 m³，相较于无水库调蓄同期偏大 25 亿 m³、35 亿 m³。

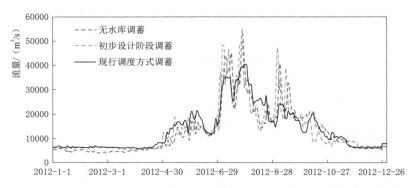

图 8.4-1　3 种计算条件下 2012 年沙市河段进口流量过程

总体而言，与天然情况相比，经三峡水库调蓄后，沙市河段进口洪峰削减，径流过程坦化，且在现行调度方式调蓄下，洪水期及退水期流量减幅、枯水期补水程度更为显著，流量变幅进一步减小。

（2）特征流量频率变化。三峡水库调蓄的削峰补枯作用，导致了年内流量过程的变化，改变了各级流量的持续时间。从沙市河段进口各流量级持续时间（特征流量的取值形式与 7.3 节物理模型中螺山站、汉口站相同，分别是最小流量均值 6000m³/s、多年平均流量 12000m³/s、蓄水后造床流量 27000m³/s、多年平均洪峰流量 37000m³/s）来看，无水库调蓄情况下，37000m³/s 以上大洪水出现 16d，频率为 4.4%，初步设计阶段调蓄为 17d，与无水库调蓄相近，按现行调度方式情况下为 8d，较无水库和初步设计偏少一半。造床流量以上的持续时间在现行调度方式下相较于无水库和初步设计分别偏少 6d 和 5d。3 种计算条件下 2012 年沙市河段进口各流量级持续天数见表 8.4-3。

表 8.4-3　　　　　　　　3 种计算条件下 2012 年沙市河段进口各流量级持续天数

计算条件	持续天数/d				
	<6000m³/s	6000~12000m³/s	12000~27000m³/s	27000~37000m³/s	>37000m³/s
无水库调蓄	112	98	117	23	16
初步设计阶段调蓄	51	168	109	21	17
现行调度方式调蓄	3	192	138	25	8

由此可见，经水库调蓄后，沙市河段进口流量过程坦化，中水持续时间增长，与无水库调蓄相比，初步设计阶段调蓄以及按现行调度方式调蓄下流量级 6000~12000m³/s 出现频率分别增大 19.1 个百分点和 25.7 个百分点，12000~27000m³/s 出现频率分别减小 2.2 个百分点和增大 5.7 个百分点，在现行调度方式调蓄下流量过程更为集中在中低水，如图 8.4-2 所示。

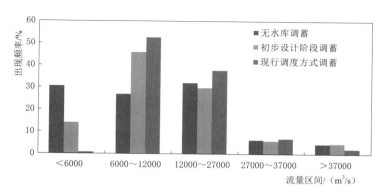

图 8.4 - 2　3 种计算条件下 2012 年沙市河段进口各特征流量级出现频率

综上来看，2012 年，在现行水库调度方式下，沙市河段来流洪峰流量大幅削减，同时高洪水持续时间缩短，不利于太平口汊道洪水倾向的汊道（左汊）的发展，这也是三峡水库蓄水后，太平口心滩汊道主支汊发生易位的主要原因之一。

8.4.2.2　白螺矶河段

（1）径流过程变化。白螺矶河段 2012 年、2017 年各计算条件下进口来流过程如图 8.4 - 3 所示。从 2012 年无水库调蓄、初步设计阶段调蓄以及按现行调度方式调蓄 3 种计算条件下的径流过程变化来看：

无水库调蓄、初步设计阶段调蓄以及按现行调度方式调蓄下白螺矶河段进口洪峰流量分别为 67800m^3/s、63300m^3/s、57100m^3/s，可以看出，水库调蓄后洪峰流量削减，与无水库调蓄相比，初步设计阶段调蓄以及按现行调度方式调蓄下洪峰流量分别减小 4500m^3/s、10700m^3/s。

对于退水过程而言，无水库调蓄、初步设计阶段调蓄以及按现行调度方式调蓄下汛后 9—10 月月均径流量分别为 718 亿 m^3、653 亿 m^3、629 亿 m^3。受三峡水库汛末蓄水的影响，白螺矶河段退水期月径流量明显小于天然情况，初步设计阶段调蓄以及按现行调度方式调蓄下与无水库调蓄相比减小 65 亿 m^3、89 亿 m^3，在中小洪水调度期间，月径流量减幅更为显著。

枯水期水库补水调度，初步设计阶段调蓄以及按现行调度方式调蓄情况下，1—4 月径流量均值分别为 289 亿 m^3、299 亿 m^3，相较于无水库调蓄同期偏大 26 亿 m^3、36 亿 m^3。

从 2017 年的流量过程来看，无水库调蓄以及按现行调度方式调蓄下，白螺矶河段进口洪峰流量分别为 77100m^3/s、59300m^3/s，洪峰流量均大于 2012 年，特别是在无水库调蓄下，2017 年洪峰流量较 2012 年偏大近 10000m^3/s。对于退水过程而言，无水库调蓄、按现行调度方式调蓄下汛后 9—10 月径流量均值分别为 763 亿 m^3、645 亿 m^3，退水期月均径流量也高于 2012 年。

总体而言，经三峡水库调蓄后，白螺矶河段进口洪峰削减，径流过程坦化，且在现行调度方式调蓄下，洪水期及退水期流量减幅、枯水期补水程度更为显著，流量变幅进一步减小。2017 年与 2012 年相比，无水库调蓄以及按现行调度方式调蓄方式下，洪峰流量及退水期流量均偏大。

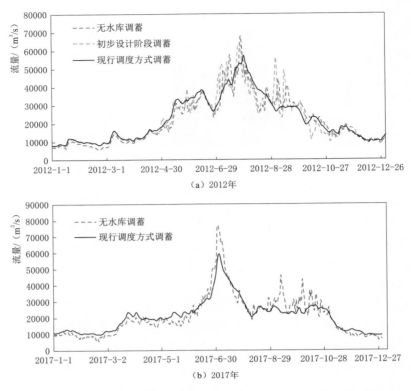

图 8.4-3　不同计算条件下 2012 年、2017 年白螺矶河段进口流量过程

（2）特征流量频率变化。三峡水库调蓄具有削峰补枯的作用，导致了年内流量过程的变化，改变了各特征流量级的持续时间。

对于 2012 年而言，从白螺矶河段进口各流量级（特征流量取值同 7.3.2 节）的持续时间来看，无水库调蓄、初步设计阶段调蓄以及按现行调度方式调蓄下 50000m³/s 以上大洪水分别出现 11d、13d、13d，频率约为 3%，变化不大；对于造床流量至洪水流量区间，现行调度方式相较于无水库调蓄和初步设计阶段调蓄方案分别偏多 14d 和 7d，无水库调度方案下 20000～32000m³/s 的中水和小于 8000m³/s 的持续时间均偏长（表 8.4-4、图 8.4-4）。

表 8.4-4　不同计算条件下 2012 年、2017 年白螺矶河段进口各流量级持续天数

年份	计算条件	持 续 天 数/d				
		<8000m³/s	8000～20000m³/s	20000～32000m³/s	32000～50000m³/s	>50000m³/s
2012	无水库调蓄	38	163	96	58	11
	初步设计阶段调蓄	11	199	78	65	13
	现行调度方式调蓄	5	195	81	72	13
2017	无水库调蓄	26	172	109	44	14
	现行调度方式调蓄	0	168	162	27	8

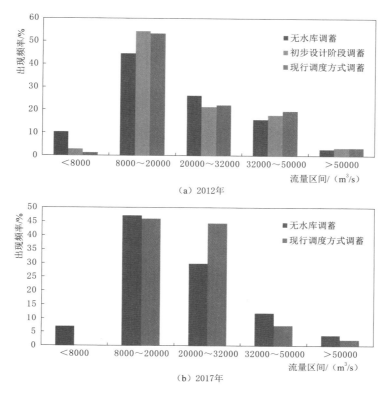

图 8.4-4 不同计算条件下 2012 年、2017 年白螺矶河段进口各流量级出现频率

对于 2017 年而言,无水库调蓄情况下,50000m^3/s 以上流量出现天数为 14d,频率达 3.8%;而按现行调度方式调蓄下,50000m^3/s 以上流量出现时间减少近一半。从流量过程对比来看,对比无水库调度情况,现行调度方式调蓄下,造床流量至洪水流量区间持续时间减少 17d,但中水 20000~32000m^3/s 持续时间显著延长,频率增大 14.5 个百分点。

综上来看,2012 年,相对于无水库调蓄和初步设计方案,在现行水库调度方式下,白螺矶河段的洪峰流量被大幅度削减,大洪水持续时间变化不大,造床流量以上持续时间并未缩短。2017 年,水库实际调度对白螺矶河段洪峰流量和大洪水持续时间都有影响。

8.4.2.3 武汉河段(中下段)

(1)径流过程变化。武汉河段(中下段)2012 年、2017 年各计算条件下进口水沙过程如图 8.4-5 所示。从 2012 年无水库调蓄、初步设计阶段调蓄以及按现行调度方式调蓄 3 种计算条件下的径流过程变化来看,无水库调蓄、初步设计阶段调蓄以及按现行调度方式调蓄下武汉河段(中下段)进口洪峰流量分别为 69700m^3/s、65000m^3/s、56100m^3/s,水库调蓄后洪峰流量削减,且不同调蓄方式下最大控泄流量存在差异,现行调度方式调蓄下洪峰流量小于初步设计阶段调蓄方式,削峰幅度达到 19.5%。对于退水过程而言,无水库调蓄、初步设计阶段调蓄以及按现行调度方式调蓄下汛后 9—10 月月均径流量分别为 719 亿 m^3、664 亿 m^3、630 亿 m^3,三峡水库汛末蓄水,武汉河段(中下段)退水期月径流量明显小于天然情况,初步设计阶段调蓄以及按现行调度方式调蓄下与无水库调蓄相比减小

55 亿 m³、89 亿 m³，特别是在中小洪水调度期间，由于汛后提前蓄水，月径流量减幅更为显著。枯水期水库补水调度，初步设计阶段调蓄以及按现行调度方式调蓄情况下，1—4 月径流量均值分别为 307 亿 m³、316 亿 m³，相较于无水库调蓄同期偏大 25 亿 m³、34 亿 m³。

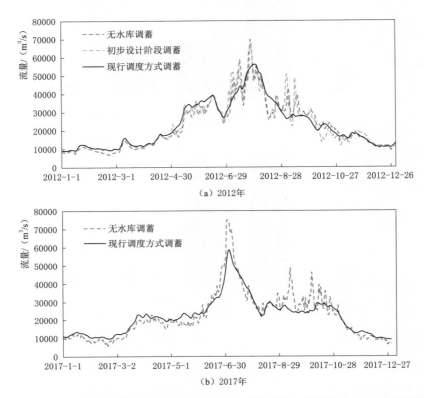

图 8.4 - 5　不同计算条件下 2012 年、2017 年武汉河段（中下段）进口流量过程

从 2017 年流量过程来看，无水库调蓄以及按现行调度方式调蓄下，武汉河段（中下段）进口洪峰流量分别为 75200m³/s、58500m³/s，两种计算条件下洪峰流量均大于 2012 年，在无水库调蓄下，2017 年洪峰流量偏大近 6000m³/s。对于退水过程，无水库调蓄、按现行调度方式调蓄下汛后 9—10 月径流量均值分别为 813 亿 m³、695 亿 m³，退水期月均径流量高出 2012 年近 100 亿 m³。

总体而言，经三峡水库调蓄后，武汉河段（中下段）进口洪峰削减，径流过程坦化，且在现行调度方式调蓄下，洪水期及退水期流量减幅、枯水期补水程度更为显著，流量变幅进一步减小。2017 年与 2012 年相比，无水库调蓄以及按现行调度方式调蓄方式下，洪峰流量及退水期流量均偏大。

（2）特征流量频率变化。三峡水库调蓄导致坝下游河道年内流量过程发生变化，但越往下游这种效应越弱。2012 年，无水库调蓄、按初步设计方案调蓄和现状调度方式下，武汉河段（中下段）进口 53500m³/s 以上大洪水分别出现 7d、6d 和 9d，差别不大；造床流量至洪水流量区间，现状情况下的持续时间偏短。各调度方案下，中低水 9500～22000m³/s 和低水小于 9500m³/s 的持续时间差别较大（表 8.4 - 5、图 8.4 - 6）。

表 8.4-5　不同计算条件下 2012 年、2017 年武汉河段（中下段）进口各流量级持续天数

年份	计算条件	持 续 天 数/d				
		<9500m³/s	9500~22000m³/s	22000~40000m³/s	40000~53500m³/s	>53500m³/s
2012	无水库调蓄	51	157	122	29	7
	初步设计阶段调蓄	25	192	110	33	6
	现行调度方式调蓄	18	191	123	25	9
2017	无水库调蓄	52	157	127	19	10
	现行调度方式调蓄	7	171	164	18	5

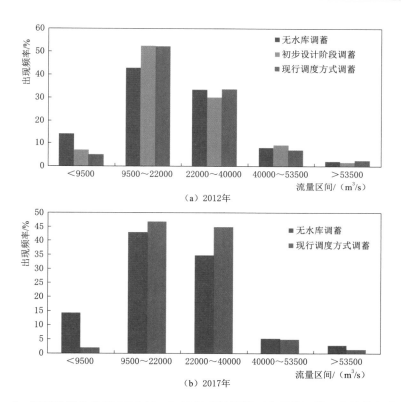

图 8.4-6　不同计算条件下 2012 年、2017 年武汉河段（中下段）进口各流量级出现频率

对于 2017 年而言，无水库调蓄情况下，53500m³/s 以上流量出现天数为 10d，频率约 2.7%；而按现行调度方式调蓄下，53500m³/s 以上流量出现天数减少一半。从流量过程对比来看，现行调度方式调蓄下出现频率增幅最大的流量级为 22000~40000m³/s，该流量级持续天数由 127d 增长至 164d，频率增大 10.1 个百分点。

综上来看，2012 年，在现行水库调度方式下，武汉河段（中下段）洪峰流量被大幅削减，造床流量以上持续时间则变化不大；2017 年，水库调度也显著减小了武汉河段（中下段）的洪峰流量，大洪水持续时间缩短。

8.4.3　计算成果分析

本节从分流比、冲淤量及冲淤分布、断面形态、洲滩形态特征等多方面计算分析不同控泄方案下典型河段演变趋势。

8.4.3.1　沙市河段

沙市河湾自上而下分布的太平口心滩、三八滩和金城洲将河道分为左、右两汊，由于三八滩滩体高程较低，受水流冲刷易萎缩，中高水条件下滩体淹没，因此本节重点分析太平口心滩、金城洲两汊分流比及冲淤变化。

（1）分流比变化。太平口汊道段不同流量级下的断面流速分布表明，在枯水流量（6171m³/s）下，右汊最大流速高于左汊约0.1m/s，其后随流量增大至8300m³/s，两汊流速均有所增长，但左汊流速整体增大，右汊仅主流带流速增大，主流开始向左汊摆动。由此可见，太平口左汊为洪水主流倾向汊（图8.4-7）。

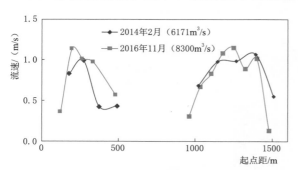

图8.4-7　沙市河段汊道段不同流量级下断面流速分布

从计算结果来看（表8.4-6），太平口汊道左汊为支汊，但3种计算条件下均表现为随流量的增长，左汊分流比呈增大态势。同流量下对比而言，初步设计阶段调蓄下太平口左汊分流比最大，无水库调蓄下次之，现行调度方式调蓄下最小，但各计算条件下差异不大，绝对差值不到0.1个百分点。以40000m³/s流量下为例，无水库调蓄、初步设计阶段调蓄、现行调度方式调蓄下太平口左汊分流比分别为46.17%、46.22%、46.13%。

表8.4-6　2012年沙市河段3种计算条件下太平口心滩左汊、金城洲右汊分流比

计算流量 /(m³/s)	太平口心滩左汊分流比/%			金城洲右汊分流比/%		
	无水库调蓄	初步设计阶段调蓄	现行调度方式调蓄	无水库调蓄	初步设计阶段调蓄	现行调度方式调蓄
20000	44.14	44.24	44.10	19.40	19.42	19.35
30000	45.60	45.70	45.58	21.22	21.28	21.21
40000	46.17	46.22	46.13	22.48	22.57	22.47
50000	46.55	46.62	46.53	23.55	23.56	23.55

三峡水库蓄水后沙市站造床流量约为27000m³/s，从3种计算条件下造床流量以上流量级持续天数来看，无水库调蓄、初步设计阶段调蓄、现行调度方式调蓄下分别为39d、38d、33d，无水库调蓄和初步设计阶段调蓄方案下的洪水持续时间偏长，有利于左汊冲刷发展，相应地左汊分流比偏大；而现行调度方式调蓄下高洪水流量级持续天数最少，左汊分流比相对较小，但总体来看，仅1年的水流过程下，3种计算条件下太平口左汊分流比的差异不大。

对于金城洲汊道段而言，3 种计算条件下表现为随流量的增长，右汊分流比呈增大态势（表 8.4-6）。同流量下对比而言，3 种计算条件下金城洲右汊分流比差异不大。以 40000m³/s 流量下为例，无水库调蓄、初步设计阶段调蓄、现行调度方式调蓄下金城洲右汊分流比分别为 22.48%、22.57%、22.47%，各计算条件下差值在 0.1 个百分点以内。受上游河势的影响，金城洲汊道段右汊为洪水主流倾向汊，比较而言，与太平口水道类似，无水库调蓄和初步设计阶段调蓄下右汊分流比均比现状调度方案略大。

（2）冲淤量变化。从沙市河段汊道段冲淤量统计结果来看，2012 年，太平口分汊段 3 种计算条件下左右汊均呈冲刷态势（表 8.4-7）。对比来看，无水库调蓄、初步设计阶段调蓄、现行调度方式调蓄下太平口分汊段左汊冲刷量分别为 83.7 万 m³、86.6 万 m³、80.5 万 m³，右汊冲刷量分别为 61.6 万 m³、62.7 万 m³、56.2 万 m³，初步设计阶段调蓄下左汊冲刷量最大，而现行调度方式调蓄下最小，与分流比变化较为一致。

表 8.4-7　　2012 年沙市河段不同计算条件下太平口、金城洲分汊段冲淤量

计算条件	无水库调蓄		初步设计阶段调蓄		现行调度方式调蓄	
太平口分汊段	左汊	右汊	左汊	右汊	左汊	右汊
冲淤量/万 m³	−83.7	−61.6	−86.6	−62.7	−80.5	−56.2
金城洲分汊段	左汊	右汊	左汊	右汊	左汊	右汊
冲淤量/万 m³	57.5	22.7	65.2	20.3	68.3	23.2

金城洲分汊段 3 种计算条件下左右汊均略有淤积，左汊淤积量大于右汊。对比来看，无水库调蓄、初步设计阶段调蓄、现行调度方式调蓄下金城洲分汊段左汊淤积量分别为 57.5 万 m³、65.2 万 m³、68.3 万 m³，右汊淤积量分别为 22.7 万 m³、20.3 万 m³、23.2 万 m³，初步设计阶段调蓄下右汊淤积量相对较小，高洪水流量级持续时间较长有利于金城洲分汊段支汊（右汊）的发展。

（3）冲淤分布变化。图 8.4-8 和图 8.4-9 分别为 3 种计算条件下沙市河段河床冲淤分布图和典型断面冲淤变化图。从图中可以看出，2012 年太平口分汊段总体上以冲刷为主，且左汊冲刷幅度明显大于右汊，3 种计算条件下沙市河段冲淤分布基本相同，差异不大。典型断面变化表明，无水库调蓄、初步设计阶段调蓄、现行调度方式调蓄下，左汊断面冲刷下切最大厚度分别为 0.62m、0.64m、0.53m，相对而言，初步设计阶段调蓄下变化最为显著；右汊断面呈冲淤交替态势，无水库调蓄、初步设计阶段调蓄、现行调度方式调蓄下冲刷最大深度为 3.26m、2.98m、3.16m。相比较而言，初步设计阶段调蓄下冲刷厚度最小。

金城洲分汊段两汊沿程冲淤交替，右汊冲刷部位主要集中在中上段，最大冲深在 5m 左右。典型断面变化表明，无水库调蓄、初步设计阶段调蓄、现行调度方式调蓄下右汊最大冲刷幅度分别为 1.14m、1.21m、1.10m，初步设计方案对应的最大冲深大于现行调度方式约 0.11m。3 种计算条件下左汊冲刷幅度差异不明显。

（4）洲滩变化。沙市河段太平口心滩位于长直过渡段的狮子碑至笆篓子之间，滩体平面形态为长橄榄型，将河道一分为二。从 2012 年 3 种计算条件下太平口心滩 30m 等高线变化来看，洲头小幅冲刷后退、洲尾淤长，无水库调蓄、初步设计阶段调蓄、现行调度方

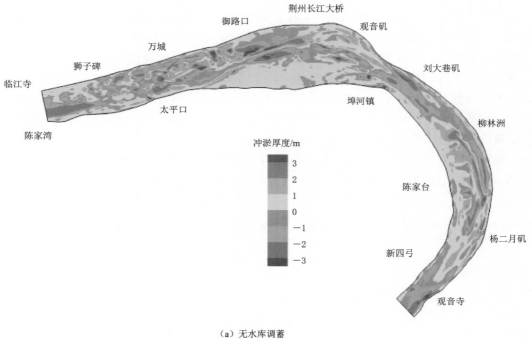

（a）无水库调蓄

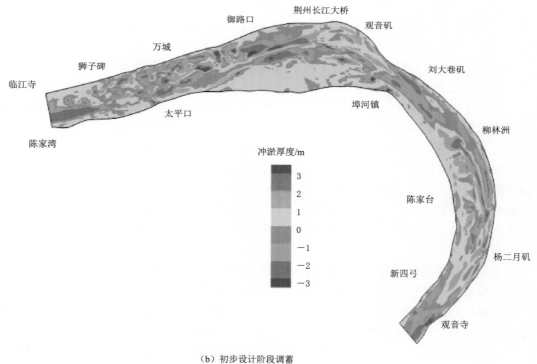

（b）初步设计阶段调蓄

图 8.4-8（一）　2012 年不同计算条件下沙市河段河床冲淤分布

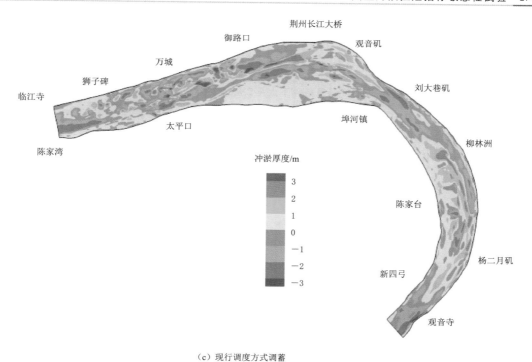

（c）现行调度方式调蓄

图 8.4-8（二） 2012 年不同计算条件下沙市河段河床冲淤分布

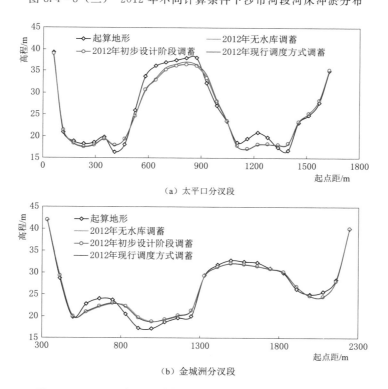

（a）太平口分汊段

（b）金城洲分汊段

图 8.4-9 2012 年 3 种计算条件下沙市河段分汊段断面变化

式调蓄下江心洲面积分别为 50.9 万 m²、50.8 万 m²、51.6 万 m²，整体上差异不大（表 8.4-8）。无水库调度和初步设计阶段调蓄下造床流量以上中高水流量持续时间较长，水流漫滩冲刷滩体，滩体面积相对较小。

表 8.4-8　2012 年沙市河段不同计算条件下太平口心滩、金城洲 30m 等高线面积　单位：万 m²

计算条件	无水库调蓄	初步设计阶段调蓄	现行调度方式调蓄
太平口心滩 30m 等高线面积	50.9	50.8	51.6
金城洲 30m 等高线面积	70.4	69.9	70.7

对于沙市河段金城洲而言，无水库调蓄、初步设计阶段调蓄、现行调度方式调蓄下江心洲 30m 等高线的面积分别为 70.4 万 m²、69.9 万 m²、70.7 万 m²，各计算条件下差异不大。与太平口心滩类似，相比较而言，无水库调度和初步设计阶段调蓄下高洪水流量级出现频率较多，有利于水流冲刷金城洲右缘，滩体面积较现行调度方式调蓄下分别偏小约 0.3 万 m² 和 0.8 万 m²。

8.4.3.2　白螺矶河段

（1）分流比变化。分流比的变化首先取决于汊道的基本水力特征，南阳洲汊道段不同流量级下断面流速分布表明，在中枯水流量（13400m³/s）下，两汊最大流速基本相当，后随流量增大至 35400m³/s，两汊流速均有所增长，但右汊的流速增幅明显大于左汊，主流位于右汊（图 8.4-10）。由此可见，南阳洲右汊为洪水主流倾向汊，高水持续时间越长，越有利于右汊的发展。

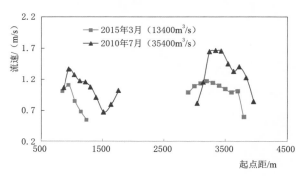

图 8.4-10　白螺矶河段汊道段不同流量级
下断面流速分布

从 2012 年计算结果来看，3 种计算条件各流量级下右汊分流比始终占优（表 8.4-9）。同流量下对比而言，初步设计阶段调蓄下南阳洲右汊分流比最大，无水库调蓄下次之，现行调度方式调蓄下最小，但各计算条件下差异不大，绝对差值不到 0.3 个百分点。以 20000m³/s 流量为例，无水库调蓄、初步设计阶段调蓄、现行调度方式调蓄下天兴洲右汊分流比分别为 70.42%、70.59%、70.34%。前文研究表明，三峡水库蓄水后螺山站造床流量约为 32000m³/s，无水库调蓄、初步设计阶段调蓄、现行调度方式调蓄下流量过程均较为集中，造床流量以上至洪水流量级持续时间在现行调度方案下最大，但 50000m³/s 以上高洪水持续天数 3 种条件基本相当，但峰值流量无水库方案和初设方案都显著偏大，因而右汊分流比也较现行调度方案略偏大。

2017 年计算结果表明，无水库调蓄与现行调度方式调蓄情况中各流量级下南阳洲右汊分流比差异不大，无水库调蓄情况下右汊分流比均略大于现行调度方式调蓄，绝对差值不到 0.2 个百分点。以 30000m³/s 流量为例，无水库调蓄、现行调度方式调蓄下南阳洲

表 8.4-9 白螺矶河段不同计算条件下南阳洲右汊分流比变化

计算年份	计算流量/(m³/s)	分 流 比/%		
		无水库调蓄	初步设计阶段调蓄	现行调度方式调蓄
2012	20000	70.42	70.59	70.34
	30000	68.23	68.28	68.20
	40000	65.86	65.86	65.85
2017	20000	70.90	—	70.79
	30000	68.39	—	68.36
	40000	65.56	—	65.56

右汊分流比分别为 68.39%、68.36%。相比较而言，无水库调蓄下，高洪水持续时间长，32000m³/s 以上流量出现天数为 58d，有利于洪水主流倾向汊即右汊的冲刷发展；而按现行调度方式调蓄下，32000m³/s 以上流量出现天数为 35d，50000m³/s 大洪水流量持续时间也偏短。因此，无水库调蓄右汊分流比略大于现行调度方式调蓄情况。

（2）冲淤量变化。从白螺矶河段汊道段冲淤量统计结果来看，2012 年，3 种计算条件下左、右两汊均表现为冲刷，且以右汊冲刷为主，而左汊冲刷量相对较小。对比来看，无水库调蓄、初步设计阶段调蓄、现行调度方式调蓄下白螺矶河段左汊冲刷量分别为 21.4 万 m³、28.9 万 m³、22.2 万 m³，右汊冲刷量分别为 74.5 万 m³、75.3 万 m³、48.3 万 m³，对比来看，初步设计阶段调蓄下右汊冲刷量略大，而现行调度方式调蓄下右汊冲刷量最小，与分流比变化较为一致。

2017 年，白螺矶河段右汊冲刷量仍明显高于左汊，无水库调蓄下，白螺矶河段两汊均呈冲刷态势，其中，左、右汊冲刷量分别为 64.0 万 m³、200.2 万 m³；现行调度方式调蓄下，左汊冲刷 62.2 万 m³，右汊冲刷量为 163.7 万 m³，对比来看，无水库调蓄下右汊冲刷量略大，高洪水流量级持续时间较长有利于南阳洲分汊段主汊即右汊的冲刷发展。2017 年螺山站平均含沙量为 0.077kg/m³，较 2012 年的 0.140kg/m³ 偏小 45%，因而白螺矶河段南阳洲左、右汊的冲刷量均较 2012 年显著偏大，见表 8.4-10。

表 8.4-10 不同计算条件下白螺矶河段南阳洲汊道段冲淤量

计算年份	冲 淤 量/万 m³					
	无水库调蓄		初步设计阶段调蓄		现行调度方式调蓄	
	左汊	右汊	左汊	右汊	左汊	右汊
2012	−21.4	−74.5	−28.9	−75.3	−22.2	−48.3
2017	−64.0	−200.2	—	—	−62.2	−163.7

（3）冲淤分布变化。图 8.4-11 为 3 种计算条件下白螺矶河段河床冲淤分布图，图 8.4-12 为 3 种计算条件下白螺矶河段分汊段断面变化图。从图中可以看出，2012 年白螺矶河段南阳洲两汊总体上均以冲刷为主，且右汊冲刷量明显大于左汊，但两汊的主要冲刷部位均集中在中下段，3 种计算条件下白螺矶河段冲淤分布基本相同，差异不大。对比来看，典型断面变化表明，无水库调蓄、初步设计阶段调蓄、现行调度方式调蓄下，右汊断

面冲刷下切最大厚度分别为 0.37m、0.38m、0.28m，差值在 0.1m 以内；对于左汊而言，3 种计算条件下无明显差异，最大冲刷深度在 0.6m 左右。

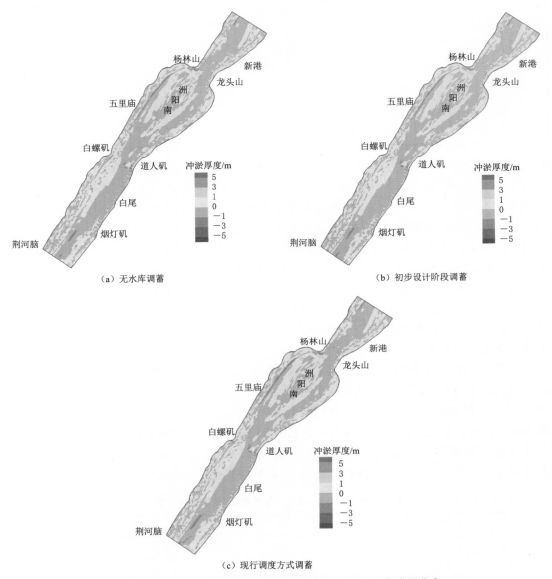

图 8.4-11　2012 年 3 种计算条件下白螺矶河段河床冲淤分布

与 2012 年类似，2017 年，白螺矶河段南阳洲左、右汊均以冲刷为主，从平面冲淤图对比来看，无水库调蓄下右汊进口冲刷幅度略大于现行调度方式调蓄情况，且左汊中下段冲刷幅度较小，与无水库调蓄下右汊分流比相对较大的结论一致，如图 8.4-13 和图 8.4-14 所示。典型断面变化表明，无水库调蓄、现行调度方式调蓄下右汊最大冲刷幅度分别为 0.57m、0.53m，无水库调蓄情况下大于现行调度方式调蓄下约 0.04m，从断面图来看，2 种计算条件下左汊冲刷幅度无明显差异。

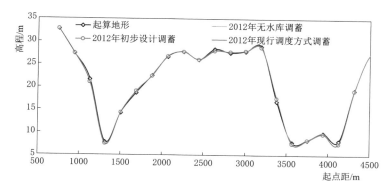

图 8.4-12　3 种计算条件下白螺矶河段分汊段断面变化

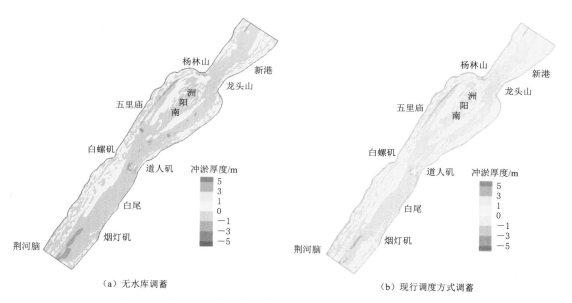

（a）无水库调蓄　　　　　　　　　　　（b）现行调度方式调蓄

图 8.4-13　2017 年 2 种计算条件下白螺矶河段河床冲淤分布

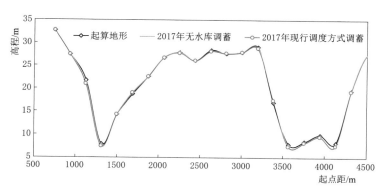

图 8.4-14　2017 年 2 种计算条件下白螺矶河段分汊段断面变化

（4）洲滩变化。白螺矶河段平面形态为中间宽两头窄，南阳洲将河道分为左、右两汊。从 2012 年 3 种计算条件下南阳洲 22m 等高线变化来看，洲头小幅冲刷后退，洲尾平面变化较小，洲滩总体变化幅度不大，无水库调蓄、初步设计阶段调蓄、现行调度方式调蓄下江心洲 22m 等高线面积分别为 374.5 万 m²、373.8 万 m²、374.2 万 m²。可以看出，3 种计算条件下年内流量过程变化不大，江心洲面积无明显差异，相对而言，初步设计阶段调蓄下南阳洲面积略小。

对于 2017 年而言，无水库调蓄及现行调度方式调蓄下江心洲面积分别为 372.4 万 m²、374.1 万 m²，相比较而言，现行调度方式调蓄下高洪水流量级出现频率较少，30000m³/s 以上流量出现天数为 43d，而无水库调蓄下 30000m³/s 以上流量持续时间较长有利于水流冲刷南阳洲右缘，滩体面积较无水库调蓄下偏大约 1.7 万 m²。

表 8.4-11　　　　　白螺矶河段不同计算条件下南阳洲 22m 等高线面积

计算年份	白螺矶河段南阳洲 22m 等高线面积/万 m²		
	无水库调蓄	初步设计阶段调蓄	现行调度方式调蓄
2012	374.5	373.8	374.2
2017	372.4	—	374.1

8.4.3.3　武汉河段（中下段）

（1）分流比变化。分汊河段汊道断面流速在一定程度上反映了两汊局部水力特征，对于武汉河段（中下段）而言，根据实测资料，在枯水流量（13700m³/s）下，主流带位于右汊，天兴洲右汊平均流速约 1m/s，是左汊平均流速的近 2 倍，而当流量增大至 33300m³/s 后，左汊流速增幅近 1m/s，变化幅度明显大于右汊（图 8.4-15）。可以看出，随流量增大，主流带呈左摆态势，高水流量下左汊水流动力增长较为显著，高水持续时间越长，越有利于武汉河段（中下段）支汊的发展。

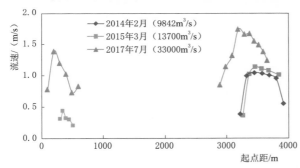

图 8.4-15　武汉河段（中下段）汊道段不同流量级下断面流速分布

从 2012 年计算结果来看，3 种计算条件下均表现为随流量增大，右汊分流比减小，但从整体上来看，各流量级下均表现为右汊分流比占优（表 8.4-12）。同流量下对比而言，中低水流量级下，3 种计算条件右汊分流比差别不大：20000m³/s 流量下，无水库调蓄、初步设计阶段调蓄、现行调度方式调蓄下天兴洲右汊分流比均为 94.06%；在高洪水流量下，各计算条件下计算分流比绝对差值不足 0.1 个百分点，以 40000m³/s 流量为例，无水库调蓄、初步设计阶段调蓄、现行调度方式调蓄下天兴洲右汊分流比分别为 82.41%、82.40%、82.43%，对比来看，初步设计阶段调蓄下天兴洲右汊分流比略大，而按现行调度方式调蓄下天兴洲右汊分流比最小。前文研究表明，三峡水库蓄水后汉口站造床流量约为 40000m³/s, 3 种计算条件下造床流量以上流量级持续天数来看, 无水库调蓄、初步设计阶段调蓄、现行调度方式调蓄下分别为 36d、39d、34d, 初步设计阶段调蓄下 40000m³/s 以上流量级持续天数较长, 有利于天兴洲左汊冲刷发展, 相应地, 右汊分流比略小; 同理, 现行调度方式调蓄下 40000m³/s 以上流量级持续天数最少, 右汊分流比略大。

表 8.4 - 12　　武汉河段 (中下段) 不同计算条件下天兴洲右汊分流比

计算年份	计算流量/(m³/s)	分　流　比/%		
		无水库调蓄	初步设计阶段调蓄	现行调度方式调蓄
2012	20000	94.06	94.06	94.06
	30000	87.93	87.93	87.93
	40000	82.41	82.40	82.43
	50000	76.87	76.85	76.90
2017	20000	93.88	—	94.00
	30000	88.03	—	88.17
	40000	82.39	—	82.54
	50000	77.11	—	77.26

2017 年计算结果表明, 从无水库调蓄与现行调度方式调蓄下对比来看, 各流量级下无水库调蓄右汊分流比均略小于现行调度方式调蓄下, 以 50000m³/s 流量为例, 无水库调蓄、现行调度方式调蓄下天兴洲右汊分流比分别为 77.11%、77.26%。无水库调蓄下, 高洪水持续时间长, 40000m³/s 以上流量出现天数为 29d, 有利于支汊即左汊的冲刷发展, 而按现行调度方式调蓄下, 40000m³/s 以上流量出现天数为 23d, 且大洪水持续时间偏短。现行调度方式调蓄与无水库调蓄相比, 出现频率增加最为显著的流量区间为 22000~40000m³/s, 从断面流速分布来看, 该流量区间下主流位于右汊, 持续时间的增长有利于右汊的冲刷发展, 在两者的综合作用下, 现行调度方式调蓄下右汊分流比略大于无水库调蓄情况, 不利于支汊的稳定。

(2) 冲淤量变化。从武汉河段 (中下段) 汊道段冲淤量统计结果来看, 2012 年, 3 种计算条件下均表现为以右汊冲刷为主, 而左汊冲刷量相对较小 (表 8.4 - 13)。对比来看, 无水库调蓄、初步设计阶段调蓄、现行调度方式调蓄下天兴洲左汊冲刷量分别为 209.6 万 m³、262.6 万 m³、198.0 万 m³, 右汊冲刷量分别为 2161.5 万 m³、2164.1 万 m³、2186.3 万 m³, 对比来看, 初步设计阶段调蓄下左汊冲刷量略大, 与分流比变化较为一致。

表 8.4 - 13　　3 种计算条件下武汉河段 (中下段) 天兴洲汊道段冲淤量

计算年份	冲　淤　量/万 m³					
	无水库调蓄		初步设计阶段调蓄		现行调度方式调蓄	
	左汊	右汊	左汊	右汊	左汊	右汊
2012	−209.6	−2161.5	−262.6	−2164.1	−198.0	−2186.3
2017	−210.4	−2333.7	—	—	77.9	−2316.7

2017 年，武汉河段（中下段）右汊冲刷量仍明显高于左汊，无水库调蓄下，天兴洲两汊均呈冲刷态势，其中，左、右汊冲刷量分别为 210.4 万 m³、2333.7 万 m³，而在现行调度方式调蓄下，天兴洲汊道段"左淤右冲"，左汊淤积 77.9 万 m³，右汊冲刷量为 2316.7 万 m³。对比来看，无水库调蓄下左汊冲刷量大，高洪水流量级持续时间较长有利于天兴洲分汊段支汊即左汊的冲刷发展。

（3）冲淤分布变化。图 8.4 - 16 和图 8.4 - 17 分别为 3 种计算条件下武汉河段（中下段）河床冲淤分布图和典型断面变化图。从图中可以看出，2012 年，武汉河段（中下段）汊道段总体上以冲刷为主，且右汊冲刷幅度明显大于左汊，右汊中上段冲刷而下段小幅淤积，左汊小幅冲刷。3 种计算条件下武汉河段（中下段）冲淤分布基本相同，差异不大。对比看，典型断面变化表明，无水库调蓄、初步设计阶段调蓄、现行调度方式调蓄下，左汊断面冲刷下切最大厚度分别为 3.85m、4.26m、3.58m，差值在 1m 以内；对于右汊而言，3 种计算条件下无明显差异，最大冲刷深度为 5.5m。

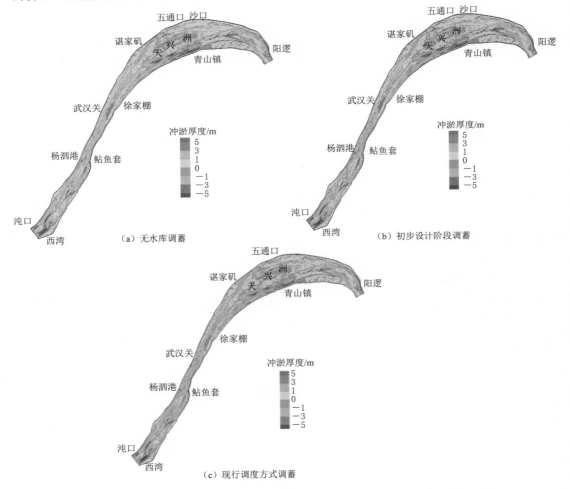

图 8.4 - 16 2012 年 3 种计算条件下武汉河段（中下段）河床冲淤分布

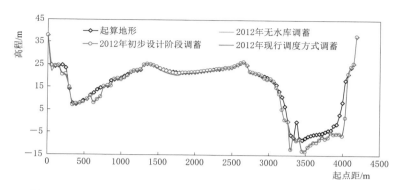

图 8.4-17　3 种计算条件下武汉河段（中下段）分汊段断面变化

与 2012 年类似，2017 年，武汉河段（中下段）天兴洲汊道表现为左汊淤积而右汊冲刷，且右汊冲刷部位主要集中在中上段，最大冲深在 5m 左右，如图 8.4-18、图 8.4-19 所示。典型断面变化表明，无水库调蓄、现行调度方式调蓄下左汊最大冲刷幅度分别为 6.85m、4.46m，无水库调蓄情况下大于现行调度方式调蓄下约 2.39m，从断面图来看，2 种计算条件下右汊冲刷幅度无明显差异。

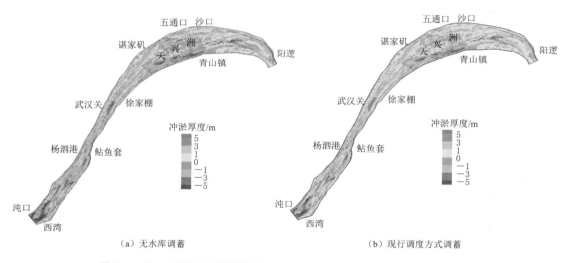

图 8.4-18　2017 年不同计算条件下武汉河段（中下段）河床冲淤分布

（4）洲滩变化。武汉河段（中下段）天兴洲滩体较大，将河道一分为二。从 2012 年 3 种计算条件下天兴洲滩体 15m 等高线变化来看，洲头小幅冲刷后退，洲尾平面变化较小，无水库调蓄、初步设计阶段调蓄、现行调度方式调蓄下江心洲面积分别为 2020.4 万 m²、2019.8 万 m²、2020.3 万 m²。可以看出，3 种计算条件下年内流量过程变化不大，江心洲面积无明显差异。对于 2017 年而言，无水库调蓄及现行调度方式调蓄下江心洲面积分别为 2030.4 万 m²、2031.6 万 m²，相比较而言，由于天兴洲洲头低滩实施了航道整治工程，2 种计算条件下滩体面积差异不大，现行调度方式调蓄较无水库调蓄下偏小约 1.2 万 m²。

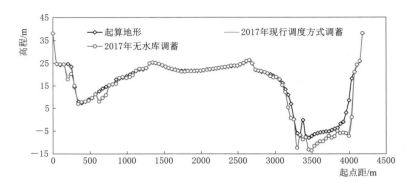

图 8.4 - 19　2017 年不同计算条件下武汉河段（中下段）分汊段断面变化

表 8.4 - 14　　不同计算条件下武汉河段（中下段）天兴洲 15m 等高线面积变化

计算年份	武汉河段 15m 等高线江心洲面积/万 m^2		
	无水库调蓄	初步设计阶段调蓄	现行调度方式调蓄
2012	2020.3	2019.8	2020.4
2017	2030.4	—	2031.6

8.5　本章小结

　　本章以沙市河段、白螺矶河段、武汉河段（中下段）3 个分汊河道为典型河段，通过建立 3 个河段的平面二维水沙数学模型，基于模型和上文对于河道冲淤变化规律及其对三峡水库调度、造床流量变化和持续时间等的响应分析，考虑无水库调蓄情况、初步设计阶段调蓄情况以及按现行调度方式调蓄情况共 3 种计算条件，分析了三峡水库不同控泄指标对典型河段河道行洪能力、河道发育的影响。主要结论如下：

　　（1）研究建立的沙市河段、白螺矶河段、武汉河段（中下段）平面二维水沙数学模型均能较好反映各河段水流特性，沿程水位计算成果精度较高，汊道分流比计算值与实测值接近，计算流场、断面流速分布与实测值符合较好，冲淤分布及冲淤厚度与实测值较为吻合，模型能够满足三峡水库洪水控泄流量过程研究的计算要求。

　　（2）由于近年来长江流域遭遇水量偏枯的水文周期，加之上游梯级水库拦蓄等作用，三峡入库水量偏少，仅个别年份洪峰流量超过初步设计阶段控泄流量（55000m^3/s），且持续时间在 5d 以内。计算选取 2012 年、2017 年作为典型年份，通过还原计算和水库调度，拟定了无水库、初步设计调度和现行调度方案 3 种计算条件。不同计算条件下的差异主要体现在径流过程上，三峡水库现行的调度方式，大幅削减了坝下游河道洪峰流量，并使得造床流量以上高水持续缩短。以沙市河段为例，三峡水库蓄水后沙市站造床流量约为 27000m^3/s，2012 年，无水库调蓄、初步设计阶段调蓄、现行调度方式调蓄下造床流量以上持续时间分别为 39d、38d、33d，现行调度方式调蓄下的洪水持续时间偏短，而中水持续时间显著延长。

　　（3）分汊河型主、支汊单向性发展或萎缩是河道行洪能力改变的表征之一。在三峡水库现行的调度方式调蓄下，坝下游河道或洪峰流量大幅削减，如 2012 年白螺矶河段初步设计阶段调蓄以及按现行调度方式调蓄下与无水库调蓄相比，洪峰流量分别减小 4500m³/s、10700m³/s；或造床流量以上高水持续时间缩短，如 2017 年按现行调度方式调蓄下，武汉河段（中下段）进口 53500m³/s 以上大洪水出现天数与无水库调蓄相比减半；或者两者兼而有之，如 2012 年沙市河段，与无水库调蓄相比，按现行调度方式调蓄下洪峰削减14300m³/s，造床流量以上持续时间偏少 6d。对应现状调度方案下，沙市河段、白螺矶河段、武汉河段（中下段）3 个典型分汊河段均表现为洪水主流所倾向的汊道分流比略小于初步设计阶段调度或无水库调蓄情况，但计算差异在 0.5 个百分点以内，对应汊道冲淤量及局部最大冲深也略偏小。对于分汊河段江心洲而言，无水库调蓄及初步设计阶段调度情况下高洪水流量级出现频率较多或洪峰流量较大，有利于水流冲刷滩体，现行调度方式调蓄下滩体面积略大。

第9章

三峡水库洪水控泄流量过程

三峡水库最主要的任务是防洪，在保证三峡水利枢纽工程安全的前提下，利用水库拦蓄洪水，可使长江中游荆江河段的防洪标准达到 100 年一遇；并在遇到 1000 年一遇洪水或类似 1870 年洪水时避免荆江地区发生毁灭性洪水灾害。2009 年起，为了进一步减轻坝下游河道的防洪压力，依据准确的水文气象预报，三峡水库多次对中小洪水进行削峰调度，2010 年、2012 年调度期间汛期三峡水库坝前水位最高分别达到 161m、163m，分别超过汛期限制水位（145m）近 16m、18m。削峰调度一方面在削减洪峰的同时，也拦截了集中在汛期输移的泥沙，使泥沙更多地堆积在水库内；另一方面，减少了坝下游河道经历大洪水的频次，影响河道的正常发育，长期来看可能影响行洪能力。因此，保证三峡水库及坝下游河道行洪安全，不造成水库淤积幅度过于增加并充分保障坝下游河道发育是三峡水库洪水控泄的三个首要限制条件，满足这三个条件的控泄过程才具有可行性。本章在上文对河道造床作用研究的基础上，综合以往的研究成果，初步提出满足这三个条件的三峡水库洪水控泄流量过程。

9.1 三峡水库及坝下游河道行洪安全

9.1.1 三峡水库防洪安全

根据《长江三峡水利枢纽初步设计报告（枢纽工程）》，三峡水利枢纽的防洪调度采用对下游沙市（枝城）或城陵矶水位补偿调度的方式，控制下泄量。枢纽的设计洪水标准为 1000 年一遇，非常运用（校核）情况采用 10000 年一遇洪水的 1.1 倍。大坝坝顶高程 185m，正常蓄水位 175m，防洪限制水位 175m，1000 年一遇洪水位 175m，1000 年一遇洪水位以下防洪库容为 221.5 亿 m^3。

在分析确定三峡工程防洪库容时考虑了如下原则与因素：

（1）应满足荆江河段的基本防洪要求：防洪标准至少达到 100 年一遇；遇 1000 年一遇或 1870 年型特大洪水时，保证荆江河段行洪安全，避免发生毁灭性灾害。

（2）三峡工程要与荆江河段堤防和分蓄洪工程等防洪措施合理配合，共同解决荆江河段防洪问题。

（3）三峡工程还要适当兼顾城陵矶等地区的防洪要求，为防洪调度机动灵活，预留防洪库容要考虑在调度运用时有回旋的余地。

（4）三峡工程是综合利用工程，预留防洪库容要协调防洪与兴利之间的关系，使三峡工程取得最大的社会、经济效益。同时还要协调水库上下游关系。

　　三峡工程研究了两种防洪补偿调度方式，最终确定为：遇 100 年一遇以下洪水时，沙市站水位都按 44.5m 控制，枝城控泄流量为 56700m³/s，水库最高水位为 166.7m；遇超过 100～1000 年一遇洪水时，沙市站水位按 45m 控制，枝城站控泄流量为 71500m³/s，水库最高水位为 175m。

　　根据《长江流域防洪规划》，长江中下游按总体防御中华人民共和国成立以来发生的最大洪水的标准，拟定防御对象为 1954 年型洪水，按照这一标准三峡水库防洪调度对应的枝城控制泄为 56700m³/s，水库最高水位为 160.6m。

9.1.2　坝下游河道行洪安全

　　（1）坝下游河道安全泄量。长江中下游洪水以宜昌以上来水占主导地位，洞庭湖和鄱阳湖水系洪水是其重要组成部分，汉江洪水也是其重要来源之一。长江宜昌至螺山河段，主要有支流清江及洞庭湖"四水"洪水的加入。螺山至汉口河段加入的主要支流有汉江。汉口至大通河段，左岸主要有府环河、倒水、举水、巴水、浠水、蕲水、皖河等汇入，右岸主要有鄱阳湖"五河"的来水。汛期 5—10 月，汉口站水量以宜昌以上来水为主，宜昌汛期多年平均水量约占汉口水量的 66%；其次是洞庭湖水系和汉江洪水，分别占汉口水量的 20.7% 和 6.7%。汛期汉口站的径流量占大通站的比例超过 80%，鄱阳湖水系的面积占大通站控制面积的比重不足 10%，但其汛期来水量平均占大通站的 15% 左右。

　　长江流域面积大，降水量大，形成的中下游干流洪水大都峰高量大、持续时间长。长江干流主要控制站宜昌、螺山、汉口、大通多年平均年最大洪峰流量均在 50000m³/s 以上。宜昌站实测最大洪峰流量为 1981 年的 70800m³/s，历史调查洪峰流量为 1870 年的 105000m³/s；汉口站实测最大流量为 1954 年的 76100m³/s；大通站实测流量也以 1954 年的 92600m³/s 为最大。

　　当来水超过河道宣泄洪水能力时，如不采取其他措施，就容易发生洪灾。某一河段的泄洪能力，又受相关河道洪水是否遭遇、洪水持续时间长短、下游是否顶托等多种因素的影响。根据水利部长江水利委员会编制的《长江防洪地图集》，长江中游干流河道的安全泄量见表 9.1-1。长江中下游地区防洪最突出的问题，是干流洪水来量巨大与河道泄洪能力不足的矛盾。根据宜昌站实测洪峰资料统计，自 1877 年以来，洪峰流量超过 60000m³/s 的有 25 次，1931 年、1935 年和 1954 年城陵矶以上的日合成最大流量均超过 100000m³/s，超过河道安全泄量的部分洪水对平原地区造成了严重的灾害。

表 9.1-1　　　　　　　　　长江中游干流安全泄量统计表

河　　　段	代　　表　　站	安全泄量/(m³/s)
荆江	枝城	60000～68000
城陵矶	螺山	约 60000
武汉	汉口	约 70000
湖口	湖口	约 80000

　　综合三峡水利枢纽的防洪安全和长江中游安全泄量两个方面来看，如若遭遇 1870 年型洪水或 1000 年一遇洪水，保证三峡水库防洪安全要求枝城站控制下泄量不超过

80000m³/s，尽管仍超出了河道的安全泄量，但配合荆江地区的分洪区运用，可使沙市站水位不超过45.00m，从而保障荆江两岸的防洪安全。由此可见，三峡工程建成投入使用后，长江中游各地区防洪能力有较大提高，特别是荆江地区防洪形势发生了根本性变化。考虑到三峡水库坝址洪水总量平均有1/3来自金沙江，金沙江中下游梯级水库群相继建成运用后，能够一定程度减轻三峡水库的防洪压力，进一步为长江中下游防御特大洪水提供保障。

（2）坝下游河道防洪设计流量。长江干流主要控制站防洪控制水位是防洪安全控制指标，即为堤防的设计洪水位，在需运用蓄滞洪区蓄纳超额洪水的长江中下游地区，控制站防洪控制水位一般也是蓄滞洪区的分洪运用水位。根据《长江流域防洪规划》（以下简称《规划》），长江干流主要控制站防洪控制水位见表9.1-2。对应沙市站水位为45.00m（城陵矶水位为34.40m）时的沙市站泄量为50000m³/s、螺山站泄量为65000m³/s；相应设计洪水位，汉口站泄量为71600m³/s，湖口站（鄱阳湖入汇后长江干流）泄量为83500m³/s。

表9.1-2　　　　　　　　　　长江中下游干流主要控制站防洪控制水位

站　名	设计洪水位（吴淞高程）/m	站　名	设计洪水位（吴淞高程）/m
宜昌	55.73	汉口	29.73
枝城	51.75	黄石	27.50
沙市	45.00	武穴	24.50
石首	40.38	九江	23.25
监利（城南）	37.28	湖口	22.50
城陵矶（莲花塘）	34.40	安庆	19.34
螺山	34.01	大通（梅埂）	17.10

（3）坝下游河道警戒水位对应流量。根据《规划》，长江中下游干流主要控制站的设防水位、警戒水位见表9.1-3。设防水位是指汛期江水漫滩，堤防开始临水的水位，主要根据堤防的防御能力拟定，当洪水达到这一级高度时，需要防汛人员巡查防守。警戒水位是指江、河、湖泊水位上涨到河段内可能发生险情的水位，是我国防汛部门规定的各江河堤防需要处于防守戒备状态的水位，一般有堤防的大江大河多取决于洪水普遍漫滩或重要堤段水浸堤脚的水位。到达该水位时，堤防防汛进入重要时期，防汛部门要加强戒备，密切注意水情、工情、险情的发展变化，做好防洪抢险人力、物力的准备，防汛队伍上堤防汛。由于《规划》未明确给出长江中下游设防水位和警戒水位对应的流量，此次研究依据1998年以来，各控制站径流相对偏大的年份的实测流量-水位关系曲线（图9.1-1），计算得到各控制站设防水位和警戒水位对应的流量见表9.1-3。

表9.1-3　　　　　　　　　　长江中下游干流主要控制站设防和警戒水位

站名	设防水位（吴淞高程）/m	对应流量/（m³/s）	警戒水位（吴淞高程）/m	对应流量/（m³/s）
宜昌			53.00	52600
枝城	48.00	44800	49.00	53900
沙市	42.00	31000	43.00	36300

站名	设防水位（吴淞高程）/m	对应流量/（m³/s）	警戒水位（吴淞高程）/m	对应流量/（m³/s）
螺山	30.00	41000	32.00	50400
汉口	25.00	42700	27.30	56000
大通	12.88	52200	14.40	64400

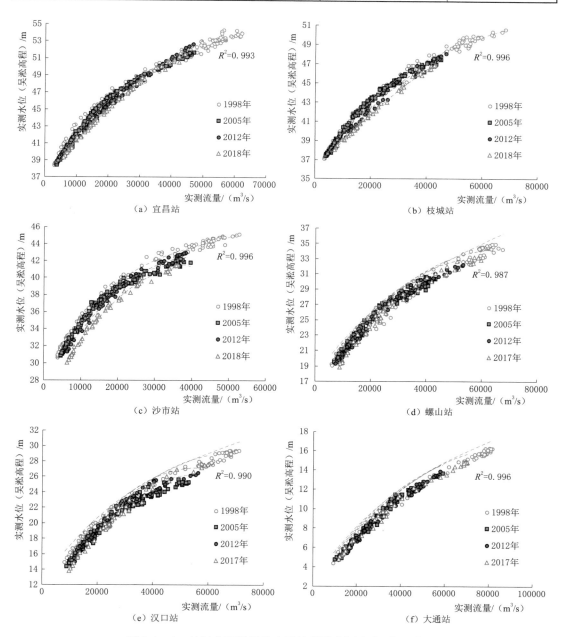

图 9.1-1　长江中下游干流主要控制站实测水位-流量关系

从实测的水位流量关系来看，长江中下游除沙市站以外，其他站的中高水水位变化并不明显，同时从偏于安全的角度出发，各站设防水位、警戒水位仍采用 1998 年水位-流量关系曲线作为依据。从计算结果来看，若要保证荆江河段不超设防水位，应同时满足枝城和沙市两站水位的限制值，对应枝城站的控泄流量在 $45000 m^3/s$ 以下可以满足，扣除荆江松滋口和太平口的分流量，下泄至沙市站的流量仍大于该站设防水位对应值，因此应采用控制沙市站水位的流量反推枝城站控泄流量，约为 $37000 m^3/s$。类似地，若要保证荆江河段不超警戒水位，对应枝城站的控泄流量应在 $54000 m^3/s$ 以下，但这一流量无法保证沙市站不超警戒水位，因此仍需用沙市站的流量来反推枝城站的控泄流量，约为 $45000 m^3/s$。

综上来看，三峡水库对长江中下游的防洪调度首要的是保证对荆江河段进行防洪补偿，要保证荆江河道的行洪安全，水位不超过设计洪水位，应控制枝城站下泄流量不超过 $56700 m^3/s$；若考虑进一步减轻坝下游防洪压力，降低堤防防洪的人工和经济成本，保证荆江河道不超警戒水位，宜控制枝城站的下泄流量不超过 $45000 m^3/s$。若枝城站的下泄流量能进一步控泄至 $37000 m^3/s$，则能保证荆江河道不超设防水位。

除此之外，堤防是长江中下游防洪体系的重要组成部分，堤防及岸坡稳定是长江中下游防洪安全的重要保障。长江水利委员会水文局前期开展了"长江中游重点河段崩岸调查与研究"，对于三峡水库蓄水后，长江中下游崩岸发生的机理及主要时期进行了详细的论述，研究表明：三峡工程蓄水运用后，下泄水流含沙量大幅减小，水流冲刷强度明显增大，河床冲刷下切，是导致荆江河道崩岸发生的重要因素；水文过程的改变也是河道崩岸的影响因素。在一个水文年内，荆江涨水期内的岸坡稳定性较高，洪峰期内次之，而退水期内最低（最易发生崩岸）。在退水期，河道水位下降速率与岸坡稳定密切相关，当退水速率增加时，岸坡稳定性降低越快且越小；涨水期岸坡的稳定性相对较高，河道水位上涨速率减小或退水期河道内水位下降速率增加，都会在一定程度上降低岸坡的稳定性；洪峰期近岸流速较大，冲刷作用较强，岸坡易失稳并导致崩岸发生，如水位下降较快时，河岸也易发生崩塌。而在下荆江的急弯段，崩岸一般多发生在洪水期和退水期，其中洪水期为崩岸强烈阶段，退水期为崩岸较强阶段；弯道内二次流的影响使得河岸坡脚冲刷更为严重，不利于凹岸岸坡的稳定。

9.2　三峡水库库区泥沙淤积

9.2.1　汛期水库冲淤特征

9.2.1.1　汛期水动力条件变化

三峡水库汛期的水动力条件变化是基于前期研发的用于泥沙预报的一维水沙数学模型给出的，从库区沿程河段的断面平均流速与入库流量的相关关系（图 9.2-1）来看，无论汛期坝前水位如何，在忠县以下的常年回水区内，随着入库流量的增大，断面平均流速的增幅无明显变化，两者呈线性关系。自忠县往上游至寸滩附近，由常年回水区过渡至变动回水区，随着流量的增大，断面平均流速增幅减缓，不同库段流速增幅减缓的临界流量不同，如位于变动回水区的铜锣峡至寸滩段、李渡镇至铜锣峡段自入库流量超过 $25000 m^3/s$

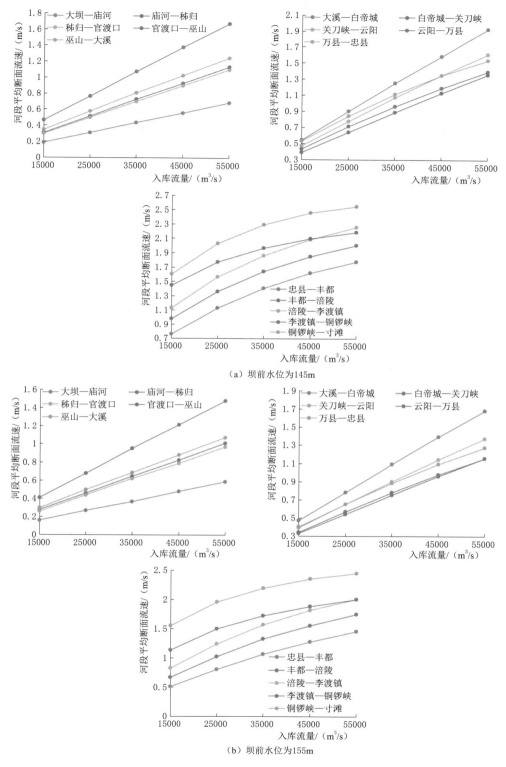

图 9.2-1 不同入库流量库区分段平均断面流速

开始，流速增幅减缓，下游至忠县各段流速增幅出现减缓的入库流量则偏大。库区的这种水力特征决定了，汛期若仅仅开展削峰调度，势必降低了库区大流速将泥沙输移至坝前并排泄至下游的频率，不利于减少水库淤积；若结合库区洪峰与沙峰异步传播的基本规律，在开展削峰调度的同时进行落水面的排沙调度，加大沙峰排沙，则可能补偿汛期削峰加大的泥沙淤积量。

9.2.1.2 汛期泥沙淤积特征

从输沙量的角度来看，长江上游控制站的泥沙输移基本集中在汛期 5—10 月，自金沙江下游梯级水库群在每年 9 月中旬开始蓄水后，10 月三峡水库入库的泥沙量也十分有限。2003—2018 年，三峡水库各年 6—9 月的冲淤量及其占全年的比例统计见表 9.2-1。从表上来看，在三峡水库 175m 试验性蓄水前，汛期泥沙淤积量占全年的比例约为 86%；2009 年以来，各年汛期的泥沙淤积量占全年的比例大多接近或超过 90%。因此，水库汛期的各项优化调度都和排沙密切相关，削峰会减小水库排沙量，排沙调度可以起到补偿作用，两者之间的平衡关系对于水库的下泄指标有决定性作用。

表 9.2-1 2003—2018 年汛期 6—9 月库区分段冲淤量与往年同期对比表（输沙法）

时段	项 目	6—9 月冲淤情况				6—9 月冲淤总量/万 t	坝前平均水位/m	入库平均流量/(m³/s)	全年冲淤总量/万 t	6—9 月冲淤量占全年百分比/%
		朱沱—寸滩	寸滩—清溪场	清溪场—万县	万县—大坝					
2003—2008 年	总淤积量/万 t	6818	5356	29542	39662	81377	—	—	94863	86
	占 6—9 月总淤积量比例/%	8.4	6.6	36.3	48.7					
2009 年	淤积量/万 t	808	−1421	7175	6960	13523	147.27	19875	14700	92
	占 6—9 月总淤积量比例/%	6.0	−10.5	53.1	51.5					
2010 年	淤积量/万 t	991	1355	7543	8174	18063	153.18	22900	19600	92
	占 6—9 月总淤积量比例/%	5.5	7.5	41.8	45.3					
2011 年	淤积量/万 t	665	−10	5561	2389	8605	150.22	16125	9480	91
	占 6—9 月总淤积量比例/%	7.7	−0.1	64.6	27.8					
2012 年	淤积量/万 t	727	1565	6922	6867	16080	154.54	25115	17370	93
	占 6—9 月总淤积量比例/%	4.5	9.7	43.0	42.7					
2013 年	淤积量/万 t	672	−160	3442	5198	9153	151.62	19713	9420	97
	占 6—9 月总淤积量比例/%	7.3	−1.8	37.6	56.8					
2014 年	淤积量/万 t	−218	51	3115	1241	4189	152.56	22000	4490	93
	占 6—9 月总淤积量比例/%	−5.2	1.2	74.4	29.6					

续表

时段	项 目	6—9月冲淤情况							全年冲淤总量/万t	6—9月冲淤量占全年百分比/%
		朱沱—寸滩	寸滩—清溪场	清溪场—万县	万县—大坝	6—9月冲淤总量/万t	坝前平均水位/m	入库平均流量/(m³/s)		
2015年	淤积量/万t	−136	−351	2245	727	2485	150.63	16985	2780	89
	占6—9月总淤积量比例/%	−5.5	−14.1	90.3	29.3					
2016年	淤积量/万t	27	−62	1887	1139	2991	149.45	18530	3400	88
	占6—9月总淤积量比例/%	0.008	−1.81	55.5	33.5					
2017年	淤积量/万t	−8	233	1769	640	2634	150.98	18338	3010	88
	占6—9月总淤积量比例/%	−0.003	7.76	58.8	21.3					
2018年	淤积量/万t	666	11	2836	5732	9245	151.53	23360	9970	93
	占6—9月总淤积量比例/%	0.067	0.109	28.4	57.5					

9.2.1.3 汛期排沙比变化及控制因素

三峡水库蓄水运用以来，汛期随着坝前平均水位的抬高，水库排沙效果有所减弱。三峡工程围堰发电期，水库排沙比为37%；初期蓄水期，水库排沙比为18.8%；三峡水库175m试验性蓄水后，水库排沙比为18.5%，要小于围堰蓄水期和初期蓄水期，重要原因之一就是其蓄水位（特别是汛期水位），较之前有所抬高，如图9.2-2所示。

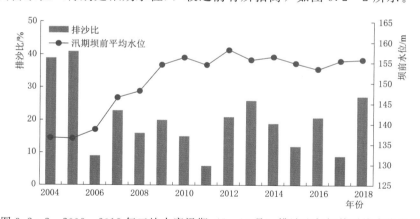

图9.2-2 2003—2018年三峡水库汛期（5—10月）排沙比与坝前平均水位变化

三峡入库泥沙主要集中在汛期，在洪峰期间，库区水流流速较大，水流挟沙能力强，且洪峰持续时间越长，水库排沙比就越大。其中，工程围堰发电期（135～139m运行期），2003—2006年入库流量大于30000m³/s的天数最大的为28d，水库主汛期排沙比最大为47%。工程初期运行期（145～156m运行期），2007年入库流量大于30000m³/s的天数为24d，主要集中在7—9月，主汛期水库排沙比为26%；2008年为16d，主汛期水库排沙比为 19％。175m 试验性蓄水期，2009—2018 年流量大于 30000m³/s 的天数最多的为 2012 年的 37d，相应主汛期排沙比为 23％，如图 9.2-3 所示。

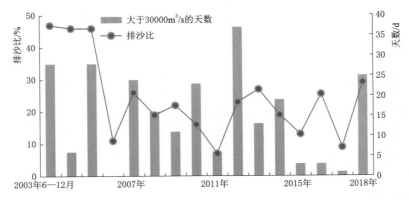

图 9.2-3　2003—2018 年三峡水库主汛期（7—9 月）排沙比与入库流量大于 30000m³/s 的天数

水库排沙比主要与入库流量、入库含沙量和坝前水位等条件有关。排沙比与入库流量和入库含沙量的大小成正比关系，与坝前水位的大小成反比关系，由于各因素的牵制，排沙比与各单一因素的关系较差。考虑到坝前水位其实是水库库容的一个指标参数，因此可由坝前水位根据库容曲线求得滞洪库容（V），定性地可认为滞洪库容越大，排沙比也越小。同时考虑入库流量与排沙比的正比关系，构建水库滞洪时间（V/Q_{in}）来反映悬沙在水库滞留的时间，三峡水库主汛期（7—9 月）月均排沙比与滞洪时间的关系如图 9.2-4所示，点群关系基本呈带状，滞洪时间越短，也就是坝前水位越低，入库流量越大，则排沙比也就越大，比考虑单个因素的关系要好得多。

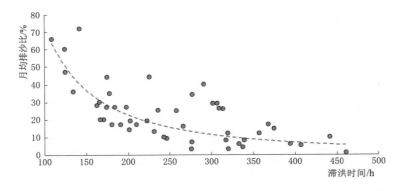

图 9.2-4　三峡水库主汛期（7—9 月）月均排沙比与滞洪时间的关系

综合上述关于长江中游防洪安全和三峡水库泥沙淤积和排沙的基本特征来看，基本上可以形成两条认识：一是在一定条件下开展三峡水库汛期削峰调度是有必要的；二是若仅仅开展水库汛期削峰调度，没有相应的补偿方案，势必会减少水库的排沙量，加大水库淤积。为平衡这两者的矛盾，就需要给出相应的补偿方案，水利部长江水利委员会水文局通过相关研究，提出了新形式的"蓄清排浑"模式，即"涨水面削峰、落水面排沙"，并对水库汛期排沙调度进行了专项研究。从调度实践来看，对于在削峰的基础上，加大水库的排沙是有一定成效的。

9.2.2　水库汛期排沙调度控泄指标

为分析三峡水库汛期分流量级实时运用、分期运用等不同运用方式对水库排沙效果的影响，下面利用建立的三峡水库一维水沙数学模型，选取 1998 年、2010 年、2012 年、2003 年、2011 年、2016 年、2014 年和 2015 年等典型年份汛期的来水来沙作为上游边界条件，分析不同调度方式对三峡水库排沙效果的影响。

计算方案包括初步设计方案、不同控泄方案和调度规程方案。根据规程调度如下：汛期需要三峡水库为城陵矶地区拦蓄洪水，且水库水位不高于 155.0m 时，按控制城陵矶水位 34.4m 进行补偿调节，水库当日下泄量为当日荆江河段防洪补偿的允许水库泄量和第二日城陵矶地区防洪补偿的允许水库泄量两者中的较小值；在三峡水库水位高于 155.0m 之后，按对荆江河段进行防洪补偿调度。各典型年份汛期不同调度方案计算结果对比见表 9.2-2 和表 9.2-3。

表 9.2-2　　　　　　　　各典型年份汛期不同调度方案对比

年份	汛期径流量/亿 m³	汛期输沙量/万 t	方案	库区干流淤积量/万 m³	排沙比/%	坝前平均水位/m	坝前最高水位/m	控泄流量/(m³/s)	备　注
1998	2782	54435	方案一	27786	35.90	145.5	148.5	—	初设调度，坝前 145.0m+上浮
			方案二	36526	25.30	155.7	171.0	45000	
			方案三	30730	33.00	149.5	160.6	50000	坝前水位 145.0m+上浮
			方案四	2804	35.60	145.5	148.5	55000	
2010	1977	19554	方案一	13139	22.40	145.2	155.0	—	初设调度，坝前 145.0m+上浮
			方案二	15187	16.70	150.0	159.5	—	现状调度
			方案三	15934	13.80	156.3	165.5	40000	
			方案四	15703	15.60	155.6	162.2	45000	坝前水位 155.0m+上浮
			方案五	15667	16.60	155.2	160.1	50000	
			方案六	15306	16.90	155.1	158.3	55000	
2012	2171	18226	方案一	11340	32.80	145.2	150.0	—	初设调度，坝前 145.0m+上浮
			方案二	14517	21.70	150.9	161.0	—	现状调度
			方案三	13457	23.70	152.6	162.4	40000	
			方案四	12903	25.00	150.8	157.2	45000	坝前水位 150.0m+上浮
			方案五	12496	26.60	150.2	154.9	50000	
			方案六	12213	27.10	150.1	153.3	55000	
2003	1963	18571	方案一	13198	20.70	145.0	145.0	—	初设调度，坝前 145.0m+上浮
			方案二	15106	16.70	147.7	157.3	30000	不弃水调度，坝前 145.0m+上浮
2011	1337	7477	方案一	6934	9.00	145.0	145.0	—	初设调度，坝前 145.0m+上浮
			方案二	7911	6.50	146.3	151.9	—	现状调度
			方案三	7473	7.70	145.1	147.6	30000	不弃水调度，坝前 145.0m+上浮

表 9.2 - 3   各典型年份初设方案与规程方案对比情况

典型年	汛期径流量 /亿 m³	汛期输沙量 /万 t	方案	排沙比 /%	坝前平均 水位/m	坝前最高 水位/m	备　注
1998	2782	54435	初设方案	35.90	145.5	148.5	—
			规程方案	33.10	149.1	156.7	一级控泄流量 42000m³/s; 二级控泄流量 55000m³/s
2010	1977	19554	初设方案	22.40	145.2	155.0	—
			规程方案	18.60	148.0	159.2	一级控泄流量 30000m³/s; 二级控泄流量 42000m³/s
2012	2171	18226	初设方案	32.80	145.2	150.0	—
			规程方案	23.40	149.2	159.3	一级控泄流量 30000m³/s; 二级控泄流量 42000m³/s
2003	1963	18571	初设方案	20.70	145.0	145.0	—
			规程方案	16.70	147.7	157.3	不弃水调度
2011	1337	7477	初设方案	9.00	145.0	145.0	—
			规程方案	7.70	145.1	147.6	不弃水调度
2006	1049	8262	初设方案	17.50	145.0	145.0	不弃水
2014	1733	3251	初设方案	36.20	145.0	145.0	—
			规程方案	31.80	145.6	150.0	一级控泄流量 30000m³/s; 二级控泄流量 42000m³/s
2015	1335	2406	初设方案	18.30	145.0	145.0	—
			规程方案	17.80	145.1	146.9	一级控泄流量 30000m³/s; 二级控泄流量 42000m³/s

由表 9.2 - 2 和表 9.2 - 3 可得如下结论:

(1) 汛期库区排沙比大小与来水条件和坝前运行水位等密切相关, 现状条件下与来沙量大小关系不明显, 来水量越大, 坝前运行水位越低, 库区排沙比也越大。1998 年来水来沙条件下入库洪峰达到 $63200m^3/s$, 汛期平均流量高达 $35800m^3/s$, 虽然输沙量也高达 5.44 亿 t, 但初设调度下汛期排沙比却高达 35.9%; 2011 年汛期来水量较小, 初设调度下汛期排沙比也仅为 9.0%。不同典型年份初设调度下汛期平均流量与排沙比关系见图 9.2 - 5 和表 9.2 - 2。

(2) 在相同来水来沙条件下, 不同调度方案削峰时下泄流量越小, 库区水位抬高也越高, 排沙比较初步设计方案降低也较多。来水较大年份 (1998 年、2010 年、2012 年), 规程调度与初步设计方案相比, 汛期坝前平均水位抬高了 2.8~5.0m, 汛期排沙比降低了 2.8~9.4 个百分点; 来水较小年份 (2006 年、2011 年、2014 年、2015 年), 规程调度与初设方案相比, 汛期坝前平均水位抬高了 0.1~0.6m, 汛期排沙比降低了 0.5~4.4 个百分点。

(3) 入库洪峰较大时, 规程调度后较初设调度方案的坝前最高水位抬高也较大, 排沙比降低也较多。2012 年入库洪峰达到 $71200m^3/s$, 规程调度削峰后, 较初设方案的坝前

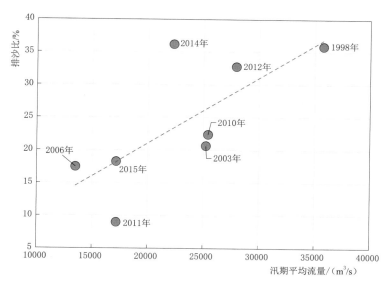

图 9.2-5　不同典型年份初设调度下汛期平均流量与排沙比关系

最高水位抬高了 9.3m，汛期排沙比降低了 9.4 个百分点。2014 年入库洪峰 49000m³/s，削峰调度后坝前最高水位较初设方案抬高 5.0m，汛期排沙比降低了 4.4 个百分点；2015 年入库最大洪峰 39000m³/s，规程调度后坝前平均水位与 2014 年大致相当，但 2015 年的坝前最高水位较初设方案抬高 1.8m，汛期排沙比仅降低了 0.5 个百分点。

综上来看，通过对不同典型年、不同调度方案下水库排沙比变化的模拟研究，可以认为，水库控泄的流量越大，坝前高水位持续的时间就会越短，相应的水库排沙比也越大，随着控泄流量的减小，相应地坝前高水位持续时间延长，相对于较大的控泄流量，水库排沙比会有所降低。当遭遇相对较小的入库流量时，这种现象不突出，当遭遇较大的入库流量时，这种现象就十分明显。因此，单从加大排沙的角度来看，水库按照初步设计的流量 56700m³/s 控泄是最好的，但即使是按照流量 45000m³/s 来控泄，水库排沙比也能够达到 30% 以上，满足初步设计对于水库排沙的要求。

9.3　三峡水库坝下游河道发育

河床演变学中关于衡量河道发育的指标有很多，并且不同的河型存在一定的差异。其中，河流的形态（包括横断面形态和纵剖面形态）是来水来沙的条件函数，因此可以作为衡量河道发育的指标，该指标较为直观且容易获得观测数据。除此之外，还有关于河道稳定性的指标，其与挟沙能力有关。三峡水库蓄水后，大幅度的冲刷集中在枯水河槽，因此冲刷相对剧烈的河道的纵剖面形态水面比降是趋于调平的，如荆江，随着冲刷的进一步发展，这一趋势是可以预见的；断面形态中，形态相对单一的断面枯水河槽部分要么冲刷下切，要么冲刷展宽，这一现象也较为明显，只有复式断面中关于滩体和支汊部分的冲淤目前趋势性尚不明确。同时，考虑到长江中下游河道的发育与防洪安全关系密切，断面形态和纵剖面形态的变化主要采用滩地的冲淤、支汊的发展程度和槽蓄能力来进行综合反映，水沙指标则直接采用造床流量。

9.3.1 已建大型水库对下游河道发育的影响

9.3.1.1 汉江中下游河道

水库下游的河床演变尽管很复杂，但其本质只是由于水库改变了下游河道的水沙量和过程，经过前期冲淤，河道的边界条件诸如断面形态、床沙级配、坡降、糙率都会发生变化，从而影响之后的河床冲淤变形，但这些也是由于来水来沙过程改变派生出来的。因此，水库的调节能力越大，改变来水过程的能力也越大。尤其是对于有削峰调度的水库而言，输沙率与流量高次方成正比关系，洪峰的削减会使得下游河道输沙能力降低、造床流量减小。如汉江上的丹江口水库，其下游黄家港站造床流量在水库蓄水后减小明显，5年平均减小 $455\text{m}^3/\text{s}$，减幅约 18.9%[24]，见表 9.3 – 1。

表 9.3 – 1 丹江口水库下游黄家港站造床流量变化值统计表

滞 洪 期			蓄 水 后		
年份	平均流量 $\overline{Q}/(\text{m}^3/\text{s})$	第一造床流量 $Q_1/(\text{m}^3/\text{s})$	$Q_1/\overline{Q}$	年份	平均流量 $\overline{Q}/(\text{m}^3/\text{s})$	第一造床流量 $Q_1/(\text{m}^3/\text{s})$	$Q_1/\overline{Q}$
1960	1068	2627	2.46	1970	1049	1563	1.49
1962	843	1256	1.49	1977	816	881	1.08
1964	2477	3988	1.61	1983	2359	3586	1.52
1965	1295	2292	1.77	1974	1285	1940	1.51
1967	1296	1853	1.43	1980	1313	1772	1.35
均值	1396	2403	1.75	均值	1364	1948	1.39

造床流量减小，中水流量持续时间延长，使得丹江口水库下游河道出现了撇弯切滩、支汊淤塞等现象。建库后襄樊至泽河口段共发生切滩13处，平均每10km长的河段上即发生1处切滩，频繁的切滩使得弯曲河道继续变弯的进程受到抑制。建库后汊道段的演变过程可以概括为两段：一段是冲刷段，洲滩数目持续减少，汊道数目亦减少，洲滩兼并，有的靠岸，由多汊逐渐向单一河道发展；另一段是冲淤交替段，洲滩或汊道发生"数目增大→达到最大值→汊道衰塞、并滩、靠岸→洲滩减少"的变化。目前，长江中游下荆江弯道段也出了凸冲凹淤的现象，城陵矶以下分汊段多数支汊发生淤积，与丹江口水库下游河床调整颇为相似。

9.3.1.2 黄河下游河道

黄河下游的水沙过程因人类活动（包括大型水利枢纽工程、工农业引水工程和水土保持工程的建设等）和自然降雨因素而变化，特别是三门峡水库（1960年9月运用）、刘家峡水库（1968年10月运用）、龙羊峡水库（1986年10月运用）和小浪底水库（1999年10月运用）4个大型水利枢纽工程的建设，使黄河下游水沙过程在不同时期发生明显变化。陈绪坚等[12]利用韩其为提出的计算第一造床流量和第二造床流量（相当于本书提出的造床流量）计算方法，计算了1950—2003年黄河下游造床流量的变化（表9.3 – 2）。从塑造洪水河槽的第二造床流量变化过程来看，上述4个大型水利枢纽工程修建后，水库调控水沙过程，而造床流量主要决定于来水来沙过程，对应黄河下游高村站、利津站的第二造床流量都有所减小，高村站的减幅在9.4%～38.5%之间，利津站的减幅为12.6%～40.9%。

表9.3-2　　　　　　黄河下游水文站不同时期平均造床流量和平滩流量　　　　单位：m³/s

水文站	项　目	1950—1959年	1960—1968年	1969—1985年	1986—1999年	2000—2003年
高村	第一造床流量	1929	2013	1505	908	661
	第二造床流量	6202	5153	4667	3143	1934
	平滩流量	7322	7518	5523	3620	2593
利津	第一造床流量	1957	2075	1394	706	442
	第二造床流量	5781	5051	4143	2596	1535
	平滩流量	7327	7579	5302	3863	2857

　　黄河下游河槽的主要造床过程是大水冲刷、小水淤积和涨冲落淤的过程，如果小浪底水库长期泄放小流量、非恒定性不强的流量过程，黄河下游河道将自动调整萎缩适应这种来水来沙条件。这一认识早在三门峡水库运用阶段就提出了，钱宁等研究认为黄河下游较大洪水对维持河道主槽起重要的作用，对于多沙堆积性河流来说，在防洪许可范围内，不必要的削减洪峰只会带来不利的影响[26]。通过水库的调水调沙，包括改善小浪底出库流量过程的单峰段平峰时间和间隔时间、增加洪峰频次、适当递增洪峰流量等方式，坝下游河道的输沙能力会进一步提高，可以使得坝下游河道造床流量得到一定程度的恢复。

　　综上来看，无论是水沙条件与长江中下游较为相似的汉江，还是泥沙显著偏多的黄河，在水利枢纽工程修建之后，工程下游河道的水沙条件随之改变，不管改变程度如何，造床流量都趋于减小，且减幅都在10%以上。坝下游的河床调整规律以及恢复造床流量采用的调水调沙模式等都可供长江中下游借鉴。

9.3.2　三峡水库削峰调度对长江中下游河道发育的影响

9.3.2.1　滩地冲刷量占比减小

　　三峡水库蓄水后，尤其是水库进入175m试验性蓄水阶段以来，对于入库超45000m³/s的洪峰开展了削峰调度，坝下游高洪水出现的频次下降，高滩漫滩过流的概率也相应减少，这一点可以通过滩体的冲淤量来反映。定义洪水河槽与平滩河槽冲淤量的差值为中高滩的冲淤量。图9.3-1所示为宜昌至城陵矶河段和城陵矶至湖口河段中高滩累积冲淤量占洪水河槽累计冲淤量的比例随时间的变化情况。

　　从图上来看，宜昌至城陵矶河段在2010年之前，中高滩累积冲刷量的占比是趋于减小的，表明滩体的冲刷速率不及河槽；但2010年之后，也即三峡水库开展削峰调度期间，其中高滩累积冲淤量占洪水河槽的比例却基本无明显变化，表明滩体冲刷速率与河槽基本一致。其主要原因在于宜昌至城陵矶河段河道受护岸工程限制，河宽不发育，河道范围内高滩的分布较少，以中滩为主，在三峡水库控泄条件下，依然能有较大的漫滩概率，促使滩体冲刷。然而，城陵矶至湖口河段内的中高滩体的累计冲刷量占比呈持续减少的趋势，也即中高滩体的冲淤速率始终在减小。城陵矶至湖口段分布有大量的江心洲（滩），且河道内的高

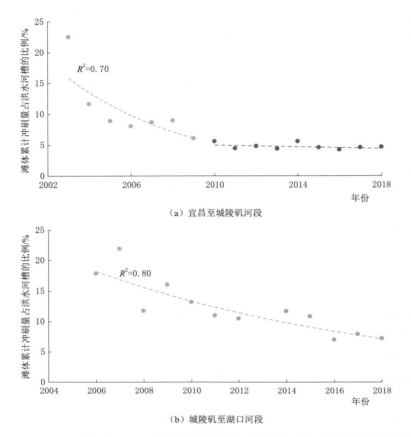

图 9.3-1　三峡水库蓄水后滩体累计冲刷量占洪水河槽累计冲刷量的比例变化

滩较多、规模较大，高水持续时间减少后，高滩过流的概率下降，滩体的冲刷速度减缓。

因此，就三峡水库蓄水后 2003—2018 年的实际情况来看，三峡水库削峰调度作用下，长江中游宜昌至城陵矶河段滩体过流概率减小的现象并不明显，但城陵矶至湖口河段呈现出了高滩过流概率减小的现象。

9.3.2.2　河道槽蓄量有所增大

三峡水库蓄水后，下泄水流含沙量大幅减小，坝下游河床冲刷强度加剧，部分河段河势也发生一些新的变化，对宜昌至大通河段槽蓄曲线将产生影响，主要表现在两个方面：一是河道总体上沿程冲刷，导致河段同水位下槽蓄量有所增加；二是河道冲刷主要集中在枯水河槽以下，从而影响槽蓄量。

（1）宜昌至沙市河段。三峡水库蓄水后，2003—2016 年，宜昌至沙市河段枯水河槽（宜昌站流量为 5000m^3/s 时水面线以下的河床）累计冲刷量 5.41 亿 m^3；河段平均河槽（宜昌站流量为 10000m^3/s 时水面线以下的河床）累计冲刷量 5.62 亿 m^3；河段洪水河槽（宜昌站流量为 50000m^3/s 时水面线以下的河床）累计冲刷量 5.75m^3。由此可见，宜昌至沙市河段仍以枯水河槽冲刷为主。

三峡水库蓄后宜昌至沙市河段普遍冲刷，从河道的槽蓄能力变化来看，以莲花塘水位

29m 为参数，相较于蓄水前，宜昌至沙市河段枯水、平均、平滩、洪水河槽槽蓄量分别增大 24.5%、18.7%、12.6%、10.5%。由此可见，宜昌至沙市河段槽蓄量变化主要集中在枯水河槽。三峡水库蓄水前后宜昌至沙市河段槽蓄量变化如图 9.3－2 所示。

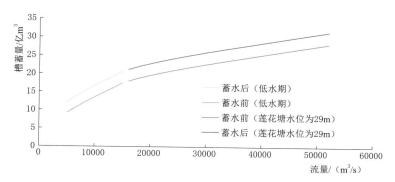

图 9.3－2　三峡水库蓄水前后宜昌至沙市河段槽蓄量变化

（2）沙市至城陵矶河段。三峡水库蓄水后，沙市至城陵矶河段加上洞庭湖均未出现不同程度的冲刷现象。根据实测资料计算，河段枯水河槽（沙市水位为 32.10m 以下的河床）累计冲刷 4.55 亿 m³；河段平滩河槽（沙市水位为 37.70m 以下的河床）累计冲刷 5.29 亿 m³，河段洪水河槽（沙市水位为 40.70m 以下的河床）累计冲刷 5.9 亿 m³。由此可见，沙市至城陵矶河段也以枯水河槽冲刷为主。

三峡水库蓄水后，沙市至城陵矶河段低水河槽出现不同程度的冲刷，同水位下槽蓄量增大，具体来看，相较于蓄水前，当螺山水位分别为 20.0m、23.0m、29.0m 和 32.0m 时，沙市至城陵矶河段槽蓄量分别增大 22.1%、20.9%、14.5% 和 12.5%。由此可见，沙市至城陵矶河段槽蓄量增加也集中在河道深槽部分（图 9.3－3）。

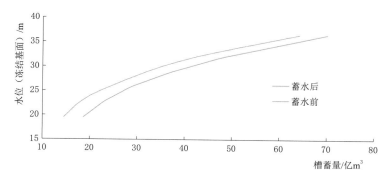

图 9.3－3　三峡水库蓄水前后沙市至城陵矶河段槽蓄量变化

（3）城陵矶至汉口河段。三峡水库蓄水后城陵矶至汉口河段河床总体表现为冲刷，河段枯水河槽（螺山水位为 15.75m 以下的河床）累计冲刷 1.95 亿 m³；河段平滩河槽（螺山水位为 22.50m 以下的河床）累计冲刷 1.78 亿 m³；河段洪水河槽（螺山水位为 32.90m 以下的河床）累计冲刷 2.66 亿 m³。由此可见，城陵矶至汉口河段以枯水河槽冲刷为主，枯水至平滩流量河段有所回淤，其淤积量 0.17 亿 m³，平滩流量以上部分冲刷量

0.88 亿 m³。

三峡水库蓄水后，城陵矶至汉口河段枯水以下部分与平滩以上部分河槽为冲刷，使得河段不同水位下河槽容积发生变化。相较于蓄水前，当汉口水位分别为 14.0m、19.0m、23.0m 和 25.5m 时，城陵矶至汉口河段槽蓄量分别增大 7.66%、4.90%、3.29% 和 4.0%。由此可见，城陵矶至汉口河段槽蓄量增幅主要发生在河道深槽部分（图 9.3-4）。

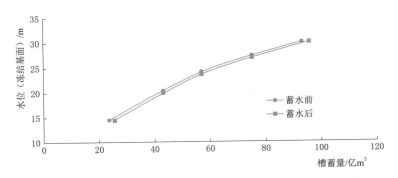

图 9.3-4　三峡水库蓄水前后城陵矶至汉口河段槽蓄量变化

综上所述，三峡水库蓄水运用后，由于清水下泄，坝下游河床冲刷强度加剧，部分河段河势也发生调整，相应河段槽蓄量曲线发生变化。以宜昌至大通河段分为枯水河槽、平均河槽、平滩河槽、洪水河槽槽蓄量进行比对，宜昌至沙市河段槽蓄量变化，较蓄水前增大 24.5%～10.5%；沙市至螺山河段槽蓄量变化，较蓄水前增大 22.1%～12.5%；螺山至汉口河段槽蓄量变化，较蓄水前增大 7.61%～4.0%。由此可见，宜昌至汉口河段槽蓄曲线的影响主要表现在两个方面：一是河道总体上沿程冲刷，导致河段同水位下，较三峡水库蓄水前槽蓄量有所增加；二是河道槽蓄量增加集中在枯水河槽以下部分。

9.3.2.3　分汊河道支汊分流能力减小

从前文分析的成果来看，三峡水库蓄水后，城陵矶至湖口河段内的陆溪口中洲汊道、嘉鱼护县洲汊道、武汉天兴洲汊道、戴家洲汊道等河段在 2008 年之后都出现了"主汊冲刷、支汊淤积"的现象。对应典型分汊河段中低水期的分流比变化来看，城陵矶至湖口河段多数汊道主汊分流比都呈增加的趋势（表 9.3-3），如 9000m³/s 以下来流条件下，南阳洲汊道主汊分流比增大 16.2 个百分点，南门洲汊道主汊分流比增大 21 个百分点；10000m³/s 以下来流条件下，武汉天兴洲主汊分流比增大 7.1 个百分点，戴家洲主汊分流比增大 7.5 个百分点。由此可见，支汊的淤积造成其分流能力减小的趋势已经显现。当然，其中有航道整治工程的作用，但仍以河道冲淤的影响为主。

表 9.3-3　　三峡水库蓄水后城陵矶至湖口河段典型汊道主汊分流比变化统计

汊道名称	汊道类型	施测时间	全断面流量/(m³/s)	主汊分流比/%
南阳洲汊道	顺直分汊	2009 年 2 月	8240	71.0
		2011 年 11 月	11500	80.4
		2014 年 2 月	8710	87.2
		2015 年 3 月	13400	73.6

汊道名称	汊道类型	施测时间	全断面流量/(m³/s)	主汊分流比/%
南门洲汊道	顺直分汊	2001 年 2 月	8660	64.0
		2006 年 11 月	8470	50.7
		2014 年 2 月	8980	85.0
		2015 年 3 月	13080	81.8
陆溪口中洲汊道	弯曲分汊	2001 年 2 月	9770	54.7
		2009 年 12 月	7770	56.4
		2014 年 2 月	9315	57.1
		2015 年 3 月	13160	54.9
嘉鱼护县洲汊道	顺直分汊	2001 年 3 月	9930	76.9
		2005 年 2 月	10100	70.3
		2014 年 2 月	9349	73.3
		2015 年 3 月	13230	69.2
燕子窝汊道	微弯分汊	2001 年 3 月	9930	82.7
		2005 年 2 月	10100	85.6
		2014 年 2 月	9663	71.8
天兴洲汊道	微弯分汊	2003 年 11 月	9150	92.9
		2008 年 2 月	9320	97.4
		2014 年 2 月	9086	100
		2015 年 3 月	14100	95.3
戴家洲汊道	微弯分汊	2006 年 2 月	9120	52.4
		2007 年 1 月	11300	50.0
		2014 年 2 月	9915	59.9
		2015 年 3 月	14840	59.9
新洲汊道	弯曲分汊	2002 年 2 月	8010	96.0
		2010 年 1 月	9960	95.6

9.3.2.4　河道造床流量减小

对比马卡维耶夫法、平滩水位法和挟沙力指标法计算出的三峡水库蓄水后相对于蓄水前，长江中下游各控制站造床流量变化幅度来看（表 9.3－4），各控制站造床流量都是减小的，就长江中游来看，马卡维耶夫法计算的减小幅度为 8.0%～17.4%，平滩水位法计算的减幅为 11.2%～19.7%，挟沙力指标法计算的减幅为 7.5%～13.5%，与丹江口水库下游和黄河下游相比，减小的幅度均显著偏小，且总体上有越往下游减幅越小的变化规律，其主要原因在于三峡水库对于水沙过程的调控随着沿程支流湖泊的入汇而逐渐减弱，因此对于造床流量的影响也逐渐减小。

表 9.3-4　　三峡水库蓄水前后宜昌至大通段不同计算方法下造床流量减幅

控制站	造床流量减幅/%		
	马卡维耶夫法	平滩水位法	挟沙力指标法
宜昌	9.5	14.3	12.5
枝城	17.4	19.7	13.5
沙市	10.5	14.7	10.8
监利	15.4	12.1	9.1
螺山	8.7	12.6	9.4
汉口	8.0	10.3	6.5
九江	8.0	11.2	7.5
大通	6.9	9.6	5.5

9.3.3　已有关于水库调蓄对于中游河道发育的预测成果

9.3.3.1　中国水科院研究成果

在郑守仁院士牵头承担的中国工程院咨询项目"长江流域洪水资源利用及其减小风险的对策"报告中，韩其为院士采用其提出的第一造床流量和第二造床流量计算方法，计算了三峡水库中小洪水运用对坝下游河道衰退及健康的影响。其研究主要利用 20 世纪 90 年代的水文系列，采用三种调洪控泄流量 $56700\mathrm{m^3/s}$（过程Ⅰ）、$45000\mathrm{m^3/s}$（过程Ⅱ）、$35000\mathrm{m^3/s}$（过程Ⅲ），经水库调蓄后有三种出流过程，计算了其在下游河道的第一造床流量，计算结果如下：

（1）对于过程Ⅰ，计算的 10 年平均造床流量与天然造床流量（完全不调蓄）一致。过程Ⅱ的 10 年平均造床流量为过程Ⅰ的 95.8%，差别已能看出。过程Ⅲ的 10 年平均造床流量仅为过程Ⅰ的 84.0%，差别已经很大。

（2）对于大水年，3 个过程的造床流量，差别特别大。如 1998 年，过程Ⅰ与天然状态仍完全一致。但是过程Ⅱ的造床流量仅为过程Ⅰ的 83.3%，过程Ⅲ的造床流量则仅为过程Ⅰ的 51.9%，相差巨大。

（3）如果来水径流量偏小，按流量 $45000\mathrm{m^3/s}$ 控泄，甚至按流量 $35000\mathrm{m^3/s}$ 控泄，均不影响下游河道的造床作用。

综上可以初步得到这样的认识：三峡水库控泄流量 $56700\mathrm{m^3/s}$ 不改变下游河道径流过程；控泄流量 $45000\mathrm{m^3/s}$ 相对流量 $56700\mathrm{m^3/s}$ 有一定影响，但似可承受；当控泄流量 $35000\mathrm{m^3/s}$ 时，造床流量消减太多，一般似难采用。当然对于枯水年如何运用，应进一步研究。

此次研究所计算的三峡水库蓄水后的造床流量是基于 2003—2016 年历时 14 年的水沙过程，宜昌站实际控泄流量 $40000\mathrm{m^3/s}$，计算所得的造床流量减幅约 10%，介于韩其为院士计算的控泄流量 $45000\mathrm{m^3/s}$（减幅 4.2%）和 $35000\mathrm{m^3/s}$（减幅 16%）所得造床流量减幅之间。

9.3.3.2　武汉大学研究成果

在国务院正式批复的《三峡后续工作总体规划》中，关于三峡工程运用后对河势及岸坡影响处理和防洪的相关研究设立了专题"三峡工程运用后长江中下游河道冲淤及江湖关系变化研究"，其中包括子课题"三峡水库调蓄对干流中游河道发育影响研究"，武汉大学在该子课题研究中，采用一维数学模型，预测了三峡水库调蓄对干流中游河道冲淤及水位变化的影响，并基于典型河段二维数学模型计算成果，提出了三峡水库中小洪水调度控制性指标。研究结果如下：

（1）三峡水库调蓄后，自 2003 年往后的 20 年间（采用 2003—2012 年实测水沙条件循环 2 次），宜昌至湖口河段仍持续冲刷，累计冲刷量约 19.63 亿 m^3，冲刷强度小于三峡水库蓄水后的第一个 10 年（2003—2012 年），且宜枝河段河床冲刷基本停止，高强度冲刷下移至藕池口以下河段；冲刷伴随着水位的下降，并仍以沙市站最为显著，且枯水流量越小，水位下降幅度越大，螺山及汉口站高水同流量下水位降幅减小。

（2）三峡水库最大控泄流量 55000 m^3/s 与流量 40000 m^3/s 相比，下荆江弯道段凹岸冲刷加剧，崩岸风险增加，局部河段稳定性减弱，但有利于支汊河道发育。三峡水库中小洪水调度的控泄流量对河道发育有一定影响，控泄流量增大会增加岸坡崩塌风险，控泄流量减小对河势稳定造成影响，水流不上滩，导致洲滩杂草丛生，河道萎缩，不利于大洪水时的泄洪安全。从维持河道正常发育功能出发，三峡水库中小洪水调度的控泄流量不宜长期小于 40000 m^3/s，在确保防洪安全的前提下，可相机适时控泄 50000 m^3/s 以上的大流量，恢复汛期大洪水节律，塑造安全、可靠的洪水河槽。

本书研究认为，按照三峡水库蓄水后的实际来流条件，同时保证满足造床流量持续时间的年份占比不小于蓄水前（即每 10 年水文周期内有 6 年及以上满足造床流量持续时间），即使低频率（1.5%）的高水流量不足 50000 m^3/s，也能够保证白螺矶河段的发育，对武汉河段（中下段）的影响也不大。综合来看，三峡水库的最大控泄流量可控制在 50000 m^3/s 以下，可保证坝下游河道行洪安全，同时又不会对岸坡稳定造成不利影响，也可保障河道的正常发育。

9.3.3.3　长江科学院研究成果

在上述《三峡后续工作总体规划》的专题中，长江科学院依据长江中游防洪实体模型，开展了三峡水库蓄水对荆江典型河段河道发育影响的试验研究，研究对象包括枝城至杨家脑河段和北碾子湾至盐船套河段，研究结果表明，若三峡水库按照现行的调度方式运行至 2022 年，顺直河段滩槽格局基本稳定，但部分顺直过渡段滩槽之间相互转化，主流平面摆幅增大；分汊河段短支汊冲刷下切，长支汊淤积萎缩的趋势继续保持；受护岸工程和航道整治工程制约，弯曲河段主流撇向凸岸一侧的趋势有所减弱，原偏靠凸岸一侧的河槽有所回淤，主流重回原凹岸深槽，弯道发生"撇弯切滩"的趋势较三峡蓄水初期有所减弱。

9.4　三峡水库控泄流量过程

综合三峡水库蓄水后长江中游河道的实际发育情况和第 7 章、第 8 章关于典型河段的物理模型及数学模型研究成果来看，三峡水库蓄水后，改变了坝下游河道的径流过程和输沙量，河床通过多方面的综合调整来适应水沙条件的变化，见表 9.4 - 1。对照国内其他流域已建的大型水利枢纽来看，三峡水库按照当前 45000m³/s 控泄流量过程的调度方式下：①能够极大程度地减小长江中游的防洪压力，保证长江中游河道的行洪安全，最大范围地发挥三峡工程的防洪效益；②长江中游河道断面形态、河床纵剖面形态、洲滩形态等的调整都在正常的变化范围内，部分分汊河道的支汊出现了预期的萎缩现象，造床流量的减小幅度也尚可接受（约 10%，较同期其他流域偏小），河床形态调整并未对洪水位、槽蓄能力带来不利的影响；③对照无水库或初步设计调度方案，现状的调度方式对于典型河段的冲淤、汊道过流能力等的影响差异均较小；④配合水库的排沙调度，可控制水库排沙比和泥沙淤积量。

表 9.4 - 1　　　　　　　　　　不同控泄方案效果的综合评估

调度方案	对防洪的影响 （不考虑分蓄洪区运用）	对水库淤积的影响	对河道发育的影响
现行方案	荆江河段不超 警戒水位；城陵矶 以下不超安全泄量	水库排沙比 达到 30% 以上	造床流量减小约 10%， 河床形态调整符合 预期，洪水位及行洪 能力无明显变化
初步设计 方案	荆江河段超警戒水位， 不超保证水位； 城陵矶超安全泄量	水库排沙效果 最好	对河道冲淤及形态 的影响较小
无水库调度 （天然来流）	荆江河段超 保证水位；城陵矶 以下超安全泄量	无水库淤积	天然河道

因此，从长远来看，综合防洪及水库淤积等多方面目标，可维持三峡水库 45000m³/s 削峰调度的控泄方案，但同时应满足坝下游河道造床流量以上流量级年内超过 10% 的持续时间，且每 10 年的水文周期内，满足造床流量持续时间的年份应在 6 年以上，以避免造床流量进一步减少，保证河道的正常发育。即使需要大水造床作用，三峡水库的最大控泄流量也应控制在 50000m³/s 以下，一方面，可以避免对河道岸坡稳定性和已有的护滩、护岸工程造成不利影响；另一方面，洞庭湖和鄱阳湖在城陵矶以下河道相继入汇，其洪水过程一旦与干流高水遭遇，极易对防洪及河势稳定造成不利影响。

9.5　本章小结

三峡水库对长江中下游的防洪调度首要的是保证对荆江河段进行防洪补偿。综合考虑河道的安全泄量及保证水位、警戒水位和设防水位等限制条件，要保证荆江河道的行洪安全，水位不超过设计洪水位，应控制枝城站下泄流量不超过 56700m³/s；若考虑进一步减轻坝下游防洪压力，降低堤防防洪的人工和经济成本，保证荆江河道不超警戒水位，宜控制枝城站的下泄流量不超过 45000m³/s；若枝城站的下泄流量能进一步控泄至 37000m³/s，则能保证荆江河道不超设防水位。

　　水库控泄的流量越大，坝前高水位持续的时间就会越短，相应的水库排沙比也越大，随着控泄流量的减小，相应的坝高水位持续时间延长，相对于较大的控泄流量，水库排沙比会有所减小。尤其是当遭遇较大的入库流量时，这种特征十分明显。单从加大排沙的角度来看，三峡水库按照初步设计的流量 56700m³/s 控泄是最好的，但即使是按照流量 45000m³/s 来控泄，水库排沙比也能够达到 30％以上，满足初步设计对于水库排沙的要求。尤其是在金沙江下游梯级水电站建设运行后，三峡入库沙量大幅减少的前提下，进行削峰调度不会明显加大三峡水库淤积量。

　　在三峡水库按照 45000m³/s 控泄流量过程的调度方式下，长江中游河道沿程仍普遍冲刷，但断面形态、河床纵剖面形态、洲滩形态等的调整都在正常的变化范围内；部分分汊河道的支汊出现了预期的萎缩现象，但多与限制支汊发展的航道整治工程有关；造床流量的减小幅度（约 10％，较其他流域同期变化幅度均偏小）也尚可接受，河床形态调整并未对洪水位、槽蓄能力带来不利的影响。

　　综合防洪及水库淤积等多方面目标，如若要维持三峡水库流量 45000m³/s 削峰调度的控泄方案，为避免造床流量进一步减小，使长江中下游河道不至于产生明显的萎缩，应同时满足两个条件：①保证坝下游河道造床流量以上流量级年内超过 10％的持续时间；②每 10 年的水文周期内，满足造床流量持续时间的年份应在 6 年以上。此外，即使需要考虑大洪水造床作用，兼顾两大通江湖泊汇入的影响，三峡水库最大控泄流量应控制在 50000m³/s 以下，以避免对城陵矶以下和湖区防洪安全、河道岸坡稳定性和已有的护滩、护岸工程造成不利影响。

第 10 章

主 要 结 论 和 展 望

10.1　主要结论

首先，本书针对上游建库后，大型冲积型平原河流造床流量计算方法，收集了国内外大量已有研究成果，对河道造床流量不同计算方法的原理、步骤等进行了归纳总结，并探讨了不同方法在长江中下游河道中的适用性，依据长江中下游河道的实际情况，初步提出了优化计算方法。其次，详细介绍了长江上游控制型水库调度运行及水库淤积状态，掌握了长江中下游河道基本特征、防洪形势等，并分析研究了长江中下游河道水沙条件变化规律、河道冲淤规律以及河道形态、水面比降变化等复杂响应，还对 3 个典型河段的冲淤演变规律进行了详细的分析。再次，选用不同的计算方法，计算了三峡水库蓄水前后长江中游造床流量的变化幅度，并对比分析了不同方法的结果，明确了造床流量及其变化幅度的可用参考值，分析了影响造床流量的主要因素。然后，基于物理模型试验、数学模型计算研究方法，对于满足典型河段发育的控制性指标进行了研究。最后，针对三峡水库及坝下游河道防洪安全、三峡水库库区泥沙淤积及坝下游河道发育等综合目标，结合已有相关的研究成果，综合提出了三峡水库控泄的流量过程等。本书主要结论如下：

（1）受上游径流偏枯及水库运行的影响，同时，由于洞庭湖、汉江、鄱阳湖入汇的径流也均呈现偏少的状态，三峡水库蓄水后，长江中下游干流各控制站年径流量除监利以外，都是偏少的。长江中下游大流量出现的频率显著减小，中小流量出现的频率增加。三峡水库蓄水前，输入长江中下游的泥沙在湖泊和河床上以沉积作用为主；三峡水库蓄水后，泥沙自河床冲刷补给水流。蓄水后年内城陵矶以上河段汛期输沙量占比有所增大，洞庭湖汇流后非汛期输沙量占比增加。推移质泥沙输移量也呈显著的减少状态。悬移质泥沙级配除宜昌站以外，其他各站受河床补给作用，都有所粗化。

（2）三峡水库蓄水后，长江中游河道局部河势出现较为剧烈的调整，但总体未见明显萎缩现象。首先，受清水下泄影响，长江中下游河道普遍冲刷，2002 年 10 月至 2018 年 10 月，宜昌至湖口河段（城陵矶至湖口河段为 2001 年 10 月至 2018 年 10 月）平滩河槽总冲刷量约 24.06 亿 m³，年均冲刷量约 1.46 亿 m³；其次，三峡水库进入 175m 试验性蓄水阶段以来，对于入库超 45000m³/s 的洪峰开展了削峰调度，坝下游高洪水出现的频次下降，城陵矶至湖口河段呈现出高滩和支汊过流概率减小的现象，但受高强度次饱和水流作用，长江中下游滩体仍呈普遍冲刷的状态；再次，宜昌至汉口河段河道沿程冲刷，导致河段同水位下槽蓄量有所增加，增加量主要集中在枯水河槽以下部分，洪水河槽槽蓄量增幅约 4.0%～10.5%；最后，长江中下游实测的水位-流量关系表明，除沙市站同流量下高水水位略有降低以外，其他站的高水水位未见趋势性抬升的现象。

（3）造床流量计算方法按照发展过程，大体可以分为以平滩水位法、输沙率法、流量保证率法和河床变形强度法为代表的基础型方法，以及主要运用于我国多沙河流的发展型方法——第一造床流量和第二造床流量计算法、输沙能力法、水沙综合频率法和水沙关系系数法等。这些方法一般适用于冲淤相对平衡的河流或者是多沙型河流。长江中下游干流河道正在经历着上游以三峡为核心的梯级水库群调度影响，水沙条件发生显著改变，河床处于剧烈的冲淤调整期，已有造床流量计算方法可能存在一定的局限性。

（4）分别采用马卡维耶夫法、流量保证率法、平滩水位法和挟沙力指标法计算了三峡水库蓄水前后长江中下游造床流量的变化。其中，除流量保证率法以外，对马卡维耶夫法参数取值、平滩水位计算都进行了优化，并基于河床变形的基本原理和三峡水库蓄水后长江中下游河道再造以挟沙能力为控制的事实，提出了挟沙力指标法，通过各方法的自验证和之间的相互验证，计算得出：相对于三峡水库蓄水前，三峡水库蓄水后长江中下游河道各控制站造床流量以减小为主，不同计算方法计算的减小幅度存在差异；长江中下游干流造床流量的减幅在 $3000\text{m}^3/\text{s}$ 左右，减幅基本不超过 10%，且沿程减幅逐渐减小。

（5）影响长江中游河道造床流量的因素大体可以分为两大类：一类是水沙条件及其过程，反映水沙对于河流的主动塑造能力；另一类是河道边界，体现河流的可塑造潜力。具体到长江中下游，这两类因素可以衍生成水文周期变化、水库调度运行、河道（航道）治理工程、江湖分汇流关系变化及滩地开发利用等具体因素，且以水文周期变化和水库调度运行的影响为主，前者侧重于影响水沙条件，后者既影响水沙条件也会改变河道边界条件。

（6）当前沙市河段、白螺矶河段和武汉河段（中下段）的造床流量值分别约为 $27000\text{m}^3/\text{s}$、$32000\text{m}^3/\text{s}$ 和 $40000\text{m}^3/\text{s}$。相对于三峡水库蓄水前，三峡水库蓄水后 3 个典型河段的造床流量均有所减小，且减幅基本都在 $3000\text{m}^3/\text{s}$ 左右，减幅约 10%。三峡水库蓄水后，长江中游（干流及入汇支流）遭遇偏枯的周期决定了造床流量减小的总基调，尤以螺山站最为突出。三峡水库蓄水后，南阳洲汊道和天兴洲汊道基本在造床流量以上水流过程持续 45d 或 23d 以上，即当造床流量及以上水流过程出现频率约在 10% 以上时，能够保证洪水倾向的汊道发育较好。按照三峡水库蓄水后的来流条件（宜昌站按照 $45000\text{m}^3/\text{s}$ 控泄），同时保证满足造床流量持续时间的年份占比不小于蓄水前，则能够保证白螺矶河段的发育，对武汉河段（中下段）的影响也不大。

（7）分汊河型主、支汊单向性发展或萎缩是河道行洪能力改变的表征之一。数学模型计算选取了 2012 年、2017 年作为典型年份，通过还原计算和水库调度，拟定了无水库、初步设计调度和现行调度方案 3 种计算工况。在三峡水库现行的调度方式调蓄下，坝下游河道或洪峰流量大幅削减，或造床流量以上高水持续时间缩短，或两者兼而有之，对应沙市河段、白螺矶河段、武汉河段（中下段）3 个典型分汊河段均表现为洪水主流所倾向的汊道分流比略小于初步设计阶段调度或无水库调蓄情况，但计算差异在 0.5 个百分点以内，对应汊道冲淤量也略偏小。对于分汊河段江心洲而言，无水库调蓄及初步设计阶段调度情况下高洪水流量级出现频率较多或洪峰流量较大，有利于水流冲刷滩体，现行调度方式调蓄下滩体面积略大。

（8）三峡水库在现行的控制下泄流量不超过 $45000\mathrm{m^3/s}$ 的条件下，可极大程度地降低堤防防洪的人工和经济成本，保证荆江河道不超警戒水位；同时开展排沙调度，能够使得水库排沙比达到 30% 以上，满足初步设计对于水库排沙的要求；长江中游河道的造床流量减小幅度基本在 10% 左右，远小于其他流域同期减幅。若三峡水库控泄能满足造床流量以上流量级年内的持续时间在 10% 以上，且每 10 年水文周期内有 6 年以上造床流量满足持续时间，则可避免造床流量的进一步减小，不会造成长江中下游河道的明显萎缩。即使需要大洪水塑造河床，考虑"两湖"入汇的影响，三峡水库的最大控泄流量也不宜超过 $50000\mathrm{m^3/s}$，以免影响城陵矶以下河段及湖区的防洪安全和长江中下游河道岸坡及已有的护滩、护岸工程的稳定性。

10.2　展望

长江中下游河道的发育评判指标并不单一，指标的量化也极为复杂，同时又要兼顾长江中游规划的多项河流功能，此次研究主要以造床流量的变化为切入点，选取较为复杂和典型的分汊河道开展了关于水库调度对河道发育影响方面的研究。从本书的内容和研究过程上来看，前 6 章主要是依据三峡水库蓄水后至 2016 年的观测资料，从第 7 章开始，逐步加入 2017 年和 2018 年的观测资料，可以一定程度上检验前文研究成果的合理性。

河道发育是一个长时间尺度的效应，研究成果的适用性及合理性还有待进一步的检验和完善。现阶段的研究仅给出了控泄流量和造床流量以上流量级持续时间及保证率等限制条件，对于具体涨落水过程的控制还存在不足，因此建议：①仍需加强对于衡量河道发育的核心指标的跟踪观测，以便全面综合地判断长江中下游河道的发育情况；②后续选取分汊河道以外的其他河型（尤其是弯曲率较大的河道）开展典型性研究，进一步丰富研究成果，检验控泄指标和过程的合理性；③后期对于具体的流量过程（涨水或落水过程中特征流量持续时间的分配，以及与"两湖"洪水不同遭遇情况下的调度方式等）还要加强研究，以便形成可操作性较强的调度方案。

参 考 文 献

［1］ 钱宁，张仁，周志德. 河床演变学［M］. 北京：科学出版社，1987.

［2］ 张书农，华国祥. 河流动力学［M］. 北京：水利电力出版社，1998.

［3］ 马卡维耶夫. 造床流量［J］. 泥沙研究，1957，2（2）：40－43.

［4］ LEOPOLD L B，WOLMAN M G，MILLER J P. Fluvial Processes in Geomorphology［M］. W. M. Freeman Co. ，1964.

［5］ PICKUP G，WARNER R F. Effects of hydrologic regime on magnitude and frequency of dominant discharge［J］. Journal of Hydrology，1976（29）：51－75.

［6］ 孙东坡，王勤香，王鹏涛，等. 基于水沙关系系数法确定黄河下游造床流量［J］. 水力发电学报，2013，32（1）：150－155.

［7］ 韩其为. 黄河下游输沙及冲淤的若干规律［J］. 泥沙研究，2004（3）：1－13.

［8］ 张红武，张清，江恩惠. 黄河下游河道造床流量的计算方法［J］. 泥沙研究，1994（4）：50－55.

［9］ 吉祖稳，胡春宏，阎颐，等. 多沙河流造床流量研究［J］. 水科学进展，1994，5（3）：229－234.

［10］ 冯红武. 近坝径流调节河段造床流量确定方法研究［J］. 中国水运，2011，11（1）：134－136.

［11］ 李福田. 造床流量计算方法初探［J］. 河海大学学报，1990，18（4）：113－116.

［12］ 陈绪坚，韩其为，方春明. 黄河下游造床流量的变化及其对河槽的影响［J］. 水利学报，2007，38（1）：15－22.

［13］ 伍悦滨，贾艳红，范宝山. 松花江中下游造床流量分析［J］. 哈尔滨工业大学学报，2008，40（6）：880－883.

［14］ 虞邦义，郁玉锁，赵凯. 淮河中游造床流量计算［J］. 河海大学学报（自然科学版），2010，38（2）：210－214.

［15］ 韩其为，杨克诚. 三峡水库建成后下荆江河型变化趋势的研究［J］. 泥沙研究，2000（3）：1－11.

［16］ 陈建国，胡春宏，董占地，等. 黄河下游河道平滩流量与造床流量的变化过程研究［J］. 泥沙研究，2006（5）：10－16.

［17］ 楚万强，李永丽，谢龙. 长江干流重庆主城河段造床流量计算［J］. 重庆交通大学学报（自然科学版），2015，34（2）：69－71，117.

［18］ 周美蓉，夏军强，邓姗姗，等. 三峡工程运用后宜枝河段平滩流量调整特点［J］. 长江科学院院报，2016，33（10）：1－5，11.

［19］ 余文畴，卢金友. 长江河道演变与整治［M］. 北京：中国水利水电出版社，2005.

［20］ 长江勘测规划设计研究有限责任公司. 三峡水库水资源有效利用及降低风险对策研究［R］. 武汉：长江勘测规划设计研究有限责任公司，2016.

［21］ 闫金波，唐庆霞，邹涛. 三峡坝下游河道造床流量及水流挟沙力的变化［J］. 长江科学院院报，2014，31（2）：114－118.

［22］ 朱玲玲，许全喜，熊明. 三峡水库蓄水后下荆江急弯河道凸冲凹淤成因［J］. 水科学进展，2017，

　　　　28（2）：193－202.

[23]　葛华. 水库下游非均匀沙输移及模拟技术初步研究［D］. 武汉：武汉大学，2010.

[24]　韩其为. 水库淤积［M］. 北京：科学出版社，2003.

[25]　许炯心. 汉江丹江口水库下游河床调整过程中的复杂响应［J］. 科学通报，1989（6）：450－452.

[26]　钱宁，张仁，赵业安，等. 从黄河下游的河床演变规律来看河道治理中的调水调沙问题［J］. 地理学报，1978，33（1）：13－24.